复杂环境智能机器人丛书

刚柔耦合 3D 打印机器人关键技术及应用

Key Technologies and Applications of Rigid-flexible Coupling 3D Printing Robots

钱 森 李 元 訾 斌 著

科 学 出 版 社

北 京

内 容 简 介

本书系统地介绍了刚柔耦合 3D 打印机器人关键技术及应用，涵盖了大空间刚柔耦合机器人的基础知识、关键技术及应用案例，书中内容涉及机械、控制、计算机、人工智能等多学科与多技术的交叉领域，将大空间刚柔耦合机器人、智能装备集成技术与增材制造技术进行了结合应用。书中刚柔耦合 3D 打印机器人的开发及其关键技术在制造、建筑、康复等领域的示范应用案例，为 3D 打印装备的开发与应用提供了理论与实践依据，为大空间高效高质 3D 打印技术与装备创新提供了新的途径。

本书可供从事刚柔耦合机器人领域研发和工业应用的工程科技人员，高等院校、科研院所的研究人员参考，也可作为相关专业本科生及研究生的参考书。

图书在版编目(CIP)数据

刚柔耦合 3D 打印机器人关键技术及应用 / 钱森，李元，訾斌著. -- 北京：科学出版社，2025. 6. -- (复杂环境智能机器人丛书). -- ISBN 978-7-03-082586-5

Ⅰ. TP242.6

中国国家版本馆 CIP 数据核字第 2025UL9390 号

责任编辑：蒋　芳　郑欣虹　曾佳佳　／责任校对：郝璐璐
责任印制：张　伟／封面设计：许　瑞

科学出版社 出版
北京东黄城根北街 16 号
邮政编码：100717
http://www.sciencep.com
中煤(北京)印务有限公司印刷
科学出版社发行　各地新华书店经销
*
2025 年 6 月第　一　版　开本：720×1000　1/16
2025 年 6 月第一次印刷　印张：13 1/2
字数：270 000

定价：129.00 元

(如有印装质量问题，我社负责调换)

丛书序

智能机器人是衡量现代科技和高端制造业水平的重要标志，是制造业皇冠顶端的明珠。我国在《中华人民共和国国民经济和社会发展第十四个五年规划和2035年远景目标纲要》等规划中，均将“智能机器人”作为重点领域部署。随着我国空间探测、核能利用、矿山开发、应急救援、水下作业等领域的快速发展，迫切需要可在未知或危险环境中完成复杂作业任务的智能机器人。

智能机器人已经融入了我们的日常生活，并且在工业、医疗、军事等领域发挥着越来越重要的作用。尤其在复杂环境的应对方面，智能机器人的优势得到了充分的发挥。然而，复杂环境智能机器人的研究和应用还面临许多挑战。为了深入探讨这些难题，我们组织了“复杂环境智能机器人丛书”。

“复杂环境智能机器人丛书”面向空间探测、航空航天、核能、电力、医疗康复、矿山、消防救灾、水下、农业、安防等多种复杂多变情境，全面完整反映了复杂环境下智能机器人技术的共性理论和前沿技术。丛书集结国内智能机器人领域的知名专家学者，依托多项国家重大科研项目和科研奖项成果，包括国家重点研发计划、国家自然科学基金项目、国家973计划项目、国家863计划项目等。

本丛书是系统论述和总结复杂环境智能机器人技术的丛书，将对攻克特殊环境服役机器人的关键技术、深化我国特种机器人的工程化应用、加速推进我国智能机器人技术与产业的快速发展有重要意义。

在此，我们要感谢本丛书的主编和编委，感谢每一位关心和支持本丛书的专家。同时，也要感谢科学出版社的大力支持。

最后，祝愿本丛书能够在推动智能机器人领域的发展和进步中发挥积极的作用。

“复杂环境智能机器人丛书”编委会

2024年2月

前言

增材制造是采用材料累积的方法制造实体零件的技术，已广泛应用于制造业各领域，如复杂件、镂空件加工制造。《中华人民共和国国民经济和社会发展第十四个五年规划和 2035 年远景目标纲要》提出深入实施增强制造业核心竞争力和技术改造专项，发展智能机器人关键技术和增材制造技术。增材制造装备性能直接影响成型精度和效率，传统刚性 3D 打印装备在尺度、灵活性和能效等方面仍存在许多难题，刚柔耦合机器人包含刚性构件、弹性体、柔性索及变刚度机构，具备高速度、高负载及灵巧性，其具有新一代机器人的显著特征和优势，为大空间高效高质 3D 打印技术与装备创新提供了新的途径，开展刚柔耦合 3D 打印机器人研究在智能制造、航空航天、建筑工程等领域具有重要的学术价值、工程需求与应用前景。

针对智能机器人与增材制造国家重大需求和世界科技前沿，本书重点介绍了刚柔耦合 3D 打印机器人的创新设计、力学、控制、开发和相关技术的推广应用，是作者在刚柔耦合打印机器人领域工作成果的总结延伸。书中在刚柔耦合 3D 打印机器人典型应用的基础上，探讨了刚柔耦合机器人的基本力学原理，包括运动学、动力学、刚度与稳定性分析、误差分析与自标定。书中不仅包括动力学与控制基本问题，还引用了新颖的概念和方法，如动力学轨迹规划、索力分配与运动控制，以及试验样机的开发与调试。针对刚柔耦合 3D 打印机器人的关键技术进行了详细系统的阐述，从刚柔耦合 3D 打印机器人的发展概述、基本特点、系统建模、理论分析到计算机仿真，知识点覆盖面广，融合了多学科的交叉应用，充分体现了刚柔耦合 3D 打印机器人关键技术的智能化应用。本书采取严谨、求实的态度，书中叙述的关键技术，都有相关的实验平台和验证试验，对刚柔耦合机器人领域的学者和从业人员有着重要的参考和实践价值。最后介绍刚柔耦合机器人关键技术在建筑、运载和康复等领域的应用，对我国刚柔耦合机器人智能化应用和智能制造的发展有着重要的促进作用。

本书共 9 章。第 1 章主要叙述刚柔耦合机器人及增材制造技术国内外研究现状。第 2~8 章主要详细介绍相关核心理论和关键技术，包括机器人运动学与动力学、工作空间分析、刚度及稳定性分析、误差分析与自标定、动力学轨迹规划、索力分配优化与运动控制系统设计、3D 打印机器人实验研究等。第 9 章是刚柔耦合 3D 打印机器人关键技术的应用，包括刚柔耦合 3D 打印机器人在建筑领域的应用、刚柔耦合腰部康复机器人应用，以及大空间多机协作吊装柔索并联构型装备的应用等。

本书的研究成果得到了国家自然科学基金 (52175013、52335002、51925502、52205014) 等项目的资助，作者在此表示衷心的感谢。本书由合肥工业大学钱森副教授、李元副教授和訾斌教授撰写，全书由钱森副教授统稿，同时感谢研究生李长奇、鲍坤龙、钱鹏飞、王宁、袁帅在建模仿真、实验测试与数据处理等方面做出的贡献。本书在撰写过程中，引用了一些国内外期刊和文献资料，在此向有关参考文献的作者表示感谢。由于作者水平有限，书中难免存在一些不妥之处，恳请读者予以批评指正。

作　者
2024 年 11 月

扫码查看本书彩图

目录

丛书序

前言

第1章 绪 论

1.1 刚柔耦合 3D 打印机器人概述

3D 打印技术起源于 20 世纪 80 年代末期，本质是一种增材制造、快速成型技术。它以构建好的三维模型为基础，使用工程塑料或者粉末状的金属材料作为成型材料，通过高温变形、熔融堆积的逐层打印方式来完成 3D 打印任务。3D 打印技术一经亮相，迅速风靡全球的各大应用场合。经过数十年的长足发展，已经在工业、医学、建筑等领域得到广泛应用 [1]。中商产业研究院发布的《2024—2029 年中国 3D 打印市场需求预测及发展趋势前瞻报告》显示，2022 年中国 3D 打印市场规模约为 320 亿元，同比增长 20.75%，2023 年市场规模达 367 亿元。中商产业研究院分析师预测，2024 年市场规模将达 415 亿元。2018~2024 年中国 3D 打印市场规模如图 1.1 所示。

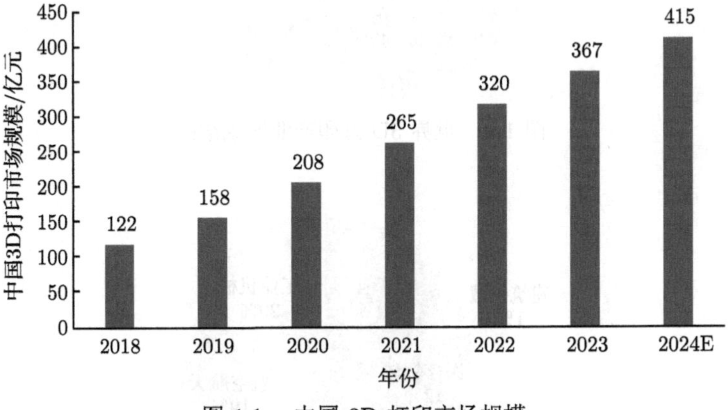

图 1.1 中国 3D 打印市场规模
E 表示预期值

在数字化制造的浪潮下放眼全球，Wohlers 报告发布的数据显示，2023 年全球增材制造市场规模达到 1454 亿元人民币，预计到 2030 年将增长至 2150 万台，复合年增长率为 23.3%。北美洲和欧洲继续领先，而亚太地区正在迅速追赶。具体的世界 3D 打印产业区域结构情况如图 1.2 所示。中国 3D 打印产业起步较晚，虽然在技术上有一定的差距，但也不断地向着多领域精细化发展。目前中国

3D 打印行业正在经历着从单一的技术驱动型行业向产业链整合型行业的转型，并且正在不断推动产业的升级。随着以信息技术为核心的新一轮科技革命孕育兴起，全球提出“工业 4.0：最后一次工业革命”的高新技术战略 [2]。我国提出了“中国制造 2025” [3]，这是中国版的“工业 4.0”发展规划，而 3D 打印技术正是助力创新驱动的基石，广泛地应用在多个领域，解决了工业制造中传统制造工艺，如锻造、机加工、焊接等环节存在的效率低下和工期耗时长等问题。中国增材制造产业联盟统计数据显示，在应用领域方面，由于工业机械、汽车制造、航空航天等领域对于机械构件的表面质量要求严格、定制化需求高，因此，我国 3D 打印应用主要集中于工业机械、航空航天、汽车制造等领域，三者合计占比超过 50%，其中工业机械领域应用占比 20%，航空航天领域应用占比 19%，在建筑领域的占比仅仅为 1%。中国详细的 3D 打印应用领域格局如图 1.3 所示。

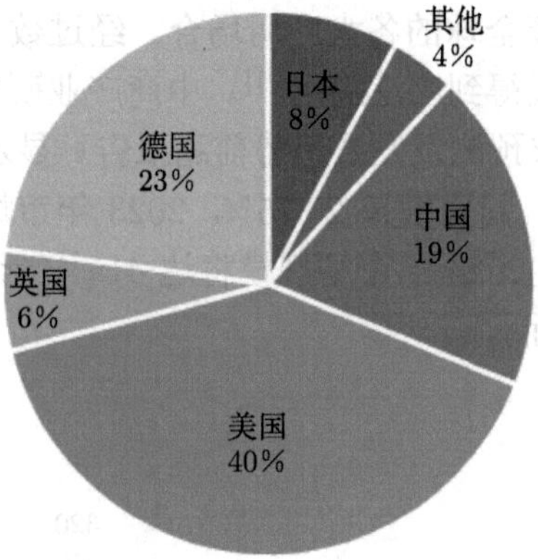

图 1.2　世界 3D 打印产业区域结构

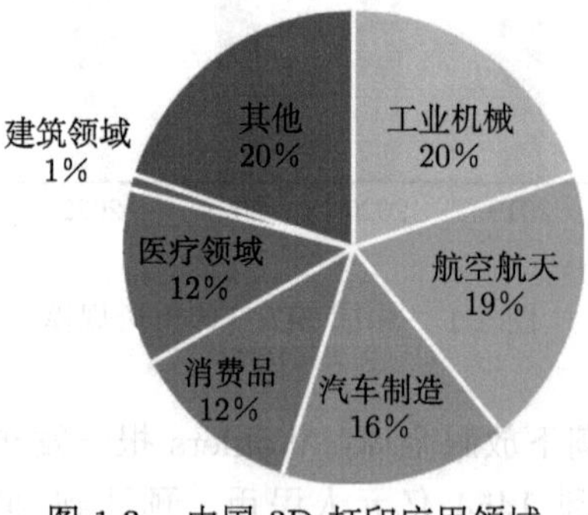

图 1.3　中国 3D 打印应用领域

3D 打印技术的发展势头强劲，正在多个领域迅速扩展。它不仅在大型工业机械制造领域取得了飞速的发展，也日益渗透到大众的日常生活中。在新冠疫情期间，卫生医疗用品急剧短缺，口罩、呼吸机以及用于检测的鼻拭子和咽拭子等必备用品供不应求。全球各国如中国、美国、俄罗斯等的 3D 打印技术开发商紧急投入数千台打印机，截至 2022 年末，已经 3D 打印生产出超一亿支核酸检测鼻拭子，用于新冠病毒检测。图 1.4 为 3D 打印出来的鼻拭子以及护目镜。运用 3D 打印技术生产的医疗用品，所需要的材料成本大大下降，解决了大型工业生产中浪费大量生产原料的问题，更加有效地保护了环境，实现了绿色生产。3D 打印技术为疫情防控的难题提供了新的解决方式，进一步反映了 3D 打印技术在日常生活中应用的广泛性和重要性。

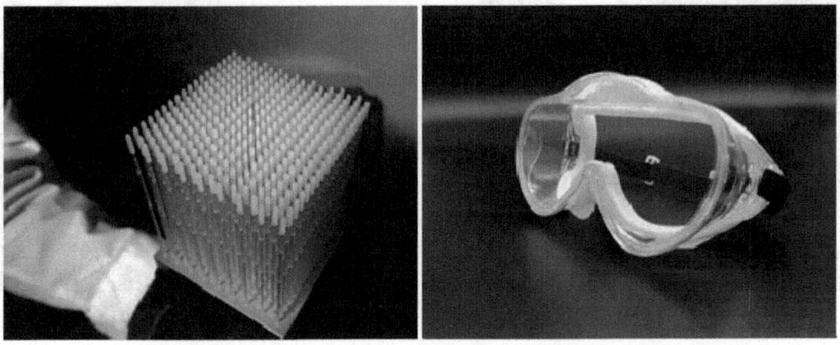

(a) 3D 打印鼻拭子　　(b) 3D 打印护目镜

图 1.4　3D 打印医疗用品

随着 3D 打印技术的日益完善，越来越多的物品可以通过 3D 打印技术来完成。由于 3D 打印技术又称增材制造技术，具有生产效率高、生产成本低等优势，近年来，人们将其不仅用于一些机械制造金属零件、医用硅胶制品的制作，还用于传统的建筑行业。2013 年 1 月，荷兰建筑师 Janjaap Ruijssenaars 与意大利发明家 Enrico Dini 一起合作，他们利用包含沙子和无机黏合剂的混合材料，通过 3D 打印技术打印出建筑框架，随后用纤维强化混凝土填充，最终打印出了第一座 3D 打印建筑——Landscape House。图 1.5 为 3D 打印的房屋。这种 3D 打印房屋的一体化成型技术不仅大大节省了劳动力，而且缩短了建造周期。

3D 打印建筑机构一般是传统的刚性串联机构，通过长的刚性臂杆运动来实施打印任务 (图 1.6)。这种传统的刚性串联机构具有运动空间大、运动控制简单、操作成本低等优点 [4-6]，不过在实际的运行过程中，刚性构件使得末端执行器的运动惯量增大、运动误差有一定的累积。目前来看，3D 打印机构的结构类型主要分为刚性串联的 xyz 箱体机构，刚性并联的 Delta 机构。刚性并联的机构相对于串联的机构来说，其进行 3D 打印任务时的运动精度更高，刚度更大，并且运动的累积误差更小，不过由于机构本身的设计限制，存在相互约束的刚性运动支链，其工作时的运动空间较小，工作的效率也远不如刚性串联机构。结合以上类型机构的优缺点，将绳索引入 3D 打印的机构中，由于绳索的高延展性、轻量化，可以大大地增加运行时的工作空间，减小末端运动时的惯性。因此，绳驱动刚柔耦合机器人应运而生，使得 3D 打印任务有了更加广阔的前景。由于绳索单向受力的特性，在绳索驱动的过程中，末端执行器的运动平稳性以及运动精度难以保证。此时，针对绳索的优化方法显得格外重要，现如今也成为科研的热点问题。因此进一步地探究出具体的误差影响因素，提高运行过程中的位置精度，对于未来多领域的精细化发展具有重大意义。

图 1.5 3D 打印房屋

图 1.6 刚性串联 3D 打印建筑机构

1.2 刚柔耦合机构国内外研究现状

绳驱动刚柔耦合 3D 陶土打印机构通过柔性绳索进行驱动，基本框架为刚性正三棱柱结构，由绳驱动运动控制系统、3D 陶土打印喷头运动控制系统一起配合完成打印任务，由于上、下两部分绳索以及外部框架的约束，构成了绳驱动的刚柔耦合机器人，其具有结构简单、工作空间大、可重构性高等优点。从机构学的角度来看，机器人可分为串联机器人和并联机器人两类；从驱动构件的特性来看，机器人可划分为柔性机器人和刚性机器人两类。绳驱动刚柔耦合机器人从属于柔性并联机器人的大类，具有柔性并联机器人的一般特性。国外早在 20 世纪 80 年代初期开始研究柔性并联机器人，经过多年的发展，已经形成了多种刚柔耦合构型，这些构型种类繁多，各不相同。在 2004 年，德国杜伊斯堡-埃森大学的学者 Verhoeven 等 [7] 按照机构末端执行器的自由度数目 n 和机构的绳索数量 m 的映射关系，将绳驱动并联机器人进行了类别区分。

(1) 当 $n+1>m$ 时，称此类绳驱动并联机构为欠约束机构。

(2) 当 $n+1=m$ 时，称此类绳驱动并联机构为完全约束机构。

(3) 当 $n+1<m$ 时，称此类绳驱动并联机构为冗余约束机构。

上述三种不同类型的绳驱动并联机构，在驱动末端执行器的运动过程中，绳索都需要一直保持张紧状态。中国矿业大学的钱森 [8] 所设计的多起重机协作柔索并联吊装装备就是典型的通过末端执行器的重力来使绳索保持张紧状态。如图 1.7(a) 所示，所设计的多起重机协作柔索并联吊装装备为冗余约束机构，在吊装重物质量足够大时，吊装重物是完全约束的。Azizian 和 Cardou [9] 通过弹簧连接了上下的绳索，使得在运动过程中的绳索始终处于张紧状态，设计了如图 1.7(b) 所示的平面弹簧并联柔索驱动机构，解决了维度综合问题，即寻找机构的几何工作空间。合肥工业大学的陈桥等 [10] 设计了一种新型的柔索驱动并联腰部康复机器人，如图 1.7(c) 所示，考虑到了人体下肢刚性构件和运动平台的耦合性，基于拉格朗日法设计了两组辅助坐标系，建立了机器人的动力学模型。国际上的研究者不满足于在构型上的创新，不仅通过替换刚性杆件来改变整体的构型，还将末端执行器的构型改变纳入了创新的研究方向，如加入气动控制的气动肌肉、柔性触手等。其中，Dong 等 [11] 设计了一种具有灵活连续结构的蛇臂机器人，其结构如图 1.7(d) 所示，它通过独特的双驱动结构，实现了在任意运动状态时都可以保持绳索的张紧，该种机构设计具有很强大的灵活弯曲能力，通过顺应性的接头结构实

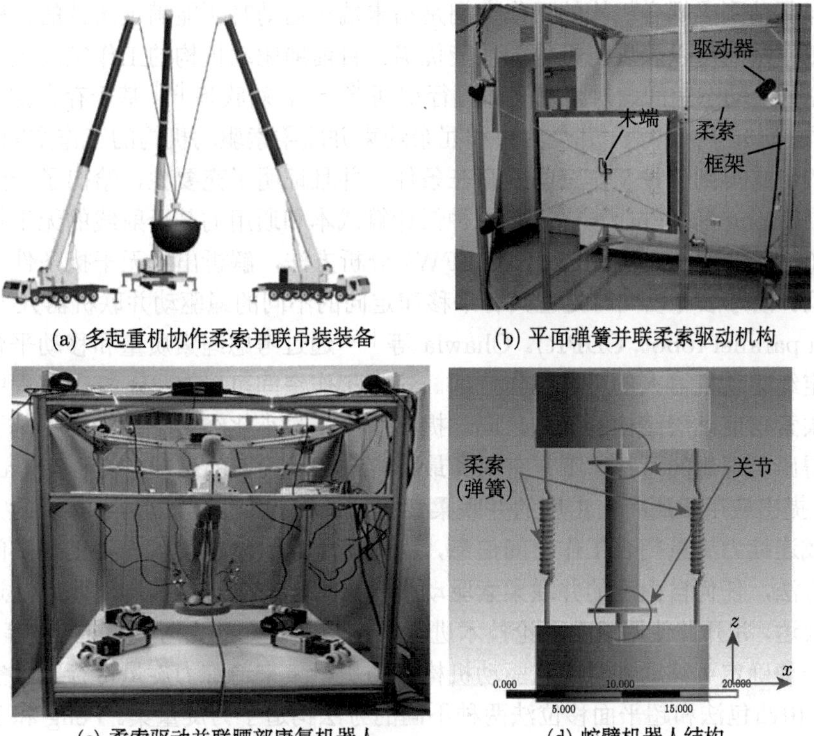

(a) 多起重机协作柔索并联吊装装备　(b) 平面弹簧并联柔索驱动机构

(c) 柔索驱动并联腰部康复机器人　(d) 蛇臂机器人结构

图 1.7　不同构型的柔索机构

现适当的刚度，使得它可用于进入一些受限严格的领域，如微创手术和工业精细化的组装。

绳索驱动刚柔耦合机器人在不同的应用场景中，有着多种适用的结构形状。对于机构的设计要考虑到基础的运动学、动力学、运动工作空间等工作特性的影响。有研究学者早在 20 世纪 90 年代就设计出了第一台绳驱动刚柔耦合的机器人 RoboCrane [12]，对其进行了机构的建模仿真，并分析了其运动学特性。Hall 等 [13] 设计了一个绳索驱动的柔性鱼尾，基于机构的运动学及动力学映射关系，使用简单的波形驱动绳索相连的尾鳍，高效地完成了复杂水下环境中的无系绳探索和监测任务。这些创新的结构设计在许多领域得到了广泛的应用，如建筑墙体打印与砌砖作业 [14,15]、500 米口径球面射电望远镜 (Five-hundred-meter Aperture Spherical Radio Telescope, FAST) [16]、高负载运动模拟实验 [17,18]、精细远程操作 [19]、康复训练 [20] 等。前期的建模分析是创新的结构设计广泛应用的关键基石，主要集中在工作空间、索力分配优化等特性的研究。

1) 工作空间

绳驱动刚柔耦合机构的工作空间是指末端在运动时所能满足条件的位姿点集合，工作空间可以表现出机构的性能优劣。目前绳驱动机构的工作空间主要分为静态空间、动态空间、封闭空间和可行空间 [21-23]。刘欣等 [24] 基于存在定理、凸集定理，研究了欠约束、完全约束和冗余约束并联柔索驱动机构的工作空间，采用推论的形式得到三种工作空间的存在条件，并且证明了充要性，给出了一致求解策略。Cheng 和 Lau [25] 提出了一种低计算成本和通用的基于射线的无干扰工作空间 (interference-free workspace, IFW) 分析方法，解析出了无干扰条件下的工作空间。该方法可以同时处理具有平移和定向的不同的绳驱动并联机器人 (cable-driven parallel robot, CDPR)。Chawla 等 [26] 通过考虑绳索质量和移动平台方向来确定绳驱动机器人的可行工作空间。这个工作空间可以在 3D 打印过程中避免下层柔索与前几层结构的碰撞，同时提出了一个最小化绳索下垂标准，基于遗传算法得出了理想的可打印工作空间和最小容量余量约束的设计方案。Abbasnejad 等 [27] 提出应用于所有自由度的并联柔索驱动机构的广义射线晶格方法，此方法能够生成连续力旋量闭合工作空间信息，同时基于此方法提出了一种工作空间图形表达方法，任何自由度的并联柔索驱动机构都可以在二维空间运用此方法进行可视化表达，并开辟使用成熟图论技术进行工作空间研究的先河。Rasheed 等 [28] 提出了一种确定可移动并联柔索驱动机构的力旋量集来追踪力旋量可行工作空间的方法，由凸包法和超平面移位法两种不同的方法构造了力旋量集。Peng 和 Bu [29] 研究了欠约束的 CDPR 的工作空间，提出静态平衡可达工作空间及其边界的数值求解表达式，基于重新表述的线性化技术 (reformulated linearization technique, RLT)，约束系统被转化为一个只包含线性平等约束和不平等约束的系统。最后，

采用分支和修剪 (branch-and-prune, BP) 算法的框架来解决这个系统，计算出了工作空间。Heo 等 [30] 考虑到柔索卷筒转动时轴承处摩擦力会改变柔索的索力而干扰运动，因此考虑滑轮摩擦、包角的变化，对不同加速度下的可行工作空间进行分析，证明随着加速度的增加，整体工作空间也增加。

综上可知，随着建模分析的多元化发展，根据其机构特性以及应用场景的不同，近些年来对于这方面的研究越来越深入。然而绳驱动刚柔耦合机器人的工作空间定义十分繁杂，常常基于机构特性设计特定的解析式，而没有通用范式。一直以来，工作空间的通用解析式是个重难点，并且无法形象地通过图像表达出来。

2) 索力分配

对于绳驱动刚柔耦合机构来说，由于可能会有冗余约束的绳索进行同步驱动或者随动张紧机构的存在，绳索上的张力分配不均，这会严重影响末端执行器的运动精度，使得末端执行器在运动过程中发生抖动，因此对于绳索上的张力进行分配优化也是研究的热点方向。Côté 等 [31] 针对冗余约束的绳索驱动机构提出了一种基于二次规划的算法，当末端执行器在机器人工作空间之外时，它可以计算近似生成规定扳手的张力分布，解决了在工作空间外的张力无法求解的问题。Mattioni 等 [32] 推导了具有任意几何形状和绳索数量的通用过应力分布灵敏度，来评估柔索上引起的张力误差最大值。Gosselin 和 Grenier [33] 提出使用 p 范数来进行并联柔索驱动机构的索力分配优化，使得索力解具有连续性且得到了最大偏差值，并且提出了 4 范数的非迭代多项式公式，演示了 p 范数的切实可行性。Borgstrom 等 [34] 通过引入松弛变量，提出了一种新的线性程序公式，在绳索驱动机器人中计算出了最优安全 (optimally safe, OS) 张力分布。Yang 等 [35] 研究了对称 6 根绳索驱动的球形关节模块的刚度定向缆索张力分布问题，并采用复数方法获得最优张力分布。此外，为了显著提高计算效率，提出了一种处理等式约束的决策变量消除技术，将决策变量从 6 个减少到 3 个，解决了非线性约束优化问题。Liu 等 [36] 研究了基于缆索的并联机器人工作空间中的最小绳索张力分布，基于凸优化理论提出了一种具有最优目标函数的非迭代多项式优化算法，确定了任何姿态下的最小缆索张力，最后基于一个 4 根绳索并联驱动的航空全景摄影相机机器人，解释了工作空间中最小柔索张力的分布以及 3 个性能指标与稳定性之间的关系。Ouyang 和 Shang [37] 提出了一种确定最佳张力分布的快速优化方法，主要是基于多面体的几何特性和凸分析，通过设计的投影算法提高了优化方法的计算效率，并提出了一种快速算法来确定哪两条线相交于最佳点。通过所提出的方法，快速地实时建立张力分布的最优解。Gouttefarde 等 [38] 介绍了一种以顺时针或逆时针顺序确定 $n+2$ 根柔索驱动的有 n 自由度 (degree of freedom, DOF) 的二维凸多边形绳索张力集合算法，该算法可以处理不可行性问题，得到了一个独立通用的张力分布解析解，并且在两个 6 自由度 8 根绳索的样机上证明了该算法。国内外研究者探究的索力分配优化方法对于末端执行器的实时运动控制具有重要影响，通过深层次的数学分析得到不同场景的索力分配优化解析式，使得末端执行器的运动精度不断提升。针对绳驱动刚柔耦合机器人，在不同场景下探究索力分配优化的方法具有重大意义。

3) 运动控制

对于绳驱动刚柔耦合机器人来说，由于绳索单向受力的特性，直接使用传统刚性机构的适用控制策略有一定的局限性。在现实情况下，绳索在运动的过程中易发生形变，还有噪声、非线性摩擦等因素的存在，使得其动力学很难用数学建模精确表示，影响了末端执行器的运动精度。国内外的学者为此将各种控制方法应用于绳驱动机构中，如鲁棒性控制、自适应控制、模态控制、神经网络控制策略等 [39-43]。Baklouti 等 [44] 将比例-积分-微分 (proportion integration differentiation, PID) 反馈控制器和前馈控制相结合，将柔索的张力计算整合到这个控制策略中，保证了沿着轨迹的正的柔索张力，大幅降低了位置误差和抖动现象。Qi 等 [45] 为了克服惯性策略单元观测状态不准确的局限性，提出了新的状态估计方法，将全身系统解耦为两个子系统：平面内和平面外系统，以简化系统建模，并通过平面内模型预测控制 (model predictive control, MPC)、平面外 MPC 实验评估了控制性能。Abdolshah 和 Barjuei [46] 提出了一种线性二次 (linear quadratic, LQ) 最优控制器方法，基于最优控制理论建立了一个 3-DOF 平面柔索驱动的平行机器人 (Feriba-3) 的静态和动态模型，验证了控制策略的有效性。Zhao 等 [47] 针对水下作业摄像的柔索并联机器人在非惯性参考框架下建立了系统的动态模型，分别对姿态环和角速度环设计了全局快速终端滑模控制器，提高了图像稳定精度和抗干扰性能。Ameri 等 [48] 通过李雅普诺夫第二方法，设计了一种非奇异终端滑模控制器来控制完全约束的绳索驱动并联机器人，使用非线性干扰观测器对运动误差进行了补偿。合肥工业大学的訾斌等 [49] 为绳索驱动刚柔耦合机器人设计了一种 Fuzzy-P 混合离散控制策略，它可以实现模糊控制规则的自动调整，提高了轨迹跟踪的精度。随着研究的不断深入，在运动控制策略的基础上联合视觉跟踪进行闭环控制的方法越发广泛。Duan 等 [50] 使用了 6 自由度激光跟踪仪，对机构的初始位置进行了自标定，跟踪了运动中的实时位置。中国科学技术大学的邓槟槟等 [51] 将绳索长度作为反馈量，进行闭环反馈控制，其是一种基于绳长变化的间接反馈控制。Dallej 等 [52] 则设计了基于多摄像机测量动平台位姿的闭环反馈控制，通过实时检测移动平台的姿势、绳索的切线方向和绳索的张力，在大尺寸绳索驱动的机器人原型 Cogiro 上进行了实验，使得 Z 方向的最大误差小于 1cm。综上可知，对于绳驱动刚柔耦合机构的运动控制主要向着广泛性、高容错性发展，在保证运动精度的同时提高应用的效率。对于 3D 打印任务而言，主要控制末端的运动位置精度，通过一些视觉跟踪的方法可以更有效地完成实际任务。

1.3 增材制造技术国内外研究现状

3D 打印技术越来越受到人们的关注 [53,54]，目前市面上的 3D 打印机使用的都是传统刚性结构，一般分为龙门架式、并联式两种构型。图 1.8 所示的龙门架式的构型相对来说结构简易、工作空间大，不过存在着一定的累积误差，图 1.9 所示的并联式构型的运动精度和效率较高，但是难以打印占空间较大的物体。

图 1.8 龙门架式 3D 打印机

图 1.9 并联式 3D 打印机

基于以上两者的优缺点，国内外的学者提出用柔性绳索代替刚性机构进行驱动，21 世纪初，Bosscher 等 [55] 较早地提出了 3D 打印与并联柔索机器人相结合，其将 C4 机器人 (contour crafting Cartesian cable robot) 作为柔索并联 3D 打印机的机械执行机构，利用 12 根驱动柔索控制末端效应器的 3 个平动自由度来实现增材制造的功能。绳索驱动 3D 打印机构具有大空间的特点，近些年来在建筑 3D 打印方向被广泛使用，其工作效率高，大幅节省材料 [56-58]。Barnett 和 Gosselin [59] 设计了一种大型 6 自由度悬索机器人 3D 打印机，采用聚氨酯泡沫作为打印材料，剃须泡沫为支撑材料，专门为聚氨酯泡沫设计了点胶枪挤出机构，精准地完成了 3D 打印任务。

Izard 等 [60] 将 Pylos 挤出机构与 Cogiro 大型并联柔索驱动机构相结合设计了一种大型绳驱动 3D 建筑打印机构，如图 1.10 所示，Pylos 机构主要使用可天然生物降解的土壤混合物作为挤出材料，可用于大规模增材制造场景。瑞典创客 Ludvigsen 设计了一种以墙体作为框架的大空间绳索并联 3D 打印机 Hangprinter，如图 1.11 所示，其结构简单易重构，一经亮相就受到极客的广泛关注。Lee 和 Gwak [61] 设计了一种只有 5 根绳索的新型绳驱动并联机器人，用于 3D 打印建筑施工，该并联机器人将柔索放置在与地面平行的平面上，根据正在构建的建筑物的高度进行同步移动，应用了重力补偿机制以减少能源消耗。Nguyen-Van 和 Gwak [62] 提出了一种新型的双喷嘴绳驱动平行机器人，设计了两个独立移动的喷嘴，基于非均匀有理 B 样条曲线来保证最佳路径的平滑性，通过路径规划可以大幅度地减少打印时间。Zhang 等 [63] 提出了一种用于建造月球建筑的新型绳驱动打印机，以任意位置的树干作为机架，在室外重构系统，讨论了影响重建性能的关键因素，如姿势偏差对系统参数的敏感性，通过实验验证了该系统的成型能力，为未来的太空居住提供了可能。

图 1.10 绳驱动 3D 建筑打印机构

图 1.11 Hangprinter 3D 打印机

综上可知，绳驱动刚柔耦合 3D 打印机构适合大空间的打印任务，具有工作效率高、简单易重构的特性，在 3D 建筑打印方向上颇有前景。

1.4 刚柔耦合 3D 打印机器人主要应用领域

传统刚性 3D 打印装备在尺度、灵活性和能源效率等方面仍存在许多难题，刚柔耦合机器人为大空间高效高质 3D 打印技术与装备创新提供了新的途径，具备高速度、高负载以及更好的灵巧性等新一代机器人的显著特征和优势。国务院印发的《中国制造 2025》明确提出重点突破高档数控机床、增材制造等前沿技术和装备技术壁垒，组织研发具有深度感知、智慧决策、自动执行功能的高档数控机床、工业机器人、增材制造装备等智能制造装备以及智能化生产线。3D 打印技术自诞生以来，在轻量化、低成本、高精度等方面有了长足的进步，其应用迅速覆盖制造业的各个领域，日益复杂的打印任务和打印对象的大型化趋势，对 3D 打印装备的工作空间、效率和能耗均提出了更高的要求。

参 考 文 献

[1] 关彦齐, 王芳芳. 浅析 3D 打印的现状与前景 [J]. 科学技术创新,2020,(18):78-79.

[2] Lasi H, Fettke P, Kemper H G, et al. Industry 4.0[J]. Business & Information Systems Engineering, 2014, 6(4): 239-242.

[3] 周济. 智能制造是“中国制造 2025”主攻方向 [J]. 企业观察家, 2019, (11): 54-55.

[4] Zhang Z K, Shao Z F, You Z, et al. State-of-the-art on theories and applications of cable-driven parallel robots[J]. Frontiers of Mechanical Engineering, 2022, 17: 37.

[5] Qian S, Zi B, Shang W W, et al. A review on cable-driven parallel robots[J]. Chinese Journal of Mechanical Engineering, 2018, 31(1): 66.

[6] Zarebidoki M, Dhupia J S, Xu W L. A review of cable-driven parallel robots: Typical configurations, analysis techniques, and control methods[J]. IEEE Robotics & Automation Magazine, 2022, 29(3): 89-106.

[7] Verhoeven R, Hiller M, Tadokoro S, et al. Workspace, stiffness, singularities and classification of tendon-driven stewart platforms[M]//Lenarčič J, Husty M L. Advances in Robot Kinematics: Analysis and Control. Dordrecht: Springer, 1998: 105-114.

[8] 钱森. 多起重机协作柔索并联吊装装备力学性能与协调控制研究 [D]. 徐州: 中国矿业大学, 2015.

[9] Azizian K, Cardou P. The dimensional synthesis of planar parallel cable-driven mechanisms through convex relaxations[J]. Journal of Mechanisms and Robotics, 2012, 4(3): 031011.

[10] 陈桥, 訾斌, 孙智, 等. 柔索驱动并联腰部康复机器人设计、分析与试验研究 [J]. 机械工程学报, 2018, 54(13): 126-134.

[11] Dong X, Raffles M, Guzman S C, et al. Design and analysis of a family of snake arm robots connected by compliant joints[J]. Mechanism and Machine Theory, 2014, 77: 73-91.

[12] Bostelman R V, Albus J S, Dagalakis N G, et al. RoboCrane project: An advanced concept for large scale manufacturing[C]//Proceedings of the AUVSI Conference, Orlando, 1996: 1-14.

[13] Hall R, Skorina E, Chiang S S, et al. The effect of design and control parameters of a soft robotic fish tail to maximize propulsion force in undulatory actuation[C]//2022 9th IEEE RAS/EMBS International Conference for Biomedical Robotics and Biomechatronics (BioRob), Seoul, 2022: 1-7.

[14] Merlet J P, Papegay Y, Gasc A V. The Prince's tears, a large cable-driven parallel robot for an artistic exhibition[C]//2020 IEEE International Conference on Robotics and Automation (ICRA), Paris, 2020: 10378-10383.

[15] Wu Y L, Cheng H H, Fingrut A, et al. CU-brick cable-driven robot for automated construction of complex brick structures: From simulation to hardware realisation[C]//2018 IEEE International Conference on Simulation, Modeling, and Programming for Autonomous Robots (SIMPAR), Brisbane, 2018: 166-173.

[16] Duan B Y. A new design project of the line feed structure for large spherical radio telescope and its nonlinear dynamic analysis[J]. Mechatronics, 1999, 9(1): 53-64.

[17] Bruckmann T, Mikelsons L, Brandt T, et al. A novel tensed mechanism for simulation of maneuvers in wind tunnels[C]//Proceedings of ASME 2009 International Design Engineering Technical Conferences and Computers and Information in Engineering Conference, San Diego, 2009: 17-24.

[18] Miermeister P, Lächele M, Boss R, et al. The CableRobot simulator large scale motion platform based on cable robot technology[C]//2016 IEEE/RSJ International Conference on Intelligent Robots and Systems (IROS), Daejeon, 2016: 3024-3029.

[19] Kim M C, Choi H, Piao J L, et al. Remotely manipulated peg-in-hole task conducted by cable-driven parallel robots[J]. IEEE/ASME Transactions on Mechatronics, 2022, 27(5): 3953-3963.

[20] Mao Y, Jin X, Gera Dutta G, et al. Human movement training with a cable driven ARm EXoskeleton (CAREX)[J]. IEEE Transactions on Neural Systems and Rehabilitation Engineering, 2015, 23(1): 84-92.

[21] Tho T P, Thinh N T. An overview of cable-driven parallel robots: Workspace, tension distribution, and cable sagging[J]. Mathematical Problems in Engineering, 2022, 2022: 2199748.

[22] Rezazadeh S, Behzadipour S. Workspace analysis of multibody cable-driven mechanisms[J]. Journal of Mechanisms and Robotics, 2011, 3(2): 021005.

[23] Bosscher P, Riechel A T, Ebert-Uphoff I. Wrench-feasible workspace generation for cable-driven robots[J]. IEEE Transactions on Robotics, 2006, 22(5): 890-902.

[24] 刘欣, 仇原鹰, 盛英. 绳牵引并联机器人工作空间的存在条件证明及一致求解策略 [J]. 机械工程学报, 2010, 46(7): 27-34.

[25] Cheng H H, Lau D. Ray-based cable and obstacle interference-free workspace for cable-driven parallel robots[J]. Mechanism and Machine Theory, 2022, 172: 104782.

[26] Chawla I, Pathak P M, Notash L, et al. Workspace analysis and design of large-scale cable-driven printing robot considering cable mass and mobile platform orientation[J]. Mechanism and Machine Theory, 2021, 165: 104426.

[27] Abbasnejad G, Eden J, Lau D. Generalized ray-based lattice generation and graph representation of wrench-closure workspace for arbitrary cable-driven robots[J]. IEEE Transactions on Robotics, 2019, 35(1): 147-161.

[28] Rasheed T, Long P, Caro S. Wrench-feasible workspace of mobile cable-driven parallel robots[J]. Journal of Mechanisms and Robotics, 2020, 12(3): 031009.

[29] Peng Y J, Bu W H. Analysis of reachable workspace for spatial three-cable under-constrained suspended cable-driven parallel robots[J]. Journal of Mechanisms and Robotics, 2021, 13(6): 061002.

[30] Heo J M, Park B J, Park J O, et al. Workspace and stability analysis of a 6-DOF cable-driven parallel robot using frequency-based variable constraints[J]. Journal of Mechanical Science and Technology, 2018, 32(3): 1345-1356.

[31] Côté A F, Cardou P, Gosselin C. A tension distribution algorithm for cable-driven parallel robots operating beyond their wrench-feasible workspace[C]//2016 16th International Conference on Control, Automation and Systems (ICCAS), Gyeongju, 2016: 68-73.

[32] Mattioni V, Idà E, Carricato M. Force-distribution sensitivity to cable-tension errors in overconstrained cable-driven parallel robots[J]. Mechanism and Machine Theory, 2022,

175: 104940.

[33] Gosselin C, Grenier M. On the determination of the force distribution in overconstrained cable-driven parallel mechanisms[J]. Meccanica, 2011, 46: 3-15.

[34] Borgstrom P H, Jordan B L, Sukhatme G S, et al. Rapid computation of optimally safe tension distributions for parallel cable-driven robots[J]. IEEE Transactions on Robotics, 2009, 25(6): 1271-1281.

[35] Yang K S, Yang G L, Chen S L, et al. Study on stiffness-oriented cable tension distribution for a symmetrical cable-driven mechanism[J]. Symmetry, 2019, 11(9): 1158.

[36] Liu P, Qiu Y Y, Su Y, et al. On the minimum cable tensions for the cable-based parallel robots[J]. Journal of Applied Mathematics, 2014, 2014: 350492.

[37] Ouyang B, Shang W W. Rapid optimization of tension distribution for cable-driven parallel manipulators with redundant cables[J]. Chinese Journal of Mechanical Engineering, 2016, 29(2): 231-238.

[38] Gouttefarde M, Lamaury J, Reichert C, et al. A versatile tension distribution algorithm for n-DOF parallel robots driven by n+2 cables[J]. IEEE Transactions on Robotics, 2015, 31(6): 1444-1457.

[39] Barhaghtalab M H, Bayani H, Nabaei A, et al. On the design of the robust neuro-adaptive controller for cable-driven parallel robots[J]. Automatika, 2016, 57(3): 724-735.

[40] Zi B, Sun H H, Zhang D. Design, analysis and control of a winding hybrid-driven cable parallel manipulator[J]. Robotics and Computer-Integrated Manufacturing, 2017, 48: 196-208.

[41] Ji H, Shang W W, Cong S. Adaptive control of a spatial 3-degree-of-freedom cable-driven parallel robot with kinematic and dynamic uncertainties[C]//2020 5th International Conference on Advanced Robotics and Mechatronics (ICARM), Shenzhen, 2020: 142-147.

[42] Cuvillon L, Weber X, Gangloff J. Modal control for active vibration damping of cable-driven parallel robots[J]. Journal of Mechanisms and Robotics, 2020, 12(5): 051004.

[43] Ma T Q, Xiong H, Zhang L, et al. Control of a cable-driven parallel robot via deep reinforcement learning[C]//2019 IEEE International Conference on Advanced Robotics and its Social Impacts (ARSO), Beijing, 2019: 275-280.

[44] Baklouti S, Courteille E, Lemoine P, et al. Vibration reduction of cable-driven parallel robots through elasto-dynamic model-based control[J]. Mechanism and Machine Theory, 2019, 139: 329-345.

[45] Qi R H, Rushton M, Khajepour A, et al. Decoupled modeling and model predictive control of a hybrid cable-driven robot (HCDR)[J]. Robotics and Autonomous Systems, 2019, 118: 1-12.

[46] Abdolshah S, Barjuei E S. Linear quadratic optimal controller for cable-driven parallel robots[J]. Frontiers of Mechanical Engineering, 2015, 10(4): 344-351.

[47] Zhao Z Q, Zhang L, Nan H J, et al. System modeling and motion control of a cable-

driven parallel platform for underwater camera stabilization[J]. IEEE Access, 2021, 9: 132954-132966.

[48] Ameri A, Molaei A, Khosravi M A, et al. Control-based tension distribution scheme for fully constrained cable-driven robots[J]. IEEE Transactions on Industrial Electronics, 2022, 69(11): 11383-11393.

[49] 訾斌, 朱真才, 杜敬利. 柔索驱动并联机器人运动控制研究 [J]. 振动与冲击, 2009, 28(9):48-51.

[50] Duan X C, Qiu Y Y, Duan Q J, et al. Calibration and motion control of a cable-driven parallel manipulator based triple-level spatial positioner[J]. Advances in Mechanical Engineering, 2014, 6: 368018.

[51] 邓槟槟, 尚伟伟, 张彬, 等. 6 自由度绳索牵引并联机器人的快速终端滑模同步控制 [J]. 机械工程学报, 2022, 58(13): 50-58.

[52] Dallej T, Gouttefarde M, Andreff N, et al. Modeling and vision-based control of large-dimension cable-driven parallel robots using a multiple-camera setup[J]. Mechatronics, 2019, 61: 20-36.

[53] 吴陈铭, 戴澄恺, 王昌凌, 等. 多自由度 3D 打印技术研究进展综述 [J]. 计算机学报,2019, 42(9): 1918-1938.

[54] 李昕. 3D 打印技术及其应用综述 [J]. 凿岩机械气动工具, 2014, (4): 36-41.

[55] Bosscher P, Williams R L II, Bryson L S, et al. Cable-suspended robotic contour crafting system[J]. Automation in Construction, 2007, 17(1): 45-55.

[56] 丁烈云, 徐捷, 覃亚伟. 建筑 3D 打印数字建造技术研究应用综述 [J]. 土木工程与管理学报, 2015, 32(3): 1-10.

[57] 马敬畏, 蒋正武, 苏宇峰. 3D 打印混凝土技术的发展与展望 [J]. 混凝土世界, 2014, (7): 41-46.

[58] Xiao J Z, Ji G C, Zhang Y M, et al. Large-scale 3D printing concrete technology: Current status and future opportunities[J]. Cement and Concrete Composites, 2021, 122: 104115.

[59] Barnett E, Gosselin C. Large-scale 3D printing with a cable-suspended robot[J]. Additive Manufacturing, 2015, 7: 27-44.

[60] Izard J B, Dubor A, Hervé P E, et al. Large-scale 3D printing with cable-driven parallel robots[J]. Construction Robotics, 2017, 1: 69-76.

[61] Lee C H, Gwak K W. Design of a novel cable-driven parallel robot for 3D printing building construction[J]. The International Journal of Advanced Manufacturing Technology, 2022, 123(11): 4353-4366.

[62] Nguyen-Van S, Gwak K W. A two-nozzle cable-driven parallel robot for 3D printing building construction: Path optimization and vibration analysis[J]. The International Journal of Advanced Manufacturing Technology, 2022, 120(5-6): 3325-3338.

[63] Zhang D J, Zhou D K, Zhang G Y, et al. 3D printing lunar architecture with a novel cable- driven printer[J]. Acta Astronautica, 2021, 189: 671-678.

第2章 刚柔耦合3D打印机器人运动学与动力学分析

目前市面上常见的绳驱动刚柔耦合机构基本分为串联、并联两大类，而对于3D 打印的应用场景来说，并联机构具有更大的工作空间、重构性和稳定性。并联机构可以为 3D 打印任务提供 3 个平动自由度，末端执行器可以在绳索驱动下完成工作任务。在实际的机构中，采用平行的两根绳索来进行末端执行器的驱动，改善单根绳索在运动过程中可能发生的抖动、受力不均匀等情况。

2008 年，Zi 等 [1] 根据 FAST 的 5 m 比例模型，基于逆运动学分析，利用拉格朗日动力学公式建立了考虑柔索质量不可忽略的柔索悬式并联机器人的逆动力学公式。Pott [2,3] 介绍了一种柔索驱动并联机器人的滑轮机构的建模方法。Phan 和 Nguyen [4] 介绍了一种新颖的方法，利用分析方法和经验方法，在存在下垂时为柔索驱动并联机器人产生准静态模型和逆运动学模型。陈原等 [5] 提出刚柔混合驱动主动式波浪补偿并联机构。基于刚柔混合并联机构的动定平台的矩阵旋转原理和几何封闭法建立位置逆解数学模型。王晓光等 [6] 采用自适应粒子群算法对运动学进行求解与分析，考虑实际系统存在外部干扰等，设计非线性干扰观测器予以补偿。Mamidi 和 Bandyopadhyay [7] 考虑柔索的质量、弯曲、弹性和阻尼特性的同时，对柔索驱动并联机器人的空间运动进行了正向动力学分析。Chesser 等 [8] 提出了一种用于现场混凝土增材制造 (additive manufacturing, AM) 的可部署柔索驱动机器人的新型运动学排列。郝亮亮等 [9] 提出了一种新型 2-UPR/2-RPU 冗余并联机器人并以其为研究对象，采用螺旋理论和拉格朗日法对其进行动力学建模与动力学对比研究。钱森等 [10] 以多机协作吊装机器人为研究对象，采用拉格朗日方法建立了多机协作吊装机器人的动力学模型；采用改进的蚁群算法，相对于传统蚁群算法，明显提高了最佳路径长度、运算效率等指标。王世杰等 [11] 提出了一种空间 2 旋转自由度的 3-UPS&U 冗余驱动并联机构。基于螺旋理论和修正的 Grübler-Kutzbach 理论对机构的整体自由度进行分析，确定了其围绕恰约束支链万向副旋转的运动特性。张琨等 [12] 提出了一种由绳索和丝杠复合驱动的 4 自由度运动平台，建立了该平台的动力学模型。Zhang 等 [13] 建立了考虑滑轮机构的 CDPR 的运动学模型，并进一步发展了考虑滑轮运动学的 CDPR 的误差模型与运动学标定方法。Wang 等 [14] 提出了一种新型悬挂式 CDPR 的运动学和动力学建模与工作空间分析，该 CDPR 能够产生 Schönflies 运动，并通过几何方法解决了机器人的逆向和正向运动学问题。Mishra 和 Caro [15] 基于弹性索模型，索长和索张力之间的耦合增加了问题的非线性程度，提出了一种无监督神经网络算法，用于在重力作用下对这类机器人的悬挂配置进行实时的前向几何静力分析。

考虑到绳索只能单向受力的特殊原因，一般的机构设计成冗余约束驱动机构，这种机构在工作之前需要对绳索进行预紧，影响了打印任务的效率。为了减少上述因素的影响，设计了弹簧-绳索的绳驱动刚柔耦合结构，来进一步地提高机构的运动精度和工作效率。

3D 打印近些年已经渗透到各个领域，然而它在建筑行业依然处于发展萌芽阶段。相比传统浇筑建筑，3D 建筑打印可以大幅减少施工阶段的前期准备时间，它可以自由地进行建筑创造，并且节省材料，符合全球的绿色发展应用前景。因此，为了适配绳驱动刚柔耦合结构，设计了一种能够稳定传输送料，实时控制间断挤出的陶土 3D 打印喷头。相对于市面上的 3D 建筑打印挤出机构，整体结构更加轻便简易，同时提供了多种尺寸的替换喷嘴。整体的陶土 3D 打印系统是通过料筒存放打印材料，稳定气压气动输送材料，螺杆旋转挤出，来满足目前的 3D 打印需求的。

2.1　运动学模型及仿真

图 2.1 为并联柔索驱动 3D 打印机构模型，从模型中可以看到，本机构的末端动平台通过 3 个平行等长的弹簧连接，分为上、下两个部分，其中下末端动平台为主平台，也是未来安装打印喷头的平台，而上末端动平台为同步运动平台，通过同步运动保证弹簧与两平台垂直。同时两平台都分别有三组柔索相连，每一组柔索等长且平行，柔索穿过安装在框架上的出绳孔，并经过定滑轮连接到滚珠丝杠副上的工作滑台处，最后通过电机带动滚珠丝杠副上的工作滑台运动，实现柔索索长的变化，从而带动末端动平台的运动。

根据此模型绘制的机构简图如图 2.2 所示。在末端执行器的运动过程中，每组柔索的两根柔索的运动与该组柔索的出绳孔中点到柔索和末端执行器铰接中点的连线运动完全相同，并且每组柔索的两根柔索的索力相同，因此将总共 6 组柔索简化成如图 2.2 虚线 A_iB_i 所示，等效成 6 根柔索的并联驱动模型。其中，A_i 为等效出绳孔位置；B_i 为柔索与动平台的等效铰接点。

由于末端执行器上下平台之间由三根并联同刚度弹簧连接，并且弹簧构成正三角形，因此将三根弹簧等效成一根连接末端执行器上下正三角形平台的中心的弹簧 K；图 2.2 中分别建立了固结于机构框架底部等边三角形 $A_1A_2A_3$ 的中心处的全局坐标系 O_A-$X_AY_AZ_A$，固结于末端执行器下平台等边三角形中心处的局部

坐标系 O_B-$X_BY_BZ_B$，以及固结于末端执行器上平台的等边三角形中心处的局部坐标系 O_C-$X_CY_CZ_C$，各坐标轴的初始方向相同。

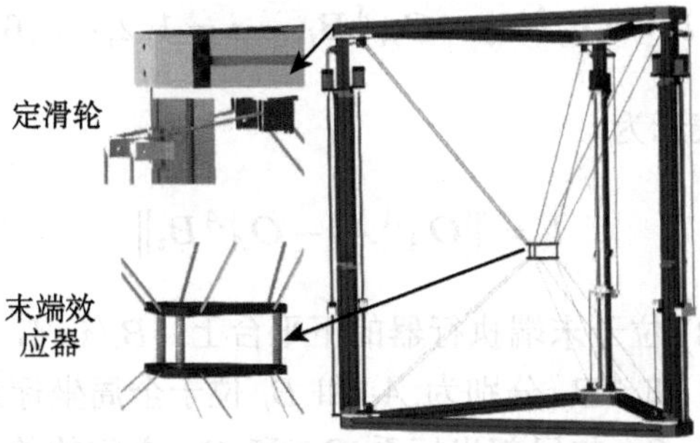

图 2.1 并联柔索驱动 3D 打印机构模型

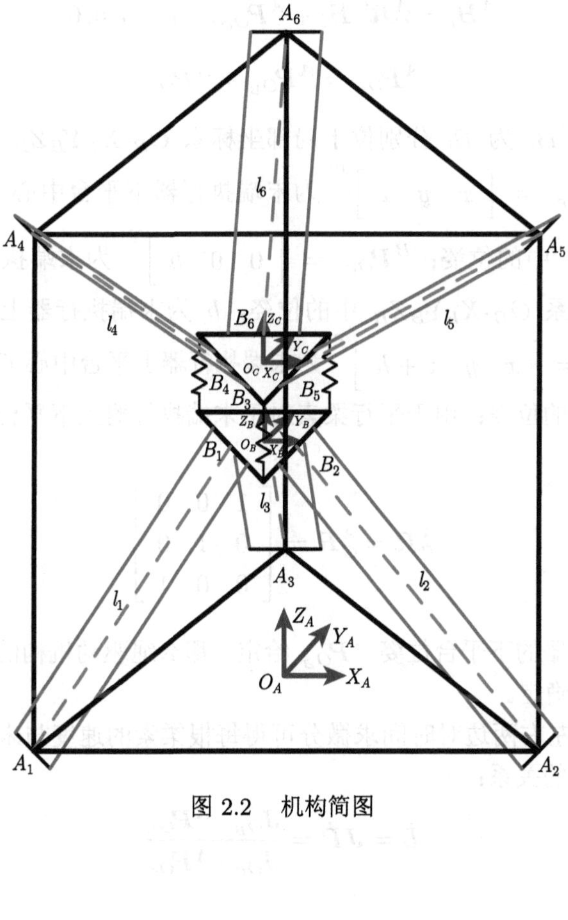

图 2.2 机构简图

2.1.1　逆运动学及仿真

每根柔索的长度向量可以表示为

$$\boldsymbol{l}_i = \boldsymbol{O}_A{}^A\boldsymbol{A}_i - \boldsymbol{O}_A{}^A\boldsymbol{B}_i, \quad i = 1, 2, \cdots, 6 \tag{2.1}$$

则每根柔索的长度表示为

$$l_i = \left\| \boldsymbol{O}_A{}^A\boldsymbol{A}_i - \boldsymbol{O}_A{}^A\boldsymbol{B}_i \right\| \tag{2.2}$$

式中，$B_i(i=1, 2, 3)$ 位于末端执行器的下平台上；$B_i(i=4, 5, 6)$ 位于末端执行器的上平台上；${}^A\boldsymbol{A}_i$ 和 ${}^A\boldsymbol{B}_i$ 分别为 A_i 和 B_i 位于全局坐标系 O_A 中的位置。

根据全局坐标系 O_A 与局部坐标系 O_B 和 O_C 之间的关系，${}^AB_i$ 可以表示为

$$ {}^A\boldsymbol{B}_i = {}^A_B\boldsymbol{R}{}^B\boldsymbol{B}_i + {}^A\boldsymbol{P}_{O_B}, \quad i = 1, 2, 3 \tag{2.3}$$

$$ {}^A\boldsymbol{B}_i = {}^A_C\boldsymbol{R}{}^C\boldsymbol{B}_i + {}^A\boldsymbol{P}_{O_C}, \quad i = 4, 5, 6 \tag{2.4}$$

$$ {}^A\boldsymbol{P}_{O_C} = {}^A\boldsymbol{P}_{O_B} + {}^B\boldsymbol{P}_{O_C} \tag{2.5}$$

式中，${}^B\boldsymbol{B}_i$ 和 ${}^C\boldsymbol{B}_i$ 为 B_i 分别位于局部坐标系 O_B-$X_BY_BZ_B$ 和 O_C-$X_CY_CZ_C$ 中的位置；${}^A\boldsymbol{P}_{O_B} = \begin{bmatrix} x & y & z \end{bmatrix}^{\mathrm{T}}$ 为末端执行器下平台中心 O_B 在全局坐标系 O_A-$X_AY_AZ_A$ 中的位姿；${}^B\boldsymbol{P}_{O_C} = \begin{bmatrix} 0 & 0 & h \end{bmatrix}^{\mathrm{T}}$ 为末端执行器上平台中心 O_C 在局部坐标系 O_B-$X_BY_BZ_B$ 中的位姿，h 为末端执行器上下平台之间的弹簧长度；${}^A\boldsymbol{P}_{O_C} = \begin{bmatrix} x & y & z+h \end{bmatrix}^{\mathrm{T}}$ 为末端执行器上平台中心 O_C 在全局坐标系 O_A-$X_AY_AZ_A$ 中的位姿；由于平行柔索对于末端执行器上下平台旋转自由度的限制，则

$$ {}^A_B\boldsymbol{R} = {}^A_C\boldsymbol{R} = \begin{bmatrix} 1 & 0 & 0 \\ 0 & 1 & 0 \\ 0 & 0 & 1 \end{bmatrix}$$

若末端执行器的下平台位姿 ${}^A\boldsymbol{P}_{O_B}$ 给定，那么绳驱动机构的逆运动学可由式 (2.1)~ 式 (2.5) 确定。

由式 (2.2) 左右两边对时间求微分可得每根柔索的速度与末端执行器上下平台位姿速度之间的关系：

$$\dot{\boldsymbol{L}} = \boldsymbol{J}\dot{\boldsymbol{P}} = \frac{\boldsymbol{J}_{O_B} \cdot {}^A\dot{\boldsymbol{P}}_{O_B}}{\boldsymbol{J}_{O_C} \cdot {}^A\dot{\boldsymbol{P}}_{O_C}} \tag{2.6}$$

式中，$\dot{\boldsymbol{L}} = \begin{bmatrix} \dot{l}_1 & \dot{l}_2 & \dot{l}_3 & \dot{l}_4 & \dot{l}_5 & \dot{l}_6 \end{bmatrix}^{\mathrm{T}}$ 为每根柔索的速度；$\dot{\boldsymbol{P}}$ 为末端执行器上下平台的速度，分别由上平台速度 ${}^{A}\dot{\boldsymbol{P}}_{O_B} = \begin{bmatrix} \dot{x} & \dot{y} & \dot{z} \end{bmatrix}^{\mathrm{T}}$ 和下平台速度 ${}^{A}\dot{\boldsymbol{P}}_{O_C} = \begin{bmatrix} \dot{x} & \dot{y} & \dot{z}+\dot{h} \end{bmatrix}^{\mathrm{T}}$ 组成；$\boldsymbol{J}$ 为速度雅可比矩阵，$\boldsymbol{J}_{O_B}$ 和 $\boldsymbol{J}_{O_C}$ 分别为下平台和上平台的速度雅可比矩阵，表示为

$$\boldsymbol{J}_{O_B} = \begin{bmatrix} \dfrac{\partial l_1}{\partial x} & \dfrac{\partial l_1}{\partial y} & \dfrac{\partial l_1}{\partial z} \\ \dfrac{\partial l_2}{\partial x} & \dfrac{\partial l_2}{\partial y} & \dfrac{\partial l_2}{\partial z} \\ \dfrac{\partial l_3}{\partial x} & \dfrac{\partial l_3}{\partial y} & \dfrac{\partial l_3}{\partial z} \end{bmatrix} \tag{2.7}$$

$$\boldsymbol{J}_{O_C} = \begin{bmatrix} \dfrac{\partial l_4}{\partial x} & \dfrac{\partial l_4}{\partial y} & \dfrac{\partial l_4}{\partial (z+h)} \\ \dfrac{\partial l_5}{\partial x} & \dfrac{\partial l_5}{\partial y} & \dfrac{\partial l_5}{\partial (z+h)} \\ \dfrac{\partial l_6}{\partial x} & \dfrac{\partial l_6}{\partial y} & \dfrac{\partial l_6}{\partial (z+h)} \end{bmatrix} \tag{2.8}$$

再由式 (2.6) 左右两边对时间求微分，可得每根柔索的加速度与末端执行器上下平台位姿加速度之间的关系：

$$\ddot{\boldsymbol{L}} = \dot{\boldsymbol{P}}^{\mathrm{T}} \boldsymbol{H}\ \boldsymbol{P} + \boldsymbol{J}\ddot{\boldsymbol{P}} \tag{2.9}$$

式中，末端执行器上下平台加速度 $\ddot{\boldsymbol{P}} = \begin{bmatrix} \ddot{x} & \ddot{y} & \ddot{z} \end{bmatrix}$；由式 (2.9) 可知，每根柔索的加速度与末端执行器速度和加速度都有关系，其中 $\boldsymbol{H}$ 矩阵为黑塞矩阵，表示为

$$\boldsymbol{H} = \begin{bmatrix} \dfrac{\partial^2 l}{\partial x \partial x} & \dfrac{\partial^2 l}{\partial y \partial x} & \dfrac{\partial^2 l}{\partial z \partial x} \\ \dfrac{\partial^2 l}{\partial x \partial y} & \dfrac{\partial^2 l}{\partial y \partial y} & \dfrac{\partial^2 l}{\partial z \partial y} \\ \dfrac{\partial^2 l}{\partial x \partial z} & \dfrac{\partial^2 l}{\partial y \partial z} & \dfrac{\partial^2 l}{\partial z \partial z} \end{bmatrix} \in R^{6\times 3\times 3} \tag{2.10}$$

对应到每根柔索的黑塞矩阵为

$$\boldsymbol{H}_i=\begin{bmatrix}\dfrac{\partial^2 l_i}{\partial x\partial x} & \dfrac{\partial^2 l_i}{\partial y\partial x} & \dfrac{\partial^2 l_i}{\partial z\partial x}\\ \dfrac{\partial^2 l_i}{\partial x\partial y} & \dfrac{\partial^2 l_i}{\partial y\partial y} & \dfrac{\partial^2 l_i}{\partial z\partial y}\\ \dfrac{\partial^2 l_i}{\partial x\partial z} & \dfrac{\partial^2 l_i}{\partial y\partial z} & \dfrac{\partial^2 l_i}{\partial z\partial z}\end{bmatrix}\in R^{3\times 3},\quad i=1,2,\cdots,6 \tag{2.11}$$

由于传动系统采用滚珠丝杠传动方式，则可得电机转角和柔索长度的关系为

$$\frac{\theta_i}{2\pi}P=l_i-l_i(0),\quad i=1,2,\cdots,6 \tag{2.12}$$

式中，θ_i 为第 i 个电机的转角；P 为丝杆的导程；$l_i(0)$ 为初始位置第 i 根柔索的初始长度。

由式 (2.6) 和式 (2.9) 可得电机的角速度和角加速度为

$$\dot{\theta}_i=\frac{2\pi}{P}\dot{L},\quad i=1,2,\cdots,6 \tag{2.13}$$

$$\ddot{\theta}_i=\frac{2\pi}{P}\ddot{L},\quad i=1,2,\cdots,6 \tag{2.14}$$

给定末端执行器上下平台的仿真轨迹分别为

$$\begin{cases} x=x_u=k_1 t\cos(wt)\\ y=y_u=k_1 t\sin(wt)\\ z=k_2 t+b\\ z_u=z+h\end{cases} \tag{2.15}$$

仿真机构结构参数见表 2.1，具体的仿真轨迹参数为 $k_1=0.002$，$t=100\text{s}$，$w=5\pi/t=0.05\pi\ \text{rad/s}$，$k_2=0.005$，$b=0.5$，$h=61\text{mm}$。

表 2.1 仿真机构结构参数表

参数	参数值
框架底边边长 a/mm	1509
末端执行器边长 b/mm	209
弹簧初始长度 h_0/mm	20
框架高度 H_c/mm	1787
弹簧长度 h/mm	61
弹簧总等效刚度 K/(N/m)	1000
末端执行器下平台质量 m_{L}/kg	0.05
末端执行器上平台质量 m_{U}/kg	0.05
重力加速度 $g/(\text{m/s}^2)$	9.8
下平台柔索初始长度 $l_i(0)(i=1,2,3)$/mm	948
上平台柔索初始长度 $l_i(0)(i=4,5,6)$/mm	1477.8
导程 P/mm	5

仿真轨迹的上下平台理论轨迹如图 2.3 所示，此轨迹的逆运动学仿真轨迹如图 2.4 所示，从图中可以看出，柔索在此轨迹下的柔索长度、柔索速度和柔索加速

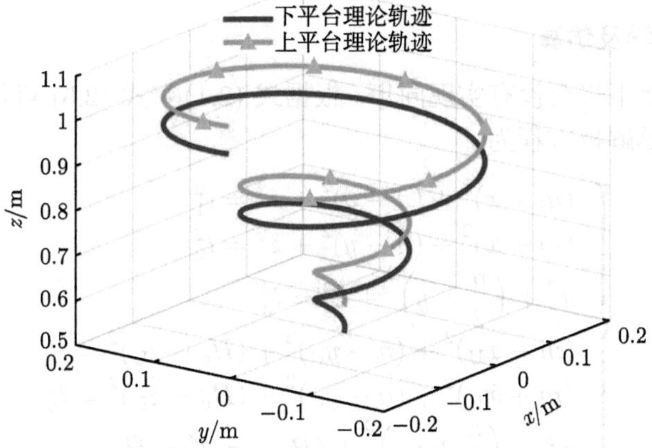

图 2.3　仿真轨迹的上下平台理论轨迹图

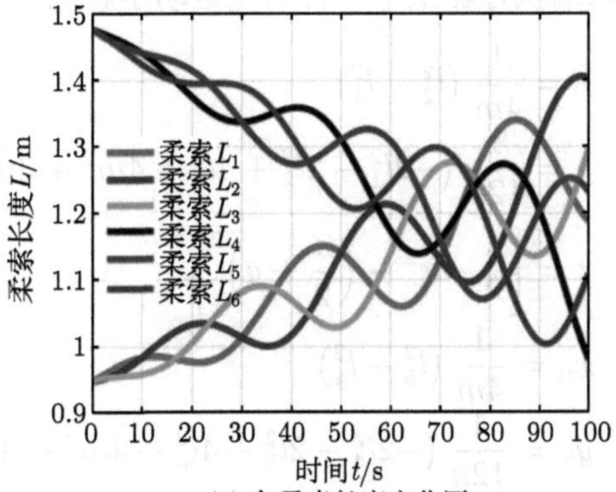

(a) 各柔索长度变化图

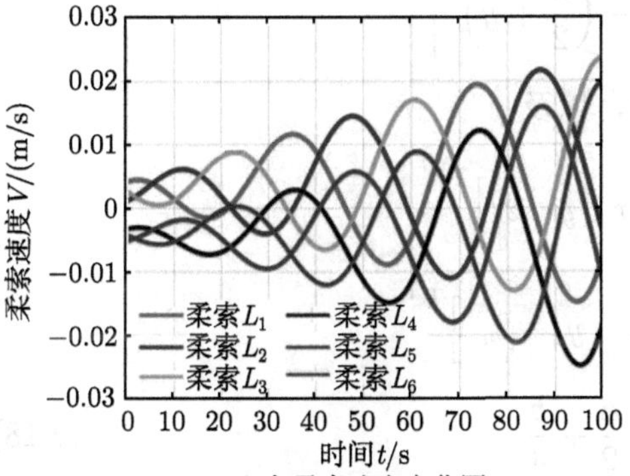

(b) 各柔索速度变化图

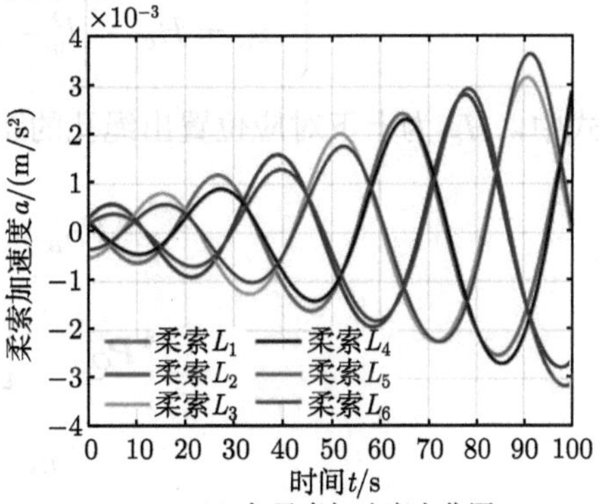

(c) 各柔索加速度变化图

图 2.4　柔索逆运动学仿真图

度变化都具有一定周期规律性，根据目标轨迹图的周期性变化趋势，可以判断出图 2.4 仿真结果基本符合柔索变化趋势，这也证明本书的逆运动学模型的基本正确性和有效性。

2.1.2　正运动学及仿真

首先假设上下平台没有实现同步，根据式 (2.1)~ 式 (2.5) 可得 6 根柔索中各柔索的逆运动学解析方程为

$$\begin{cases}(m-x)^2+(n-y)^2+z^2=l_1^2\\(m+x)^2+(n-y)^2+z^2=l_2^2\\x^2+\left(\dfrac{n}{2}+y\right)^2+z^2=l_3^2\\(m-x_{\mathrm{U}})^2+(n-y_{\mathrm{U}})^2+(H_{\mathrm{c}}-z_{\mathrm{U}})^2=l_4^2\\(m+x_{\mathrm{U}})^2+(n-y_{\mathrm{U}})^2+(H_{\mathrm{c}}-z_{\mathrm{U}})^2=l_5^2\\x_{\mathrm{U}}^2+\left(\dfrac{n}{2}+y_{\mathrm{U}}\right)^2+(H_{\mathrm{c}}-z_{\mathrm{U}})^2=l_6^2\end{cases} \tag{2.16}$$

由式 (2.16) 可求得末端执行器上下平台的正运动学解为

$$\begin{cases}x=\dfrac{1}{4m}\left(l_2^2-l_1^2\right)\\y=\dfrac{1}{12n}\left(-2l_1^2-2l_2^2+4l_3^2+4m^2+3n^2\right)\\z=\left[l_3^2-x^2-\left(\dfrac{n}{2}+y\right)^2\right]^{\frac{1}{2}}\\x_u=\dfrac{1}{4m}\left(l_5^2-l_4^2\right)\\y_u=\dfrac{1}{12n}\left(-2l_4^2-2l_5^2+4l_6^2+4m^2+3n^2\right)\\z_u=H_{\mathrm{c}}-\left[l_6^2-x^2-\left(\dfrac{n}{2}+y\right)^2\right]^{\frac{1}{2}}\end{cases} \tag{2.17}$$

式中，H_{c} 为上下对应位置出绳孔的距离，以及

$${}^{A}\boldsymbol{P}_{O_B}=\begin{bmatrix}x & y & z\end{bmatrix}^{\mathrm{T}}$$

$${}^{A}\boldsymbol{P}_{O_C}=\begin{bmatrix}x_u & y_u & z_u\end{bmatrix}^{\mathrm{T}}$$

$$m=-\frac{a}{2}+\frac{b}{4} \tag{2.18}$$

$$n=-\frac{\sqrt{3}}{6}a+\frac{\sqrt{3}}{12}b \tag{2.19}$$

式 (2.18)、式 (2.19) 中 a 为由 A_1，A_2，A_3 底部出绳孔以及 A_4，A_5，A_6 顶部出绳孔分别构成的两个等边三角形的边长，b 为上下末端执行器平台等边三角线的边长。

由式 (2.17) 正运动学解即可分别根据 l_4，l_5，l_6 和 l_1，l_2，l_3 的长度得到上下末端执行器平台的位置参数。而本 3D 打印机构的上下末端执行器平台实际运动过程中保证在 x 和 y 方向是一致的，且根据 z 和 z_u 可得

$$\begin{cases} x = x_u \\ y = y_u \\ h = z_u - z \end{cases} \tag{2.20}$$

因此由式 (2.20) 可知上下末端执行器在 x 和 y 方向上的位置求法比较灵活，而上下末端执行器平台之间的弹簧长度可以根据 6 根柔索的索长由正运动学求得。

正运动学仿真验证采用式 (2.15) 中等间隔的末端执行器上下平台的仿真轨迹点，根据逆运动学公式 (2.16) 求得各柔索的长度，再根据求得的结果通过正运动学公式 (2.17) 验证正运动学的正确性。仿真结果如图 2.5 所示，从图中可以看出，由目标轨迹通过逆运动学求得轨迹点的柔索长度，再经过正运动学求得的末端动平台的位置点确实位于目标轨迹上，因此证明正运动学的正确性。

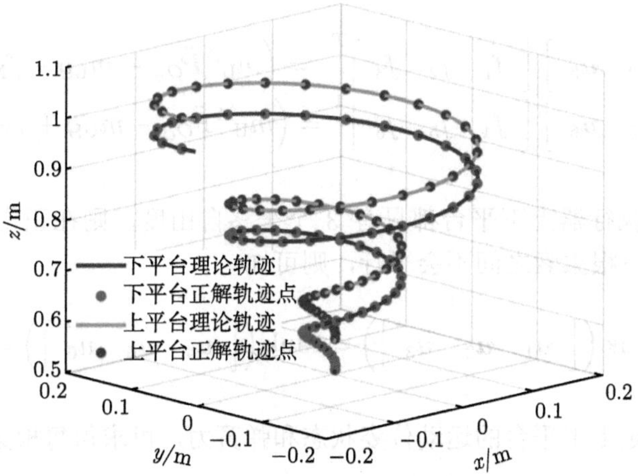

图 2.5 末端动平台正运动学验证

2.2 动力学模型及仿真

忽略柔索的质量和弹性，将柔索看成提供张力的理想杆模型；并且由于末端执行器上下平台都只有 3 个平移自由度，而没有旋转自由度。根据牛顿-欧拉法，

推导出末端执行器上下平台的动力学方程：

$$f_{\mathrm{N}}=3k\Delta h=K\left(h-h_0\right) \tag{2.21}$$

$$\begin{cases}\sum_{i=1}^{3}(f_i\boldsymbol{u}_i)+f_{\mathrm{N}}\boldsymbol{u}_{\mathrm{N}}+m_{\mathrm{L}}\boldsymbol{g}=m_{\mathrm{L}}{}^{A}\ddot{\boldsymbol{P}}_{O_B}\\ \sum_{i=4}^{6}(f_i\boldsymbol{u}_i)-f_{\mathrm{N}}\boldsymbol{u}_{\mathrm{N}}+m_{\mathrm{U}}\boldsymbol{g}=m_{\mathrm{U}}{}^{A}\ddot{\boldsymbol{P}}_{O_C}\end{cases} \tag{2.22}$$

式中，f_{N} 为弹簧力；k 和 K 分别为单个和总的弹簧刚度；h_0 为弹簧初始长度；$\boldsymbol{u}_{\mathrm{N}}$ 为下平台弹簧力方向，$\boldsymbol{u}_{\mathrm{N}}=[0\ 0\ 1]^{\mathrm{T}}$；$m_{\mathrm{L}}$ 和 m_{U} 分别为下平台和上平台的质量；$\boldsymbol{g}$ 为重力向量，$\boldsymbol{g}=[0\ 0\ \ -g]^{\mathrm{T}}$；$f_i$ 为第 i 根柔索的索力；$\boldsymbol{u}_i$ 为第 i 根柔索的单位向量，表示为

$$\boldsymbol{u}_i=\frac{\boldsymbol{l}_i}{l_i}=\frac{\boldsymbol{O}_A{}^{A}\boldsymbol{A}_i-\boldsymbol{O}_A{}^{A}\boldsymbol{B}_i}{\|\boldsymbol{O}_A{}^{A}\boldsymbol{A}_i-\boldsymbol{O}_A{}^{A}\boldsymbol{B}_i\|},\quad i=1,2,3,4,5,6 \tag{2.23}$$

为了求得每根柔索的索力，可将式 (2.21) 重写为

$$\begin{cases}\begin{bmatrix}\boldsymbol{u}_1 & \boldsymbol{u}_2 & \boldsymbol{u}_3\end{bmatrix}\begin{bmatrix}f_1 & f_2 & f_3\end{bmatrix}^{\mathrm{T}}=\left(m_{\mathrm{L}}{}^{A}\ddot{\boldsymbol{P}}_{O_B}-m_{\mathrm{L}}\boldsymbol{g}-f_{\mathrm{N}}\boldsymbol{u}_{\mathrm{N}}\right)\\ \begin{bmatrix}\boldsymbol{u}_4 & \boldsymbol{u}_5 & \boldsymbol{u}_6\end{bmatrix}\begin{bmatrix}f_4 & f_5 & f_6\end{bmatrix}^{\mathrm{T}}=\left(m_{\mathrm{U}}{}^{A}\ddot{\boldsymbol{P}}_{O_C}-m_{\mathrm{U}}\boldsymbol{g}+f_{\mathrm{N}}\boldsymbol{u}_{\mathrm{N}}\right)\end{cases} \tag{2.24}$$

由于末端执行器上下平台都只有 3 个平移自由度，则在正常的运动位姿中，上下平台的各三根柔索之间不会平行，则可知

$$\mathrm{rank}\left(\begin{bmatrix}\boldsymbol{u}_1 & \boldsymbol{u}_2 & \boldsymbol{u}_3\end{bmatrix}\right)=\mathrm{rank}\left(\begin{bmatrix}\boldsymbol{u}_4 & \boldsymbol{u}_5 & \boldsymbol{u}_6\end{bmatrix}\right)=3 \tag{2.25}$$

则对于给定上下平台的运动位姿状态和弹簧力，可求得每根柔索的索力为

$$\begin{cases}\begin{bmatrix}f_1 & f_2 & f_3\end{bmatrix}^{\mathrm{T}}=\begin{bmatrix}\boldsymbol{u}_1 & \boldsymbol{u}_2 & \boldsymbol{u}_3\end{bmatrix}^{-1}\left(m_{\mathrm{L}}{}^{A}\ddot{\boldsymbol{P}}_{O_B}-m_{\mathrm{L}}\boldsymbol{g}-f_{\mathrm{N}}\boldsymbol{u}_{\mathrm{N}}\right)\\ \begin{bmatrix}f_4 & f_5 & f_6\end{bmatrix}^{\mathrm{T}}=\begin{bmatrix}\boldsymbol{u}_4 & \boldsymbol{u}_5 & \boldsymbol{u}_6\end{bmatrix}^{-1}\left(m_{\mathrm{U}}{}^{A}\ddot{\boldsymbol{P}}_{O_C}-m_{\mathrm{U}}\boldsymbol{g}+f_{\mathrm{N}}\boldsymbol{u}_{\mathrm{N}}\right)\end{cases} \tag{2.26}$$

采用运动学仿真公式 (2.15) 目标轨迹，对动力学进行仿真验证，由于末端执行器的加速度很小，因此将末端执行器的加速度看作 0，仿真的结果如图 2.6 所示。

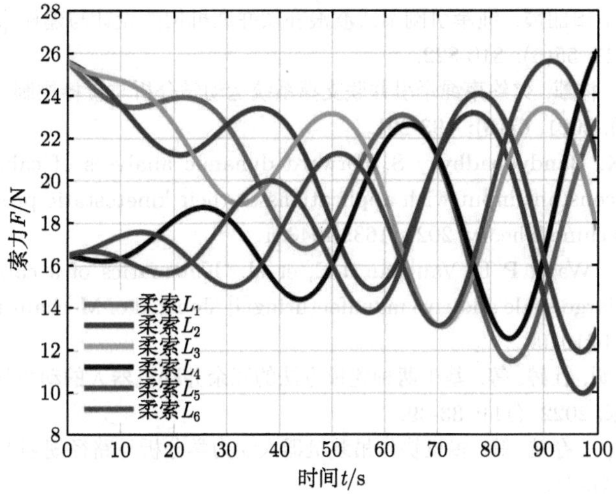

图 2.6 各柔索索力仿真图

根据图 2.6 中的仿真结果，可以看出在目标轨迹下，各个柔索索力呈规则变化，也反映了动力学模型有效。

2.3 本章小结

本章对柔索驱动并联 3D 打印机构的设计原理以及模型进行介绍，将弹簧引入机构，提高机构的稳定性。根据平行柔索等效原理将机构模型进行简化，方便后续的运动学和动力学研究。接着针对简化模型采用封闭矢量原理建立了运动学模型，包含逆运动学和正运动学模型，并根据牛顿-欧拉法建立了动力学模型。最后针对建立的运动学和动力学模型，进行数值仿真验证，通过正逆运动学对比仿真验证了运动学的准确性，根据动力学仿真的索力变化情况验证动力学仿真的准确性。

参考文献

[1] Zi B, Duan B Y, Du J L, et al. Dynamic modeling and active control of a cable-suspended parallel robot[J]. Mechatronics, 2008, 18(1): 1-12.

[2] Pott A. Influence of pulley kinematics on cable-driven parallel robots[M]//Lenarčič J, Husty M. Latest Advances in Robot Kinematics. Dordrecht: Springer, 2012: 197-204.

[3] Pott A. Cable-Driven Parallel Robots: Theory and Application: Vol. 120[M]. Cham: Springer International Publishing, 2018.

[4] Phan G L, Nguyen T T. Empirical quasi-static and inverse kinematics of cable-driven parallel manipulators including presence of sagging[J]. Applied Sciences, 2020,10(15):5318.

[5] 陈原, 郭登辉, 田丽霞. 绳牵引刚柔式波浪补偿并联机构的设计与建模 [J]. 浙江大学学报(工学版), 2021, 55(5): 810-822.

[6] 王晓光, 吴军, 林麒. 欠约束绳牵引并联支撑系统运动学分析与鲁棒控制 [J]. 清华大学学报(自然科学版), 2021, 61(3): 193-201.

[7] Mamidi T K, Bandyopadhyay S. Forward dynamic analyses of cable-driven parallel robots with constant input with applications to their kinetostatic problems[J]. Mechanism and Machine Theory, 2021, 163: 104381.

[8] Chesser P C, Wang P L, Vaughan J E, et al. Kinematics of a cable-driven robotic platform for large-scale additive manufacturing[J]. Journal of Mechanisms and Robotics, 2022, 14(2): 021010.

[9] 郝亮亮, 刘小娟, 杜婷, 等. 基于两种建模方法的冗余并联机器人的动力学对比研究 [J]. 制造技术与机床, 2022, (11): 33-39.

[10] 钱森, 钱鹏飞, 王春航, 等. 多机协作吊装机器人动力学分析与路径规划 [J]. 机械工程学报, 2022, 58(7): 20-31.

[11] 王世杰, 冯伟, 李铁军, 等. 空间 2 自由度冗余驱动并联机构运动学性能分析 [J]. 机械工程学报, 2022, 58(23): 18-27.

[12] 张琨, 霍建霖, 赵志启, 等. 一种四自由度运动平台及其姿态控制方法 [J]. 电子测量技术, 2022, 45(19): 150-154.

[13] Zhang Z K, Xie G Q, Shao Z F, et al. Kinematic calibration of cable-driven parallel robots considering the pulley kinematics[J]. Mechanism and Machine Theory, 2022, 169: 104648.

[14] Wang R B, Xie Y L, Chen X G, et al. Kinematic and dynamic modeling and workspace analysis of a suspended cable-driven parallel robot for schönflies motions[J]. Machines, 2022, 10(6): 451.

[15] Mishra U A, Caro S. Forward kinematics for suspended under-actuated cable-driven parallel robots with elastic cables: A neural network approach[J]. Journal of Mechanisms and Robotics, 2022, 14(4): 041008.

第3章 刚柔耦合3D打印机器人工作空间分析

柔索驱动并联机器人 CDPR 的设计和控制涉及多个重要问题，如机械结构设计、工作空间分析、索张力分配、索松弛计算等。工作空间是指机器人能够到达的位置和姿态的集合，是评价机器人性能的一个重要指标。CDPR 的工作空间受到多种因素的影响，如柔索数量、布局、长度范围、张力范围、碰撞约束等。因此，CDPR 的工作空间分析是一项复杂而重要的任务，对于 CDPR 的设计和优化具有指导意义。

Pham 等 [1] 提出了一种递归降维算法，用于检验柔索驱动并联机构是否满足力闭合条件，从而确定其工作空间。Gouttefarde 和 Gosselin [2] 介绍了一种确定力封闭工作空间 (wrench-closure workspace, WCW) 的恒定方向截面的算法，用于分析和确定平面柔索驱动并联机构的力闭合工作空间。Bosscher 等 [3] 提出了一种基于净力矩集合的几何性质，分析计算柔索机器人可行力工作空间边界，并验证其正确性和应用的方法。张耀军等 [4] 建立了柔索驱动并联机构静力模型，通过直接搜索的优化算法得到更大的定姿态工作空间。欧阳波和尚伟伟 [5] 通过计算结构矩阵零空间和解线性矩阵不等式来实现力封闭工作空间的快速求解。禹润田等 [6] 提出了一种适用于脚踝康复的 3 自由度绳驱动并联机构，利用牛顿-拉弗森迭代法和封闭矢量环法计算了位姿正反解，优化了张力分布并求解了机构的工作空间。董晓东等 [7] 提出了一种基于凸集理论的非迭代求解算法，用于求解 $m \geqslant n$(m 为绳索数目，n 为机构自由度) 绳牵引串并联机器人的力旋量可行工作空间。段清娟等 [8,9] 在末端执行器与机架之间引入弹簧，构成绳索-弹簧机构，分析弹簧参数对绳索-弹簧机构可行工作空间的影响。Peng 和 Bu [10] 研究欠约束 CDPR 的工作空间，使用数值方法求解了空间三绳欠约束 CDPR 的静力平衡可达工作空间。王启明等 [11] 研究了最优构型选择及其参数优化，发现在一定的结构参数范围内，工作空间体积和全局灵巧度呈正相关。Su 等 [12] 提出了一种基于迭代的张力分配算法和工作空间生成算法。

并联柔索驱动 3D 打印机构要实现打印，首先需要对机构的工作空间有所掌握。由于柔索只能受拉而不能受压的特性，对工作空间位置提出了要求，并且打印过程要稳定进行，也必然对柔索索力和误差分布情况有所要求，这就要求打印工作空间中柔索的索力分布要相对均匀，同时打印工作空间中的误差分布要相对较小，以此来保证打印的基本精度。除此以外，机构本身所具有的初始结构参数设置也必然会影响工作空间的整体情况，需要分析初始结构参数对工作空间的影响趋势，据此找到最优的初始结构参数。

3.1　正索力工作空间

3.1.1　末端执行器理论位姿空间

根据机构框架结构可以得到末端执行器位姿 p 的框架空间，其可以表达为

$$\begin{cases} -\dfrac{a}{2} < x < \dfrac{a}{2} \\ -\dfrac{\sqrt{3}}{6}a < y < -\sqrt{3}\,|x| + \dfrac{\sqrt{3}}{3}a \\ 0 < z < H - h \end{cases} \tag{3.1}$$

考虑到实际运动过程中末端执行器理论可以运动到的位置，绘制了图 3.1 所示机构 Z 向切面俯视示意图。

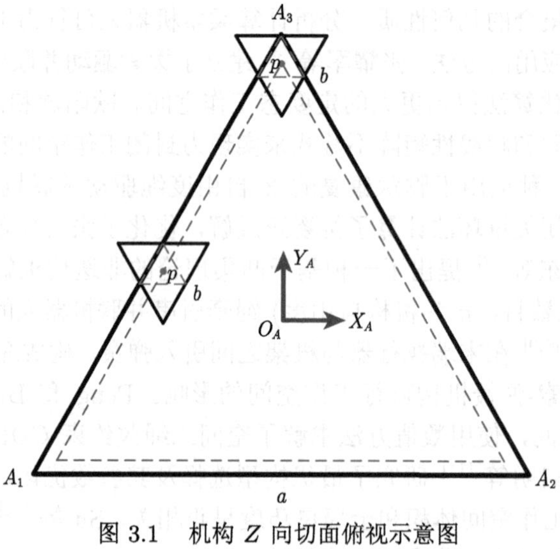

图 3.1　机构 Z 向切面俯视示意图

图中由 A_1、A_2、A_3 构成的空间即为机构的 x-y 框架空间，其为边长等于 a 的等边三角形；图中 p 点为末端执行器的质心位置，即为末端执行器的位姿 p，末端执行器为边长等于 b 的等边三角形；从图中可以发现，末端执行器的位姿 p 实际运动中最多只能到达图中红色虚线所构成的等边三角形边界，红色虚线所构成

的等边三角形与框架结构等边三角形之间的距离等于质心 p 到由末端执行器柔索铰接点构成的蓝色虚线正三角形边的距离。

根据图 3.1 可求得末端执行器理论位姿 p 空间为

$$\begin{cases} -\frac{1}{4}(2a-b) < x < \frac{1}{4}(2a-b) \\ -\left(\frac{\sqrt{3}}{6}a-\frac{\sqrt{3}}{12}b\right) < y < -\sqrt{3}\left|x\right|+\frac{\sqrt{3}}{3}a-\frac{\sqrt{3}}{6}b \\ 0 < z < H-h \end{cases} \tag{3.2}$$

3.1.2 正索力工作空间求解

并联柔索驱动 3D 打印机构采用柔索作为传动方式，而柔索与刚性连杆的不同之处在于刚性连杆既可以承受压力又可以承受拉力，柔索只能承受拉力，因此末端动平台在框架空间中首先需要满足各个柔索索力皆承受拉力，即索力大于 0，将符合此条件的位姿集合定义为正索力工作空间。由于求解的前提是静态工作空间，因此可将动力学公式 (2.24) 改写为

$$\begin{cases} \begin{bmatrix} \boldsymbol{u}_1 & \boldsymbol{u}_2 & \boldsymbol{u}_3 \end{bmatrix}\begin{bmatrix} f_1 & f_2 & f_3 \end{bmatrix}^{\mathrm{T}} = -m_{\mathrm{L}}\boldsymbol{g} - f_{\mathrm{N}}\boldsymbol{u}_{\mathrm{N}} \\ \begin{bmatrix} \boldsymbol{u}_4 & \boldsymbol{u}_5 & \boldsymbol{u}_6 \end{bmatrix}\begin{bmatrix} f_4 & f_5 & f_6 \end{bmatrix}^{\mathrm{T}} = -m_{\mathrm{U}}\boldsymbol{g} + f_{\mathrm{N}}\boldsymbol{u}_{\mathrm{N}} \end{cases} \tag{3.3}$$

求得各个柔索索力为

$$\begin{cases} \begin{bmatrix} f_1 & f_2 & f_3 \end{bmatrix}^{\mathrm{T}} = \begin{bmatrix} \boldsymbol{u}_1 & \boldsymbol{u}_2 & \boldsymbol{u}_3 \end{bmatrix}^{-1}(-m_{\mathrm{L}}\boldsymbol{g} - f_{\mathrm{N}}\boldsymbol{u}_{\mathrm{N}}) \\ \begin{bmatrix} f_4 & f_5 & f_6 \end{bmatrix}^{\mathrm{T}} = \begin{bmatrix} \boldsymbol{u}_4 & \boldsymbol{u}_5 & \boldsymbol{u}_6 \end{bmatrix}^{-1}(-m_{\mathrm{U}}\boldsymbol{g} + f_{\mathrm{N}}\boldsymbol{u}_{\mathrm{N}}) \end{cases} \tag{3.4}$$

并且由于

$$\begin{bmatrix} \boldsymbol{u}_m & \boldsymbol{u}_q & \boldsymbol{u}_l \end{bmatrix}^{-1} = \frac{\operatorname{adj}\left(\begin{bmatrix} \boldsymbol{u}_m & \boldsymbol{u}_q & \boldsymbol{u}_l \end{bmatrix}\right)}{\det\left(\begin{bmatrix} \boldsymbol{u}_m & \boldsymbol{u}_q & \boldsymbol{u}_l \end{bmatrix}\right)} = \frac{\begin{bmatrix} (\boldsymbol{u}_q \times \boldsymbol{u}_l)^{\mathrm{T}} \\ (\boldsymbol{u}_l \times \boldsymbol{u}_m)^{\mathrm{T}} \\ (\boldsymbol{u}_m \times \boldsymbol{u}_q)^{\mathrm{T}} \end{bmatrix}}{(\boldsymbol{u}_m \times \boldsymbol{u}_q)^{\mathrm{T}}\boldsymbol{u}_l} \tag{3.5}$$

同时根据动力学公式 (2.23)，要求得正索力工作空间，将式 (3.4) 可表达成

$$\begin{cases} \begin{bmatrix} f_1 & f_2 & f_3 \end{bmatrix}^{\mathrm{T}} = \dfrac{\begin{bmatrix} \dfrac{1}{l_1}(\boldsymbol{I}_2 \times \boldsymbol{I}_3)^{\mathrm{T}} \\ \dfrac{1}{l_2}(\boldsymbol{I}_3 \times \boldsymbol{I}_1)^{\mathrm{T}} \\ \dfrac{1}{l_3}(\boldsymbol{I}_1 \times \boldsymbol{I}_2)^{\mathrm{T}} \end{bmatrix}}{(\boldsymbol{I}_1 \times \boldsymbol{I}_2)^{\mathrm{T}} \boldsymbol{I}_3} (-m_{\mathrm{L}}\boldsymbol{g} - f_{\mathrm{N}}\boldsymbol{u}_{\mathrm{N}}) > 0 \\ \begin{bmatrix} f_4 & f_5 & f_6 \end{bmatrix}^{\mathrm{T}} = \dfrac{\begin{bmatrix} \dfrac{1}{l_4}(\boldsymbol{I}_5 \times \boldsymbol{I}_6)^{\mathrm{T}} \\ \dfrac{1}{l_5}(\boldsymbol{I}_6 \times \boldsymbol{I}_4)^{\mathrm{T}} \\ \dfrac{1}{l_6}(\boldsymbol{I}_4 \times \boldsymbol{I}_5)^{\mathrm{T}} \end{bmatrix}}{(\boldsymbol{I}_4 \times \boldsymbol{I}_5)^{\mathrm{T}} \boldsymbol{I}_6} (-m_{\mathrm{U}}\boldsymbol{g} + f_{\mathrm{N}}\boldsymbol{u}_{\mathrm{N}}) > 0 \end{cases} \tag{3.6}$$

其中，

$$\begin{cases} (\boldsymbol{I}_1 \times \boldsymbol{I}_2)^{\mathrm{T}} \boldsymbol{I}_3 = -6mn \cdot z \\ (\boldsymbol{I}_4 \times \boldsymbol{I}_5)^{\mathrm{T}} \boldsymbol{I}_6 = 6mn \cdot (H - h - z) \end{cases} \tag{3.7}$$

由运动学公式 (2.18) 和公式 (2.19) 以及打印机构的框架和末端执行器的参数实际可知

$$\sqrt{3}n = m = -\frac{1}{4}(2a - b) < 0 \tag{3.8}$$

同时根据公式 (3.2) 中 $0 < z < H - h$ 可知 $H - h - z > 0$，由此得知公式 (3.7) 范围：

$$\begin{cases} (\boldsymbol{I}_1 \times \boldsymbol{I}_2)^{\mathrm{T}} \boldsymbol{I}_3 < 0 \\ (\boldsymbol{I}_4 \times \boldsymbol{I}_5)^{\mathrm{T}} \boldsymbol{I}_6 > 0 \end{cases} \tag{3.9}$$

根据式 (3.9)，可将公式 (3.6) 改写为

$$
\begin{cases}
\begin{bmatrix} f_1 & f_2 & f_3 \end{bmatrix}^{\mathrm{T}} = \begin{bmatrix} \dfrac{1}{l_1}(\boldsymbol{I}_2 \times \boldsymbol{I}_3)^{\mathrm{T}} \\ \dfrac{1}{l_2}(\boldsymbol{I}_3 \times \boldsymbol{I}_1)^{\mathrm{T}} \\ \dfrac{1}{l_3}(\boldsymbol{I}_1 \times \boldsymbol{I}_2)^{\mathrm{T}} \end{bmatrix} (-m_{\mathrm{L}}\boldsymbol{g} - f_{\mathrm{N}}\boldsymbol{u}_{\mathrm{N}}) < 0 \\
\begin{bmatrix} f_4 & f_5 & f_6 \end{bmatrix}^{\mathrm{T}} = \begin{bmatrix} \dfrac{1}{l_4}(\boldsymbol{I}_5 \times \boldsymbol{I}_6)^{\mathrm{T}} \\ \dfrac{1}{l_5}(\boldsymbol{I}_6 \times \boldsymbol{I}_4)^{\mathrm{T}} \\ \dfrac{1}{l_6}(\boldsymbol{I}_4 \times \boldsymbol{I}_5)^{\mathrm{T}} \end{bmatrix} (-m_{\mathrm{U}}\boldsymbol{g} + f_{\mathrm{N}}\boldsymbol{u}_{\mathrm{N}}) > 0
\end{cases}
\tag{3.10}
$$

结合运动学公式 (2.1) 和公式 (2.8) 可将式 (3.10) 具体表达为

$$
\begin{cases}
\begin{bmatrix} f_1 & f_2 & f_3 \end{bmatrix}^{\mathrm{T}} = (m_{\mathrm{L}}\boldsymbol{g} - f_{\mathrm{N}}\boldsymbol{u}_{\mathrm{N}}) \begin{bmatrix} \dfrac{\sqrt{3}n}{l_1}\left(\sqrt{3}x + y + 2n\right) \\ \dfrac{\sqrt{3}n}{l_2}\left(-\sqrt{3}x + y + 2n\right) \\ \dfrac{2\sqrt{3}n}{l_3}(n - y) \end{bmatrix} < 0 \\
\begin{bmatrix} f_4 & f_5 & f_6 \end{bmatrix}^{\mathrm{T}} = (m_{\mathrm{U}}\boldsymbol{g} + f_{\mathrm{N}}\boldsymbol{u}_{\mathrm{N}}) \begin{bmatrix} \dfrac{\sqrt{3}n}{l_4}\left(\sqrt{3}x + y + 2n\right) \\ \dfrac{\sqrt{3}n}{l_5}\left(-\sqrt{3}x + y + 2n\right) \\ \dfrac{2\sqrt{3}n}{l_6}(n - y) \end{bmatrix} > 0
\end{cases}
\tag{3.11}
$$

根据式 (3.2) 中理论位姿 p 空间可求得在理论位姿 p 空间下：

$$
\begin{cases}
\sqrt{3}x + y + 2n > 0 \\
-\sqrt{3}x + y + 2n > 0 \\
n - y > 0
\end{cases}
\tag{3.12}
$$

结合式 (3.11) 和式 (3.12) 上三根柔索力 f_4，f_5，f_6 在理论位姿 p 空间下必然是正索力，而下三根柔索力 f_1，f_2，f_3 要在理论位姿 p 空间下是正索力的充分必要条件是

$$
f_{\mathrm{N}} > m_{\mathrm{L}}g \tag{3.13}
$$

$$
h > \frac{m_{\mathrm{L}}g}{3k} + h_0 \tag{3.14}
$$

综上所述，正索力工作空间的解在满足式 (3.13) 或式 (3.14) 的前提下，即为末端执行器理论位姿 p 空间。以所有柔索索力大于 0 为条件对框架空间进行仿真遍历，仿真参数与表 2.1 一致，得到正索力工作空间在框架空间中的分布图如图 3.2 所示，可以看出仿真结果确实和图 3.1 所确定的末端执行器理论位姿 p 空间范围一致。

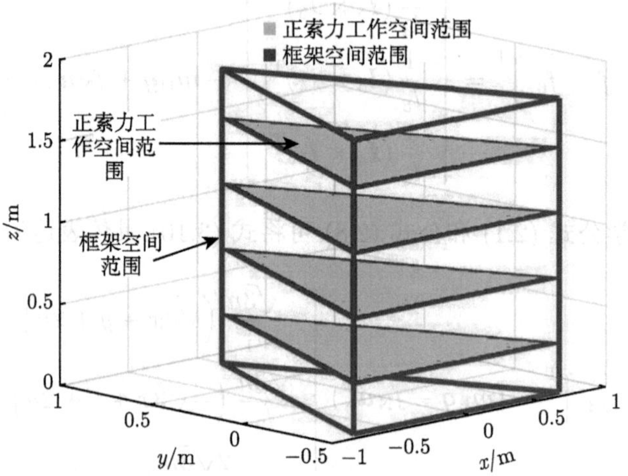

图 3.2 正索力工作空间仿真图

3.2 索长工作空间

3.2.1 索长工作空间定义

本书 3D 打印机构没有采用常见的卷筒来对柔索进行收放，而是采用滚珠丝杠滑块机构来实现，采用此方式既具有滚珠丝杠副运动的稳定性，也会避免卷筒造成柔索缠绕混乱和受力方向变化等问题。

末端执行器在运动过程中，工作空间柔索长度会随之变化，因此对于本机构所使用的滚珠丝杠带动工作滑台连接柔索驱动末端执行器的方式，即柔索的可达最大、最小长度对于工作空间是有影响的。而由于柔索全长为工作滑台到末端执行器连接点之间柔索的索长，因此末端执行器和工作滑台二者只有其中一个具有确定的初始位置，才能对索长限制工作空间进行分析。

首先对机构初始位置进行设定，驱动上平台的三根柔索的三个工作滑台位于同一高度，距离行程下端同为 $h_{0,\mathrm{U}}$；驱动下平台的三根柔索的三个工作滑台位于同一高度，距离行程下端同为 $h_{0,\mathrm{L}}$；将末端执行器的初始位置固定，末端执行器

初始位置坐标为

$$
\begin{aligned}
{}^{A}P_{0,O_B} &= \begin{pmatrix} 0 & 0 & z_0 \end{pmatrix} \\
{}^{A}P_{0,O_C} &= \begin{pmatrix} 0 & 0 & z_0 + h \end{pmatrix}
\end{aligned} \tag{3.15}
$$

式中，h 为上下末端执行器之间弹簧的长度；z_0 为确定值，设定使得上下末端执行器对称分布于框架空间高度 Z 内，即 z_0 值为 $H/2 - h/2$，H 为机构框架高度。

由于机构在经过上述初始位置设置后，驱动上平台的三根柔索随着上平台在运动中所能达到的最长和最短索长是一致的；同理，驱动下平台的三根柔索随着下平台在运动中所能达到的最长和最短索长也是一致的。因此对于索长限制工作空间的研究，在末端执行器初始位置确定的前提下，只需分析上下三根柔索中各一根柔索，本书选择的是 l_1 和 l_4 这一对柔索，示意图如图 3.3 所示。

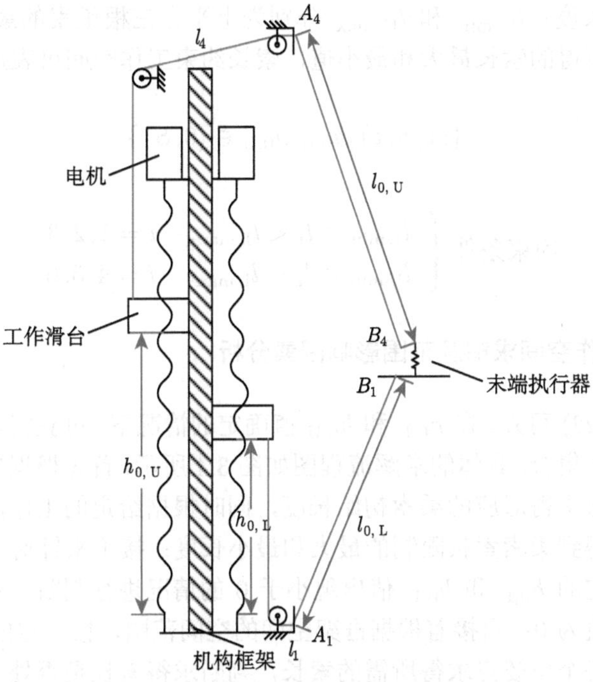

图 3.3　工作滑台索长结构示意图

由末端执行器上下平台的初始位置，可求得下平台柔索和上平台柔索的初始长度为

$$
\begin{aligned}
l_{0,\mathrm{L}} &= l_1 \big|_{(x,y,z)=(0,0,z_0)} \\
l_{0,\mathrm{U}} &= l_4 \big|_{(x,y,z)=(0,0,z_0)}
\end{aligned} \tag{3.16}
$$

式中，$l_{0,\mathrm{L}}$ 为下平台中柔索的初始长度；$l_{0,\mathrm{U}}$ 为上平台柔索的初始长度。

由驱动柔索的工作滑台的初始位置，可求得上下平台柔索可达的最大、最小长度

$$l_{\mathrm{L\,min}} = l_{0,\mathrm{L}} - (S - h_{0,\mathrm{L}}) = l_{0,\mathrm{L}} + h_{0,\mathrm{L}} - S \tag{3.17}$$

$$l_{\mathrm{L\,max}} = l_{0,\mathrm{L}} + h_{0,\mathrm{L}} \tag{3.18}$$

$$l_{\mathrm{U\,min}} = l_{0,\mathrm{U}} - h_{0,\mathrm{U}} \tag{3.19}$$

$$l_{\mathrm{U\,max}} = l_{0,\mathrm{U}} + (S - h_{0,\mathrm{U}}) = l_{0,\mathrm{U}} - h_{0,\mathrm{U}} + S \tag{3.20}$$

式中，S 为驱动机构工作滑台的总行程；$l_{\mathrm{L\ min}}$ 和 $l_{\mathrm{L\ max}}$ 分别为下平台三根柔索的最小和最大长度；$l_{\mathrm{U\ min}}$ 和 $l_{\mathrm{U\ max}}$ 分别为上平台三根柔索的最小和最大长度。根据上述计算所得的索长最大和最小值，索长约束工作空间可表达为

$$\{(x, y, z)\,|h_{0,\mathrm{L}}, h_{0,\mathrm{U}} \in (0, S)\} \tag{3.21}$$

$$\text{约束条件}\begin{cases} l_{\mathrm{L\,min}} < l_i < l_{\mathrm{L\,max}}, & i = 1,2,3 \\ l_{\mathrm{U\,min}} < l_i < l_{\mathrm{L\,max}}, & i = 4,5,6 \end{cases} \tag{3.22}$$

3.2.2　索长工作空间求解及范围影响因素分析

根据式 (3.22) 可知，在 $h_{0,\mathrm{L}}$ 和 $h_{0,\mathrm{U}}$ 值确定的情况下，可获得索长约束工作空间的空间点分布集合，具体的求解流程图如图 3.4 所示，首先根据确定的末端执行器初始位置，可求得对应的柔索初始长度，同时根据给定的工作滑台的高度位置参数，可共同得到柔索索长限制的最大和最小长度；接下来针对 $l_{\mathrm{L\ min}}$ 和 $l_{\mathrm{U\ max}}$ 可能会因为给定的 $h_{0,\mathrm{L}}$ 和 $h_{0,\mathrm{U}}$ 值出现小于 0 的情况进行判断，对不符合实际的情况，直接赋值为 0；再接着根据框架空间的空间范围，按一定的步长进行遍历，遍历过程中对每个位姿点求得所需的索长，判断求得索长是否处于柔索索长限制的最大和最小长度之间，若处于则此位姿点符合索长工作空间，同时若不属于或上一点判断完毕就增加固定步长，进行下一点的判断求解。

由上述可以看出索长工作空间的影响因素主要为 $h_{0,\mathrm{L}}$ 和 $h_{0,\mathrm{U}}$ 的值，而 $h_{0,\mathrm{L}}$ 和 $h_{0,\mathrm{U}}$ 的值对于索长工作空间的影响程度必须要通过仿真算例进行观察，因此本书针对索长工作空间给出了一个算例得到最基本的空间特性，仿真参数值如表 3.1 所示。

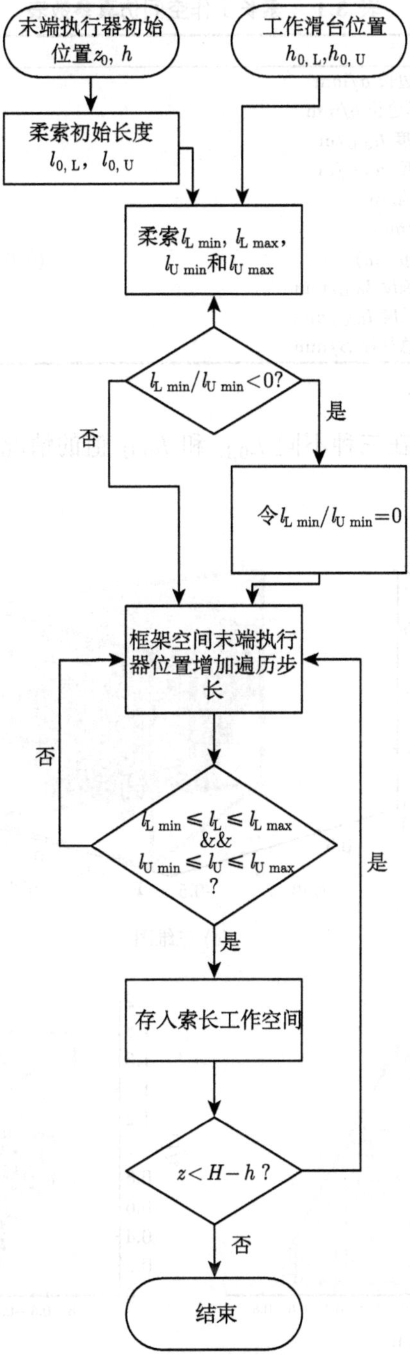

图 3.4　索长工作空间求解流程图

表 3.1　索长工作空间仿真参数表

参数	参数值
框架底边正三角形边长 a/mm	1509
末端动平台正三角形边长 b/mm	209
下工作滑台初始高度 $h_{0,\mathrm{L}}$/m	1.1, 1.4
上工作滑台初始高度 $h_{0,\mathrm{U}}$/m	0.2, 0.8
框架高度 H/mm	1787
弹簧长度 h/mm	67.4
初始位置 (x_0,y_0,z_0)	$(0, 0, H/2-h/2)$
下平台中柔索的初始长度 $l_{0,\mathrm{L}}$/mm	1182
上平台中柔索的初始长度 $l_{0,\mathrm{U}}$/mm	1182
驱动机构工作滑台的总行程 S/mm	1500

图 3.5～ 图 3.7 即在三种不同 $h_{0,\mathrm{L}}$ 和 $h_{0,\mathrm{U}}$ 值的情况下绘制出的索长工作空

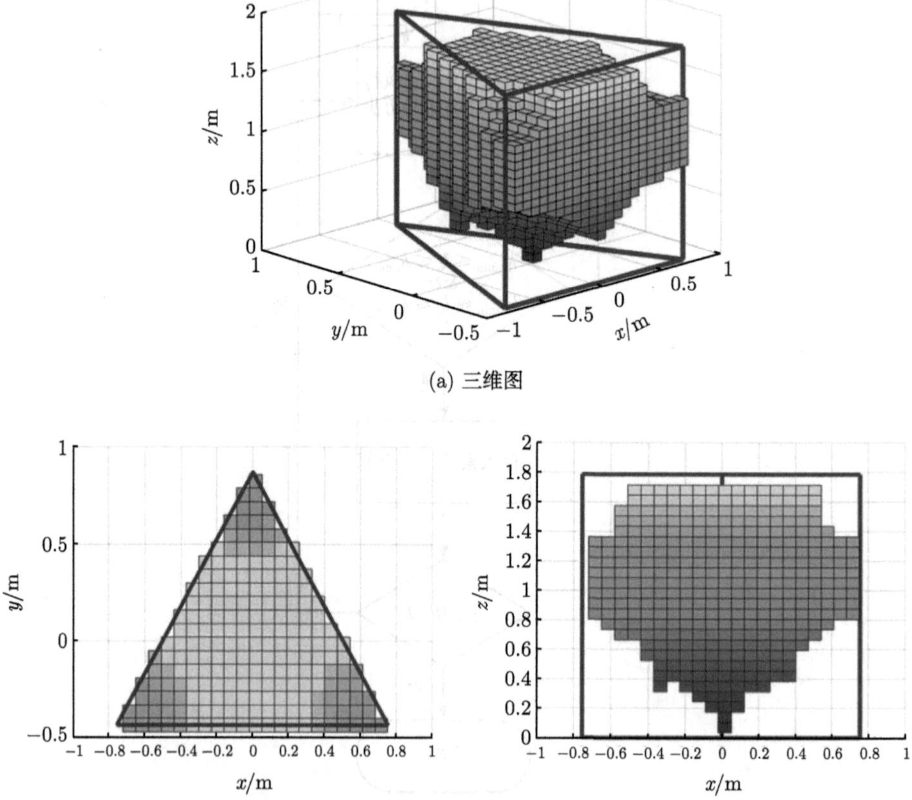

(a) 三维图

(b) 俯视图

(c) 侧视图

图 3.5　$h_{0,\mathrm{L}}$=1.1m，$h_{0,\mathrm{U}}$=0.8m 时的索长工作空间

间图，从图 3.5～图 3.7 中的图 (a) 三维图可以看出不同的 $h_{0,\mathrm{L}}$ 和 $h_{0,\mathrm{U}}$ 的值对于索长工作空间的影响较大。对比图 3.5(a) 和图 3.6(a)，图 3.6 中索长工作空间比图 3.5 的索长工作空间在框架空间中少了下半部分，可知下工作滑台的高度较大会使得索长工作空间更集中于框架空间的上半部分；对比图 3.5(a) 和图 3.7(a)，图 3.7 中索长工作空间比图 3.5 的索长工作空间在框架空间中少了上半部分，可知上工作滑台的高度较小会使得索长工作空间更集中于框架空间的下半部分；从图 3.5～图 3.7 中的图 (b) 俯视图的颜色分布对比可知，索长工作空间的形状也会随之改变，总体呈现为倒三棱锥的形状；从图 3.5～图 3.7 中的图 (c) 侧视图中可知，不同的工作滑台初始高度会影响整体索长工作空间的纵向中心位置分布。

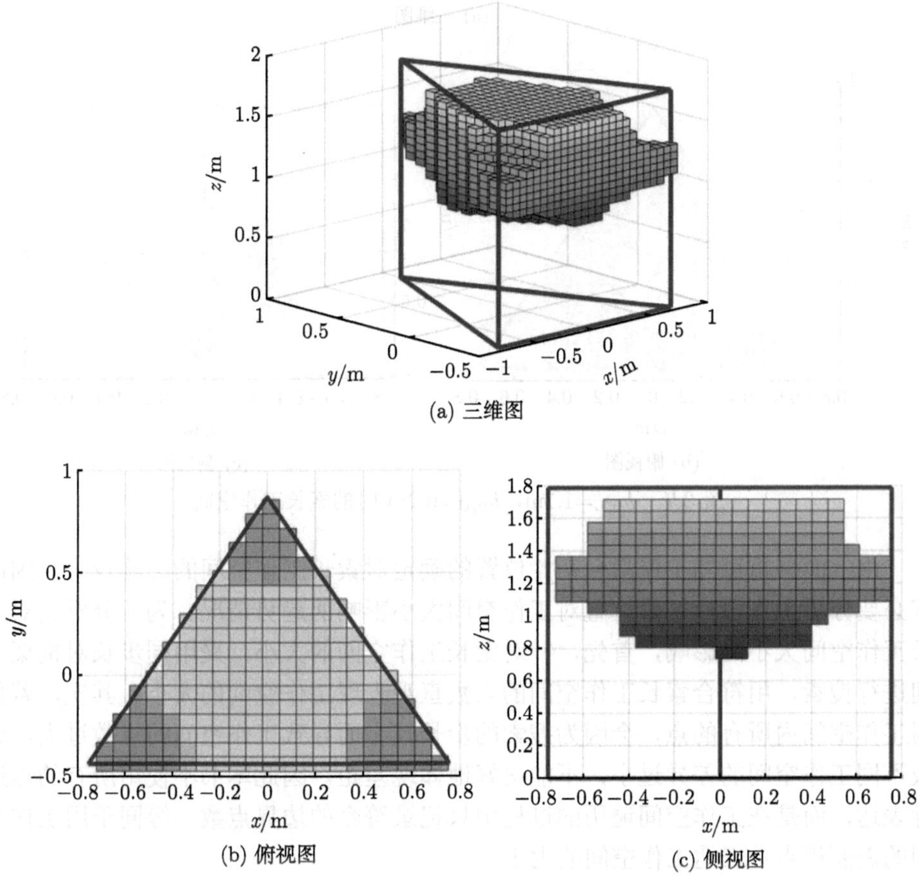

图 3.6　$h_{0,\mathrm{L}}$=1.4m，$h_{0,\mathrm{U}}$=0.8m 时的索长工作空间

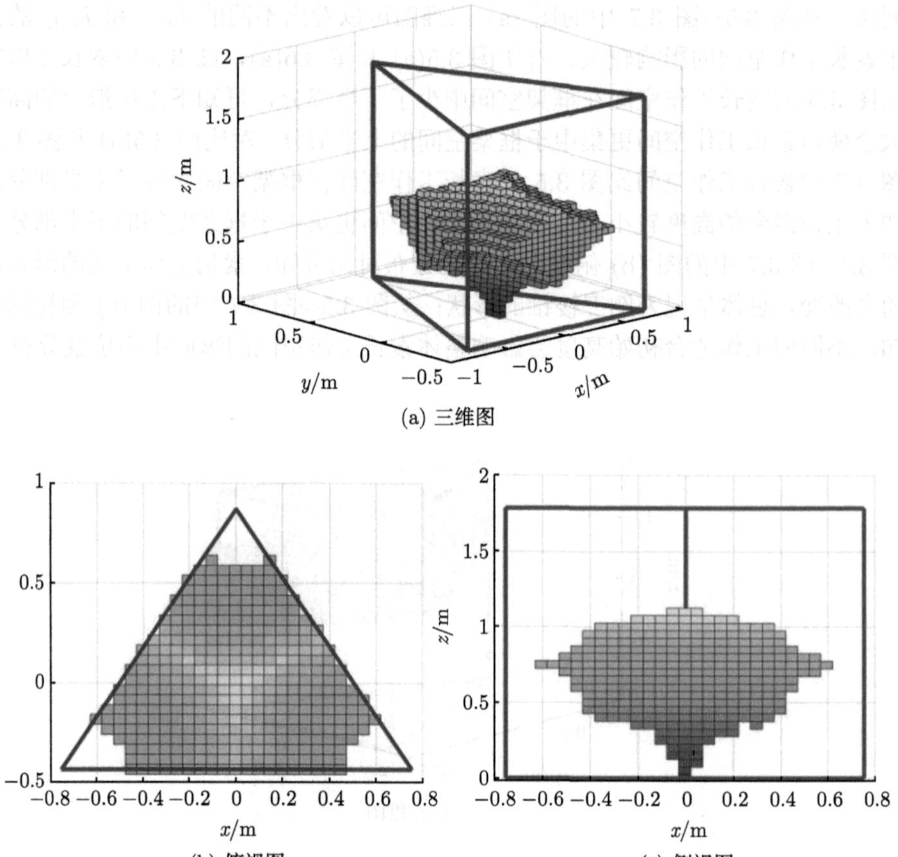

(a) 三维图

(b) 俯视图

(c) 侧视图

图 3.7　$h_{0,\mathrm{L}}$=1.1m，$h_{0,\mathrm{U}}$=0.2m 时的索长工作空间

由上面分析可知工作滑台初始位置的确定对索长工作空间的影响较大，因此有必要分析工作滑台初始位置对工作空间大小影响的趋势情况。为了分析其对索长工作空间大小的影响，首先，针对索长工作空间的大小，采用同步长对框架空间进行搜索，用符合索长工作空间的点数直观表现工作空间的大小；其次，若使用工作空间内所有的点，会因为搜索的步长较小而导致工作空间的点数过大，造成不同工作空间的差异过小，不能很好地体现差距。因此本书不使用所有的点进行表达，而是在工作空间遍历的过程中只记录符合的边界点数，等同于用工作空间的表面积点数表达工作空间的大小。

为总体上确定工作滑台初始位置对索长工作空间的影响趋势，对上下工作滑台分别在工作滑台的总行程 S 中按定步长对上下工作滑台的高度组合进行遍历，对每一组高度按上述求解索长工作空间的大小表达方式求解出空间大小，同时以上下工作滑台高度为横纵变化自变量，空间点数为 Z 向因变量，绘制索长工作空间随上下工作滑台初始高度变化图，如图 3.8 所示。

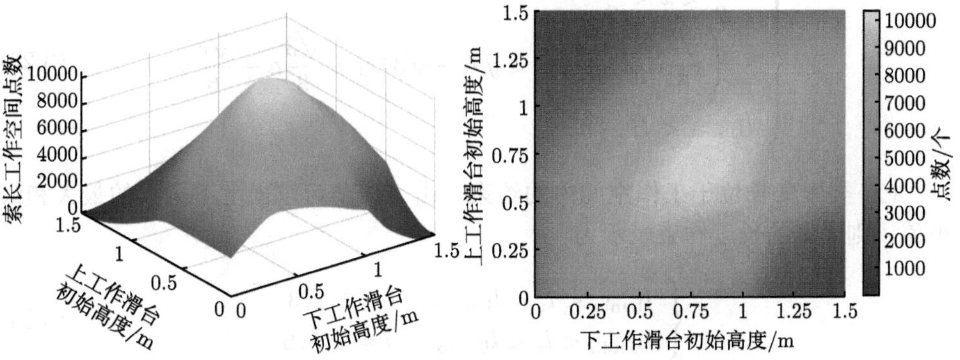

(a) 曲面图　　(b) 平面图

图 3.8　索长工作空间随上下工作滑台初始高度变化图

根据图 3.8(a) 曲面图可直观地看出索长工作空间的空间点数呈中间大、四周小的分布趋势；同时可见空间点数范围变化跨度极大，这也证明工作滑台初始高度参数的选择对于空间大小的影响很大，选择合适的工作滑台初始高度参数是有必要的。再根据图 3.8(b) 平面图，可知空间点数较大值分布在中间位置，对应下工作滑台初始高度 $h_{0,\mathrm{L}}$ 为 0.4~1.1m，上工作滑台初始高度 $h_{0,\mathrm{U}}$ 为 0.3~1m。同时由于中间位置的空间点数值差距较小，并不能单纯以中间区域的最大值为所需的工作空间初始参数。

因此针对索长工作空间，获得了使得工作空间范围较大的上下工作滑台的参数选择范围，这也能够为进一步优化工作空间提供基础。

3.3 静态可行工作空间

3.3.1 静态可行工作空间定义

在上述正索力工作空间和索长限制工作空间的基础上，虽然理论上柔索在运行过程中只需要索力大于 0 即可保证柔索张紧，但是由于实际运行过程中柔索本身的负载能力、摩擦磨损和电机的负载情况等的限制，并不能单纯以索力大于 0 作为运行稳定的合理限制，因此结合正索力工作空间和索长限制工作空间，确定了静态可行工作空间，主要是针对索力的范围进行了约束。具体应该满足以下约束。

(1) 本机构框架结构尺寸的范围约束。末端执行器上下动平台能够运动到的

位置应该限制在机构框架结构之内，即约束为

$$\begin{cases} -\dfrac{a}{2} < x < \dfrac{a}{2} \\ -\left(\dfrac{\sqrt{3}}{6}a - \dfrac{\sqrt{3}}{12}b\right) < y < -\sqrt{3}\,|x| + \dfrac{\sqrt{3}}{3}a - \dfrac{\sqrt{3}}{6}b \\ 0 < z < H - h \end{cases} \tag{3.23}$$

(2) 柔索索长位于工作空间内的约束。由 3.2 节可求出上下柔索的最大和最小值，则柔索的长度约束表示为

$$\begin{cases} l_{\mathrm{L\,min}} < l_i < l_{\mathrm{L\,max}}, & i = 1,2,3 \\ l_{\mathrm{U\,min}} < l_i < l_{\mathrm{U\,max}}, & i = 4,5,6 \end{cases} \tag{3.24}$$

(3) 柔索索力在工作空间中的约束。为了避免末端执行器在工作空间运动中出现柔索松弛以及超过柔索和电机等负载极限的情况，将柔索索力约束表示为

$$f_{\min} < f_i < f_{\max}, \quad i = 1,2,3,\cdots,6 \tag{3.25}$$

式中，$f_{\min}$ 为柔索松弛的索力临界值；$f_{\max}$ 为柔索负载磨损能力和电机负载极限中的较小值。

3.3.2　静态可行工作空间求解及范围影响因素分析

根据静态可行工作空间的约束公式 (3.23)~ 式 (3.25)，即可对静态可行工作空间进行求解，在索长工作空间中所述的末端动平台的初始位置和弹簧长度的前提下，求解的流程如下。

(1) 初始参数确定，上下工作滑台初始高度参数 $h_{0,\mathrm{U}}$ 和 $h_{0,\mathrm{L}}$，上下末端动平台之间弹簧预紧力 f_{n}(即弹簧刚度值 $\boldsymbol{K}$)，柔索索力范围约束 $f_{\min}$ 和 $f_{\max}$。

(2) 根据初始参数 $h_{0,\mathrm{U}}$ 和 $h_{0,\mathrm{L}}$ 求得初始索长，再根据公式 (3.17)~ 式 (3.20) 求得上下柔索的最短、最长限制值。

(3) 在框架空间按固定步长对所有位姿进行遍历，求出位姿点处所需柔索长度，并由初始参数弹簧预紧力 f_{n} 根据动力学公式 (2.25) 求得各个柔索的索力。

(4) 初始参数索力约束范围和根据步骤 (2) 中柔索长度上下限，对步骤 (3) 中求得的索长和索力进行判断，符合范围的即为静态可行工作空间位姿点，反之则去除，重复判断直到所有框架空间所有位姿点判断完毕。

通过静态可行工作空间的求解流程看出，与索长限制工作空间相比，多了对于弹簧刚度参数 $\boldsymbol{K}$ 的确定，这影响弹簧预紧力 f_{n}，进一步影响柔索索力的分布情况，因此需要对静态可行工作空间进行仿真求解，仿真参数与索长工作空间表 3.1 一致，求解在不同弹簧预紧力 f_{n} 情况下的工作空间分布情况。

图 3.9 ~ 图 3.11 分别为 f_{n}=40N、60N、100N 时，且 $h_{0,\mathrm{L}}$ 和 $h_{0,\mathrm{U}}$ 值均为同一的情况下，求解绘制的静态可行工作空间，从图 3.9~ 图 3.11 中的图 (a) 三维图中可明显看出弹簧预紧力对于静态可行工作空间的形状和大小影响较大；对比同一工作滑台初始参数下索长工作空间的求解绘制图 3.5~ 图 3.7，可以明显看出在添加了索力可行范围约束之后，工作空间的整体范围缩小，主要体现在横向的边界范围缩小，而纵向高度范围变化不明显。对比图 3.9(b) 和图 3.10(b) 可知，弹簧预紧力减小，相应工作空间横向范围减小，同时对比图 3.9(c) 和图 3.10(c) 可见弹簧预紧力由中间数值减小，静态可行工作空间的纵向跨度变化较小。对比图 3.10(b) 和图 3.11(b) 可知，弹簧预紧力由中间数值增大对于静态可行工作空间的横向范围影响较小，同时对比图 3.10(c) 和图 3.11(c) 可见弹簧预紧力由中间数值增大，静态可行工作空间的纵向跨度变化较大，跨度由 1.3m 减小到 0.9m。

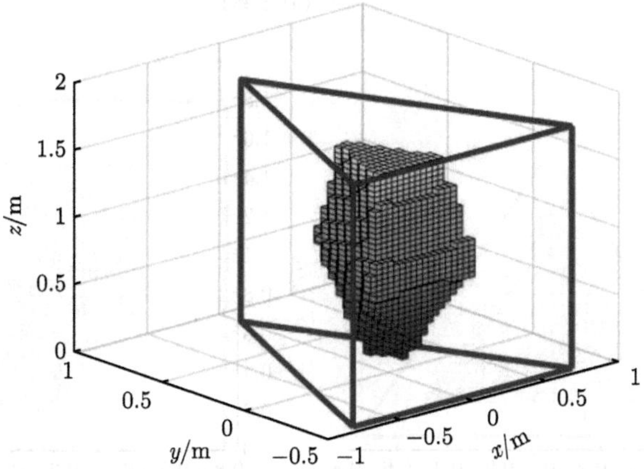

(a) 三维图

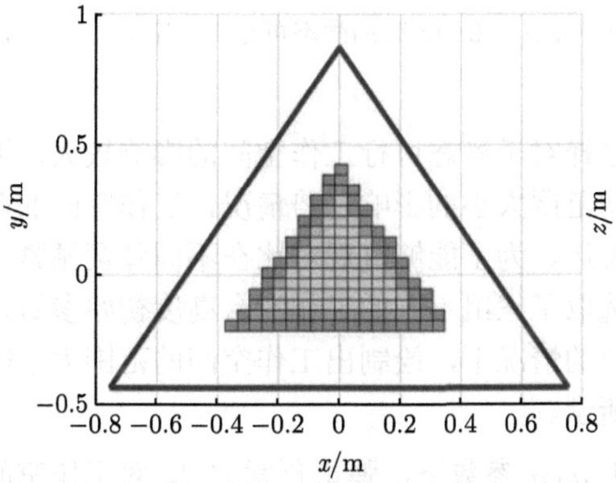

(b) 俯视图

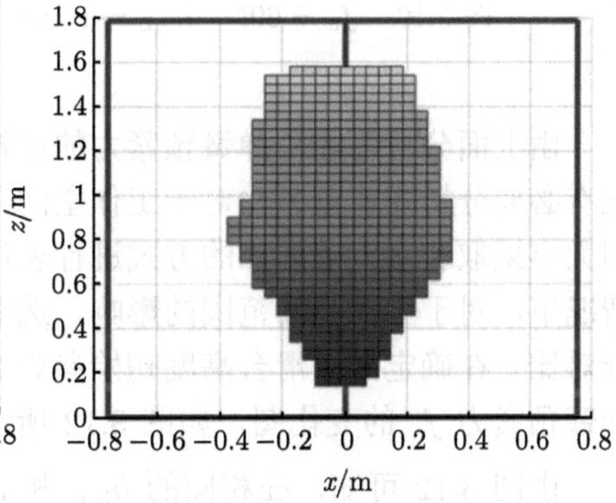

(c) 侧视图

图 3.9 $f_{\mathrm{n}} = 40\mathrm{N}$，$h_{0,\mathrm{L}} = 1.1\mathrm{m}$，$h_{0,\mathrm{U}} = 0.8\mathrm{m}$ 时的静态可行工作空间

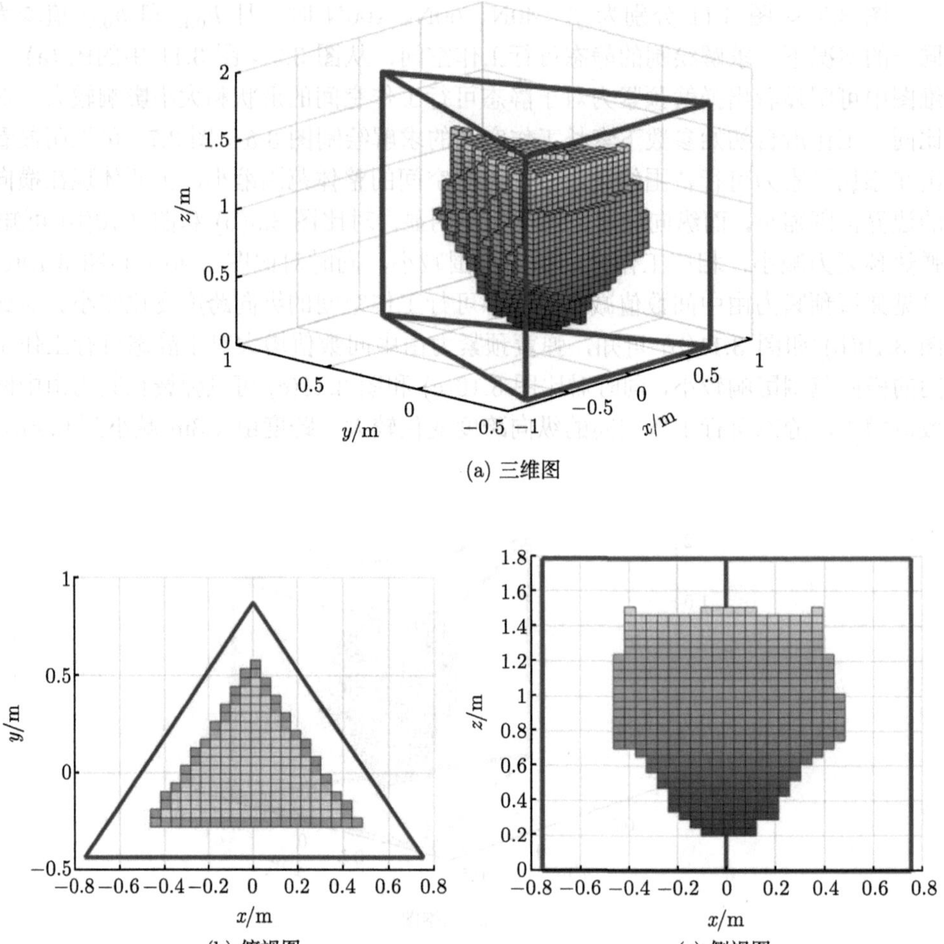

(a) 三维图

(b) 俯视图

(c) 侧视图

图 3.10　$f_{\mathrm{n}}=60\mathrm{N}$，$h_{0,\mathrm{L}}=1.1\mathrm{m}$，$h_{0,\mathrm{U}}=0.8\mathrm{m}$ 时的静态可行工作空间

由上面分析可知，弹簧预紧力的选择对于静态可行工作空间的影响较大，因此有必要分析弹簧预紧力对于工作空间范围大小的影响趋势情况，工作空间的范围大小采取和 3.2 节同样的方式进行表达。为了能够直观对比在不同弹簧预紧力情况下，对于工作空间范围的影响，选取了三组不同的工作滑台高度初始参数进行对比。在确定工作滑台高度初始参数的情况下，绘制出工作空间的范围大小随弹簧预紧力 f_{n} 的变化图，如图 3.12 所示。

由图 3.12 可知，在相同的 $h_{0,\mathrm{L}}$ 和 $h_{0,\mathrm{U}}$ 参数下，弹簧预紧力 f_{n} 对工作空间的范围影响明显，且三种不同滑台初始参数下，f_{n} 在小于 20N 和大于 160N 的范围内，几乎没有可行的工作空间，并且 f_{n} 从 20N 增加到 160N 这一范围内，可行的工作空间范围先增大后减小；对比三种不同的滑台初始参数下，使可行工作空间范围达到最大的 f_{n} 值不相同，但基本都在 50～100N。因此，在确定的 $h_{0,\mathrm{L}}$ 和 $h_{0,\mathrm{U}}$ 参数下，要想使得工作空间范围最大，f_{n} 值的选择也是相当重要的。

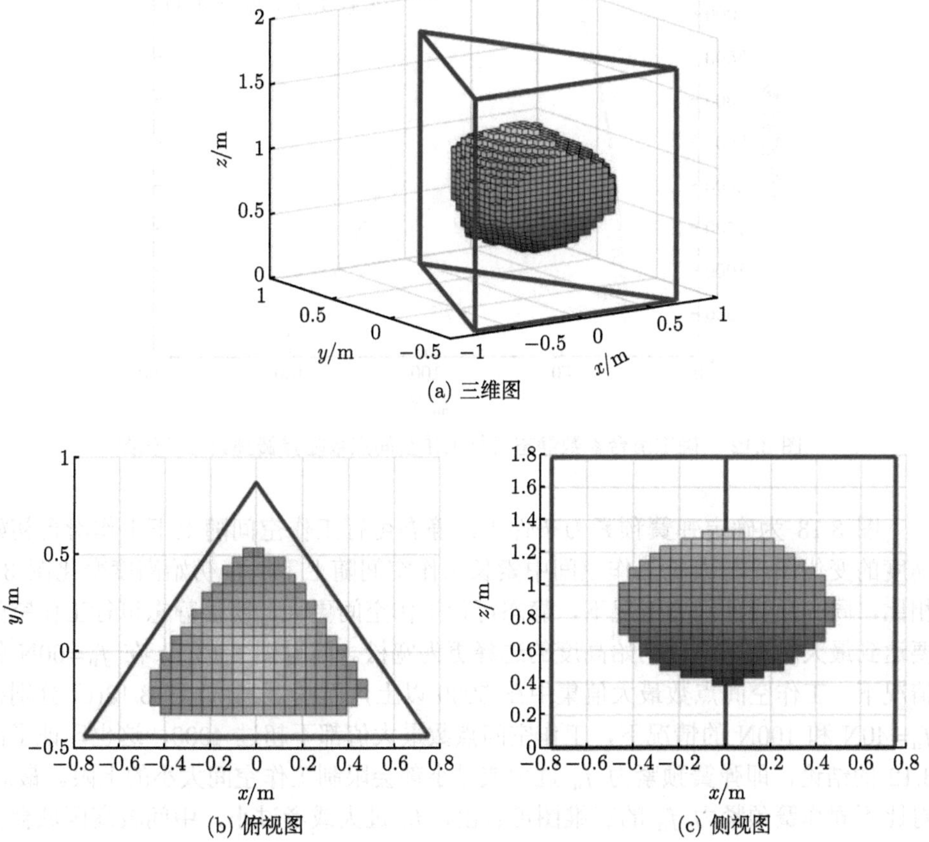

(a) 三维图

(b) 俯视图

(c) 侧视图

图 3.11　$f_{\mathrm{n}} = 100\mathrm{N}$，$h_{0,\mathrm{L}} = 1.1\mathrm{m}$，$h_{0,\mathrm{U}} = 0.8\mathrm{m}$ 时的静态可行工作空间

同时，从图 3.12 中也可以看出，在静态可行工作空间中，相同弹簧预紧力 f_{n} 的情况下，不同的滑台初始参数 $h_{0,\mathrm{L}}$ 和 $h_{0,\mathrm{U}}$ 对工作空间范围的影响依然很大：$h_{0,\mathrm{L}} = 1.1\mathrm{m}$，$h_{0,\mathrm{U}} = 0.8\mathrm{m}$ 时，最大工作空间点数可达 4500 以上；而 $h_{0,\mathrm{L}} = 1.4\mathrm{m}$，$h_{0,\mathrm{U}} = 0.8\mathrm{m}$ 和 $h_{0,\mathrm{L}} = 1.1\mathrm{m}$，$h_{0,\mathrm{U}} = 0.2\mathrm{m}$ 时，最大工作空间点数只能达到 2500 左右。对比可以看出，工作滑台初始参数对静态可行工作空间的范围影响依然重要。

为进一步探究工作滑台初始参数选择对静态可行工作空间的影响程度以及分布情况，需要在确定弹簧预紧力 f_{n} 的情况下，在上下滑台初始参数的可行范围内对工作空间范围进行搜索求解。与上述工作空间三维空间求解一样，选择三组弹

簧预紧力 $f_n = 40N$、$60N$ 和 $100N$，结果如图 3.13 所示。

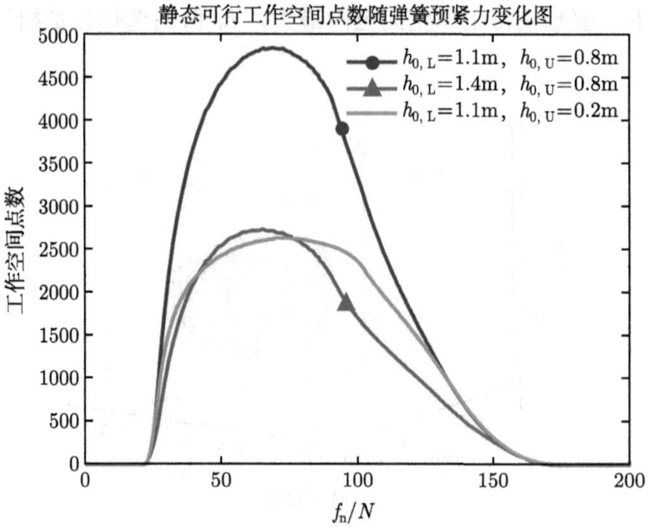

图 3.12　确定滑台参数静态可行工作空间点数随弹簧预紧力变化图

图 3.13 为确定弹簧预紧力条件下，静态可行工作空间随上下工作滑台初始高度的变化图，与索长工作空间中索长工作空间随上下滑台初始高度变化图 3.8 相比，同一弹簧预紧力情况下，静态可行工作空间更大，明显静态可行工作空间要达到最大对上下滑台初始高度的选择更为宽松。同时图 3.13(b) 在 f_n=60N 的情况下，工作空间点数最大值集中在 5000 以上，而图 3.13(a) 和 3.13(c) 分别在 f_n=40N 和 100N 的情况下，工作空间点数最大值都不超过 4000，这也印证了图 3.12 的结论，即弹簧预紧力 f_n 过大或过小都会限制工作空间大小的上限。最后，对比不同弹簧预紧力 f_n 的三维图可看出，f_n 过大或者过小，中间较高区域会更趋平整，即 f_n 过大或者过小的情况下，上下工作滑台初始高度对于工作空间范围的影响程度比较小。

3.3.3　工作空间索力均匀分布情况分析

静态可行工作空间的索力限制条件，对空间内的索力提出了要求，同时由于索力在上下末端执行器运动过程中影响较大，因此需要对空间内索力的分布情况进行评价分析。柔索并联驱动机构在对末端进行控制时，各个柔索索力应当分布均匀，即各个柔索之间的索力差距应当越小越好。为分析机构对上下末端执行器在运动位姿下的索力均匀程度，同时研究上下滑台参数配置和弹簧刚度参数对索力分布的影响，定义索力分布均匀指数为

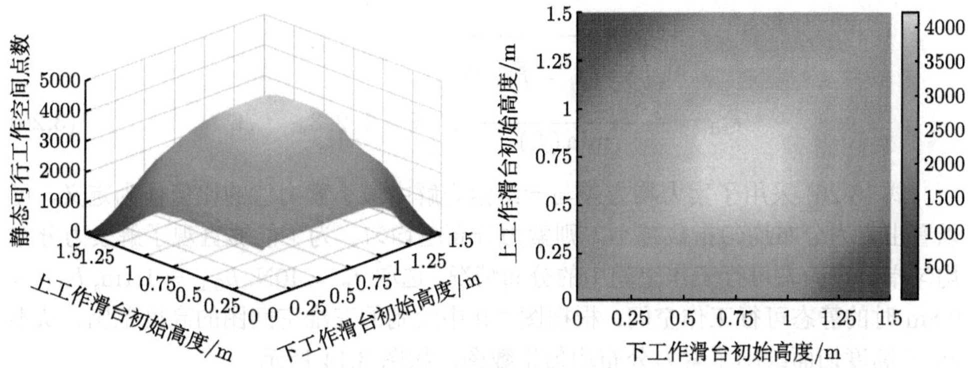

(a) f_n=40N

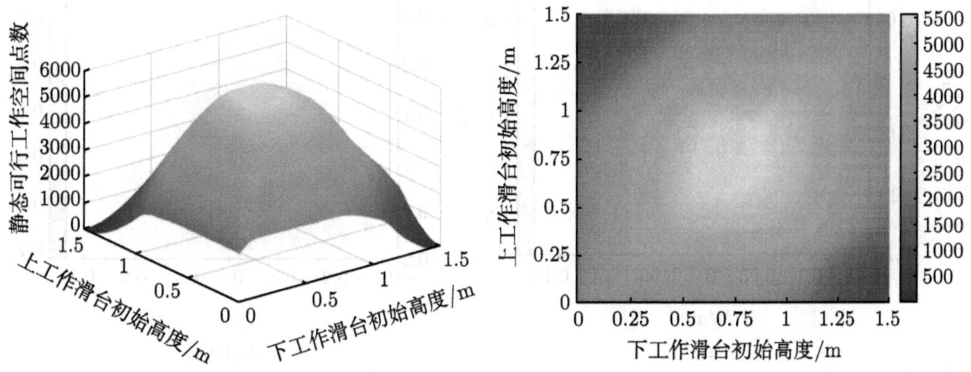

(b) f_n=60N

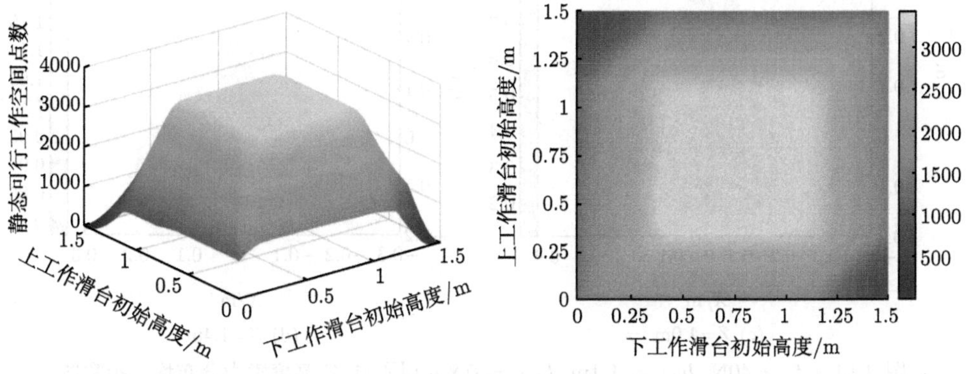

(c) f_n=100N

图 3.13 确定弹簧预紧力静态可行工作空间随滑台高度变化图

$$e_{\mathrm{sd}}=\frac{\sqrt{\sum\limits_{i=1}^{6}\left(f_i-\bar{f}\right)^2/5}}{\min\left(f_i\right)},\quad i=1,2,3,\cdots,6 \tag{3.26}$$

式 (3.26) 采用了索力均方差与一组索力解中最小索力值的比值作为定义，可以看出索力分布均匀指数越小，则索力分布越均匀。为了能够直观了解索力分布均匀指数在静态可行工作空间中的分布情况，选取 $f_{\mathrm{n}}=40\mathrm{N}$, $h_{0,\mathrm{L}}=1.1\mathrm{m}$, $h_{0,\mathrm{U}}=0.8\mathrm{m}$ 时的静态可行工作空间，根据图 3.9 中绘制的三维空间图的高度范围，从不同 Z 高度切面绘制了索力分布均匀指数图，如图 3.14 所示。

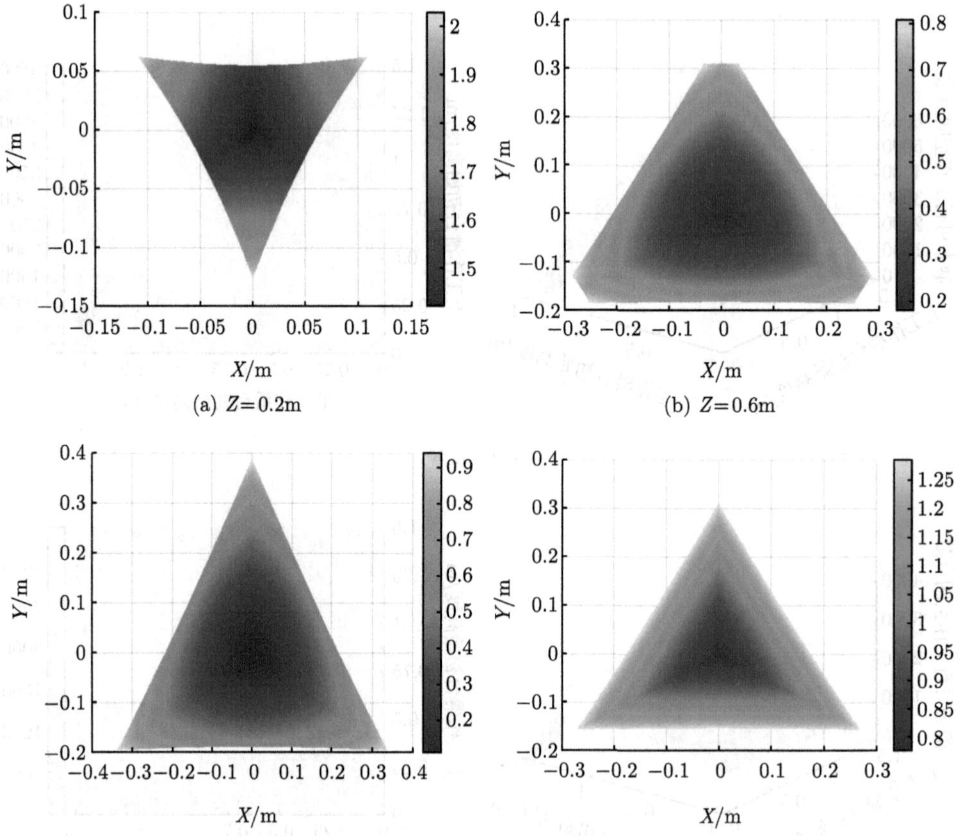

(a) Z=0.2m　(b) Z=0.6m　(c) Z=1.0m　(d) Z=1.4m

图 3.14　$f_{\mathrm{n}}=40\mathrm{N}$, $h_{0,\mathrm{L}}=1.1\mathrm{m}$, $h_{0,\mathrm{U}}=0.8\mathrm{m}$ 时不同 Z 高度索力分布均匀指数图

整体来看，不同高度的索力均匀分布指数都是由外周逐渐向内部减小，数值范围一般为 0~2；由不同高度的索力均匀分布指数的数值可以看出，高度过小或

者过大，索力均匀分布指数数值整体都会较大，甚至在 0.2m 时整体都超过了 1.5；对比不同高度索力均匀分布指数的分布情况，可以得出，随着高度的减小或者增大，同一高度下索力均匀的位姿点占比越来越小。因此，静态可行工作空间中索力均匀分布的位姿空间点主要分布在空间的非边界，靠内部，并且高度适中的区域。

初步得到在静态可行工作空间内索力分布均匀指数情况之后，要想在工作空间内获得较好的索力分布情况，还需要考虑弹簧预紧力 f_n 与柔索索力直接相关，弹簧预紧力 f_n 必然影响索力的均匀分布情况，因此还要进一步探究弹簧预紧力 f_n 对索力均匀分布指数的影响程度。

结合图 3.14 中已有 f_n =40N 的索力均匀分布指数的分布图，在图 3.15 中绘制了同样滑台参数配置在 $Z = 1.0$m 高度下的 $f_n = 60$N 和 100N 的索力分布指数图。由图 3.15 可得，随着 f_n 的增大，索力均匀分布指数数值整体明显增大，同时也意味着索力均匀分布的位姿空间占比逐渐减小。结合之前 f_n 值对工作空间范围的影响规律，在滑台参数配置确定的前提下，弹簧预紧力 f_n 值在中间值时，工作空间的范围能够取得最大，但同时会带来均匀分布索力位姿点的减少。

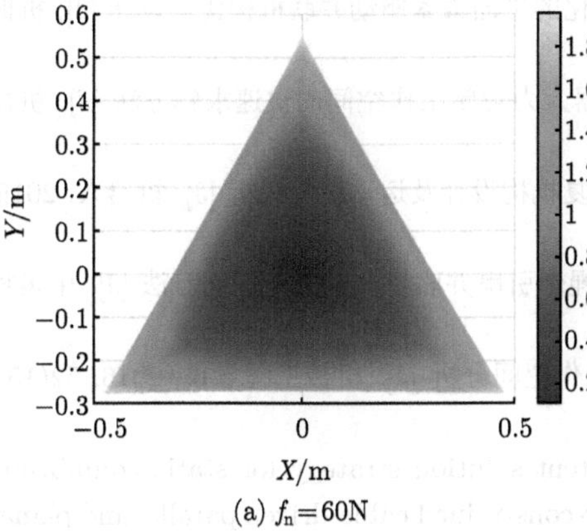

(a) f_n=60N

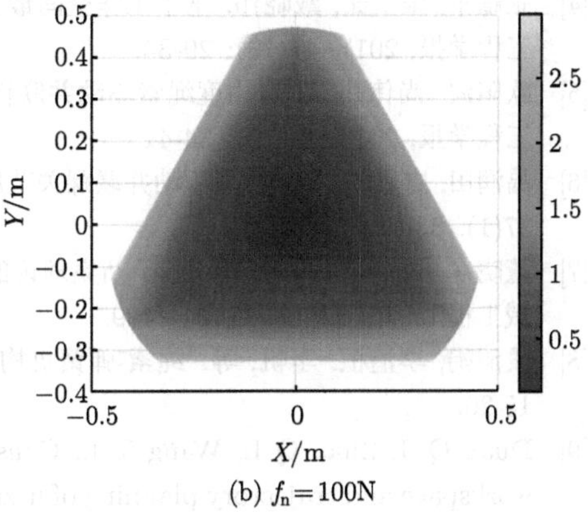

(b) f_n=100N

图 3.15 $h_{0,\mathrm{L}} = 1.1$m, $h_{0,\mathrm{U}} = 0.8$m, $Z = 1.0$m 时不同 f_n 的索力分布均匀指数图

3.4 本章小结

本章主要定义并分析了机构的几种静态工作空间，分别是正索力工作空间、索长工作空间和静态可行工作空间。根据柔索需要正向拉力的要求，求解出了能够保证各个柔索索力为正的正索力工作空间，并进行了仿真验证；在确定末端动平台初始位置和弹簧长度的前提下，根据上下工作滑台的初始位置选择引起柔索长度对工作空间的限制情况，确定了索长工作空间，并且分析上下工作滑台初始

位置对工作空间范围的影响，并进行了工作空间的仿真求解绘制。

考虑到实际打印过程中，柔索索力范围的限制需求，在前面工作空间的基础上，加入了索力范围限制，确定了静态可行工作空间，对此进行了仿真求解绘制。由于弹簧刚度参数的选择决定弹簧预紧力，对静态可行工作空间具有影响，以此分析了弹簧预紧力以及上下工作滑台初始位置对静态可行工作空间范围的影响。考虑到各个柔索的索力均匀程度也会影响打印的精度，对索力的均匀程度定义了评价参数，进一步分析了弹簧预紧力参数对索力均匀分布情况的影响。

参考文献

[1] Pham C B, Yeo S H, Yang G L, et al. Force-closure workspace analysis of cable-driven parallel mechanisms[J]. Mechanism and Machine Theory, 2006, 41(1): 53-69.

[2] Gouttefarde M, Gosselin C M. Analysis of the wrench-closure workspace of planar parallel cable-driven mechanisms[J]. IEEE Transactions on Robotics, 2006, 22(3): 434-445.

[3] Bosscher P, Riechel A T, Ebert-Uphoff I. Wrench-feasible workspace generation for cable-driven robots[J]. IEEE Transactions on Robotics, 2006, 22(5): 890-902.

[4] 张耀军, 张玉茹, 戴晓伟. 基于工作空间最大化的平面柔索驱动并联机构优化设计 [J]. 机械工程学报, 2011, 47(13): 29-34.

[5] 欧阳波, 尚伟伟. 6 自由度绳索驱动并联机器人力封闭工作空间的快速求解方法 [J]. 机械工程学报, 2013, 49(15): 34-41.

[6] 禹润田, 方跃法, 郭盛. 绳驱动并联踝关节康复机构设计及运动性能分析 [J]. 机器人, 2015, 37(1): 53-62, 73.

[7] 董晓东, 段清娟, 马彪, 等. 基于凸集理论的绳牵引串并联机器人工作空间算法 [J]. 中国机械工程, 2016, 27(18): 2424-2429.

[8] 段清娟, 李清桓, 李帆, 等. 绳索-弹簧机构工作空间分析 [J]. 机械工程学报, 2016, 52(15): 15-20.

[9] Duan Q J, Zhao Q L, Wang T L. Consistent solution strategy for static equilibrium workspace and trajectory planning of under-constrained cable-driven parallel and planar hybrid robots[J]. Machines, 2022, 10(10): 920.

[10] Peng Y J, Bu W H. Analysis of reachable workspace for spatial three-cable under-constrained suspended cable-driven parallel robots[J]. Journal of Mechanisms and Robotics, 2021, 13(6): 061002.

[11] 王启明, 张汉祖, 蒋江月, 等. 平面平台型 6-PSS 并联机构构型选择与参数优化 [J]. 农业机械学报, 2022, 53(5): 449-458.

[12] Su Y, Qiu Y Y, Liu P, et al. Dynamic modeling, workspace analysis and multi-objective structural optimization of the large-span high-speed cable-driven parallel camera robot[J]. Machines, 2022, 10(7): 565.

第4章 刚柔耦合3D打印机器人刚度及稳定性分析

系统的刚度是指系统在承受外部载荷作用时材料抵抗形变的能力，它可以通过结构在承载外部载荷作用时所产生的形变量的大小来描述，以此衡量结构变形难易程度。在材料的宏观弹性变形范围内，刚度是外部荷载与材料变形量大小，即所产生的位移量大小的比值，也就是引起材料产生单位位移量所需要施加的外部载荷大小。

Simaan 和 Shoham [1] 提出了一种完全并联机器人的雅可比矩阵对移动平台位置/方向变量的导数的解析表达式和几何解释，可以用来控制主动刚度控制的奇异性。Behzadipour 和 Khajepour [2] 推导出了由反作用力而导致基于柔索的机械臂可能变得不稳定的条件，引入了一种计算总刚度矩阵的新方法。Surdilovic 等 [3] 提出了一种考虑结构弹性效应的线性机器人动力学建模的机械方法，其考虑了常见线性机器人平台在过约束和欠约束线性机器人结构中的耦合 6D 变形。Carricato 和 Merlet [4] 研究了少于 6 根柔索的柔索驱动并联机器人，采用了起重机配置，给出了一个几何静力学模型，并在约束优化问题的框架内评估了静力平衡的稳定性。李清桓等 [5] 从刚度的基本定义出发，在绳索-弹簧机构静力学平衡方程的基础上推导出机构在可行工作空间内不同位姿点处的刚度矩阵解析表达式，即被动刚度矩阵和主动刚度中黑塞矩阵的解析式。崔志伟等 [6] 提出柔索驱动并联机器人静态刚度分析及索力分配方法，通过引入线矢量和微分变换的方式，推导出结构矩阵对位姿微分的三维黑塞矩阵，建立静态刚度模型，分析索力与机器人刚度间的关系。Bolboli 等 [7] 详细分析了柔索驱动并联机器人的刚度，并在此基础上引入了刚度可行工作空间。王兆东等 [8] 提出了有别于传统仿生关节的 3 自由度绳驱动并联结构，即通过球副连接动平台与静平台实现腕关节的转动功能。通过建立运动学和静力学方程，对机构进行受力分析，并引入线矢量和微分变换的方式，推导出机构的固有刚度和可控刚度，建立了腕关节静态位姿结构刚度模型，并给出刚度评价指标。高征和李亚杰 [9] 提出了一种分析索杆混合驱动并联机构的绳索拉力和刚度的方法，考虑绳索单向受力和直线电机双向受力的特性，对机构动平台的位姿进行力学分析，得到关于绳索拉力与直线电机推力的关系式。Jamshidifar 等 [10,11] 提出了一种基于反应的稳定器，用于非基于模型的柔索驱动并联机器人的振动控制，以解决模型依赖性。理论分析证明，所提出的稳定器仅使用三个执行器且不涉及与柔索连接的绞盘，即可以调节平台的所有非期望振动。Cui 和 Tang [12] 分析和评估柔索驱动并联机器人的全局和局部刚度可控性，提出并定义了刚度可控性度的新概念。提出了一种计算方法，根据柔索张力约束条件，利用柔索张力可行区域有效地获取柔索驱动并联机器人的柔索张力约束工作空间。Wang 等 [13,14] 基于建立的柔索驱动下肢康复训练机器人的动力学模型，提出了欠约束系统扭矩闭环的解决方案。采用 Krasovski 方法提出了柔索驱动下肢康复训练机器人的稳定性指标。Briot 和 Merlet [15] 展示了下垂柔索驱动平行机器人的静态配置是描述机器人势能的泛函的局部极值点。证明柔索驱动并联机器人的某些奇点与稳定性的极限之间存在联系，展示平台力矩系统的奇点不是下垂柔索驱动并联机器人的几何模型的奇点。

本章主要的研究对象为柔索驱动并联 3D 打印机的静刚度分析。如前所述，对于特定机构而言，在其宏观弹性变形范围内，机构的形变量大小与外部静态载荷之间是一一对应的关系，反映这种关系的就是机构固有的刚度，影响刚度的因素有很多，主要包括机构组成部分的刚度与机构的结构两类因素。柔索驱动并联 3D 打印机系统的刚度是指打印头模块承受外力作用时所引起位移变化大小的度量。刚度，特别是打印头模块在承受外力作用时的定位精度，会对打印机的动态性能产生很大的影响。对机器人来说，当末端执行器受到相同的外力时，工作空间内某位置的刚度越大，末端执行器也就越难偏离原始位置，说明该位置就越稳定，因此可以用刚度来衡量柔索驱动并联 3D 打印机的稳定性能，由于同一位置所产生位移方向的不确定性，打印机在工作空间内某位置的刚度需要通过 3×3 的矩阵来描述。

评价机器人工作性能优劣的重要指标之一是机器人的稳定性，指的是机器人在未知、变化的外界环境中完成设定工作的能力。当机器人稳定性较差时，对机器人系统可能带来的影响有零件损坏、驱动失效、系统崩溃等，机器人无法完成初始预定任务。因此，稳定性分析对机器人系统的工作性能就显得十分重要。柔索驱动并联 3D 打印机是一种柔索驱动的新型打印机器人，定位精度与运动精度要求相对较高，若误差较大则会导致打印物体表面质量变差，从而使打印物体无法满足需要而报废。因此柔索驱动并联 3D 打印机的稳定性分析相对于其他工业机器人而言有着更高的要求。借鉴其他机器人稳定性能分析的理论和方法，柔索驱动并联 3D 打印机的稳定性可以理解为当机器人受到未知外界环境的干扰时，系统抵抗外界干扰并保持稳定的能力。假设当末端执行器位于工作空间内的某个位置时，受到外界未知干扰力的作用，机器人保持在受干扰之前的原始位置未发生移动或仅偏移原位置极小的位移，就可以认为在该位置柔索驱动并联 3D 打印机是相对稳定的。基于本章对机器人刚度与稳定性定义的描述，机器人的刚度分析与稳定性分析具有一定的相似性，然而对于空间内的柔索驱动并联 3D 打印机而言，末端执行器每一个位置都对应一个 3×3 的静刚度矩阵，描述的是在该位置多个方向上的刚度值集合，因而难以实现用有限维的坐标系统表达出整个工作空间的静刚度矩阵分布图，综上所述，若评价柔索驱动并联 3D 打印机稳定性能，静刚度矩阵指标具有较大的缺陷，但是可以在系统刚度分析的基础上对柔索驱动并联 3D 打印机进行稳定性分析。

4.1 柔索驱动并联 3D 打印机静刚度分析

在分析柔索驱动并联 3D 打印机的静刚度之前，必须对所建立的打印机系统中柔索无质量的直线模型做适当修改。因为运动学与动力学的分析都是建立在忽略柔索弹性的基础上，相当于假设柔索具有无穷大的刚度。

(1) 柔索具有一定的弹性，当有外力作用时会发生微小的弹性形变，柔索的刚度完全取决于柔索本身的物理参数。

(2) 柔索具有只能承受拉力不能承受压力的单向受力特性，若柔索受到法向力将会弯曲。

下面从静刚度的定义出发，在打印机运动学与动力学模型的基础上，推导柔索驱动并联 3D 打印机的静刚度矩阵。由于柔索采用基于平行四边形原理布置的方案，末端执行器只具有平移自由度，其欧拉角始终保持不变，因此当打印机工作在理想状态时，末端执行器只承受柔索拉力、弹簧拉力以及末端执行器自身重力。根据静刚度的定义，静刚度矩阵 $\boldsymbol{K}$ 表示空间内无穷小的外力 $\delta\boldsymbol{W}$ 与无穷小的位移 $\delta\boldsymbol{p}$ 之间的线性关系，具体可以表示为

$$\delta\boldsymbol{W} = \boldsymbol{K}\delta\boldsymbol{p} \tag{4.1}$$

考虑末端执行器下平台在外力 $\boldsymbol{W}$ 与柔索拉力 $\boldsymbol{F}$ 之间的静力平衡状态，根据式 (2.24) 改写，可得

$$\boldsymbol{A}^{\mathrm{T}}\boldsymbol{F} + \boldsymbol{W} = \boldsymbol{0} \tag{4.2}$$

式中，$\boldsymbol{A}^{\mathrm{T}} = [\boldsymbol{u}_1\ \boldsymbol{u}_2\ \boldsymbol{u}_3\ \boldsymbol{u}_{\mathrm{N}}]$ 是系统的结构矩阵，其中，$\boldsymbol{u}_1, \boldsymbol{u}_2, \boldsymbol{u}_3$ 为柔索下平台三根柔索上受力的方向向量，$\boldsymbol{u}_{\mathrm{N}}$ 为弹簧对下平台力的方向向量；$\boldsymbol{F} = [f_1 \quad f_2 \quad f_3 \quad f_{\mathrm{N}}]^{\mathrm{T}}$ 表示下平台受到的拉力。

对式 (4.2) 进行微分可得

$$\delta\boldsymbol{W} = -\delta\boldsymbol{A}^{\mathrm{T}}\boldsymbol{F} - \boldsymbol{A}^{\mathrm{T}}\delta\boldsymbol{F} \tag{4.3}$$

式中，$\delta\boldsymbol{A}^{\mathrm{T}}$ 为结构矩阵关于 $\boldsymbol{p}$ 的微分；$\delta\boldsymbol{F}$ 为柔索拉力的无穷小变量。

将式 (4.1) 代入式 (4.3)，可得

$$\boldsymbol{K}\delta\boldsymbol{p} = -\delta\boldsymbol{A}^{\mathrm{T}}\boldsymbol{F} - \boldsymbol{A}^{\mathrm{T}}\delta\boldsymbol{F} \tag{4.4}$$

在修改后的柔索模型基础上，可得

$$\delta \boldsymbol{F} = -\boldsymbol{K}_l \delta l = -\mathrm{diag}\left(\frac{EA}{l_1}, \frac{EA}{l_2}, \frac{EA}{l_3}, \boldsymbol{k}_s\right)\delta l \tag{4.5}$$

式中，$\boldsymbol{K}_l$ 为由柔索的刚度常数组成的对角阵，对角线上的元素表示每一根柔索的刚度常数，其中弹簧被视为刚度常数为 $\boldsymbol{k}_s$ 的柔索。式 (4.5) 中出现负号的原因是，当末端执行器位移增量与柔索拉力方向相同时，柔索拉力的增量为负值。真实的柔索的刚度常数可以表示为

$$k_i = EA/l_i, \quad i = 1, 2, 3 \tag{4.6}$$

式中，E 与 A 分别为柔索的弹性模量与横截面积。根据末端执行器与驱动关节之间的位置映射关系，δl 可以表示为

$$\delta l = \boldsymbol{A}\delta \boldsymbol{p} \tag{4.7}$$

式 (4.4) 右边的第一项可以表示为

$$\delta \boldsymbol{A}^{\mathrm{T}}\boldsymbol{F} = \delta[\boldsymbol{u}_1\ \boldsymbol{u}_2\ \boldsymbol{u}_3\ \boldsymbol{u}_{\mathrm{N}}]\cdot \boldsymbol{F} = \sum_{i=1}^{3}(\delta \boldsymbol{u}_i \cdot f_i) + \delta \boldsymbol{u}_{\mathrm{N}} \cdot f_{\mathrm{N}} \tag{4.8}$$

当末端执行器的位置经历了无穷小变量 $\delta \boldsymbol{p}$ 之时，柔索的单位向量从 $\boldsymbol{u}$ 变化为 $\boldsymbol{u}'$；与此同时，柔索长度向量从 $\boldsymbol{l}$ 变化为 $\boldsymbol{l}'$，如图 4.1 所示。$\delta \boldsymbol{u}_i$ 可以表示为

$$\delta \boldsymbol{u}_i = \boldsymbol{u}_i' - \boldsymbol{u}_i = \frac{\boldsymbol{l}'}{|\boldsymbol{l}'|} - \frac{\boldsymbol{l}}{|\boldsymbol{l}|} = \frac{1}{l_i}\begin{pmatrix} u_{ix}^2 - 1 & u_{ix}u_{iy} & u_{ix}u_{iz} \\ u_{ix}u_{iy} & u_{iy}^2 - 1 & u_{iy}u_{iz} \\ u_{ix}u_{iz} & u_{iy}u_{iz} & u_{iz}^2 - 1 \end{pmatrix}\delta \boldsymbol{p}, \quad i = 1, 2, 3 \tag{4.9}$$

式中，$\boldsymbol{u}_i = [u_{ix}\ u_{iy}\ u_{iz}]^{\mathrm{T}}$。

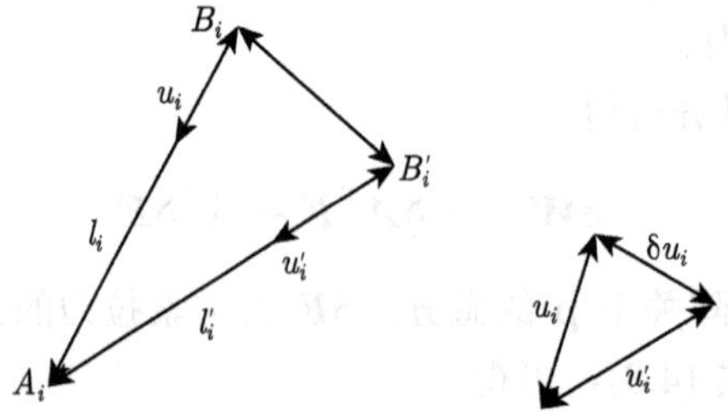

图 4.1　末端执行器无穷小位移 $\delta \boldsymbol{p}$ 下柔索长度向量与柔索单位向量的变化情况

由于 $\boldsymbol{u}_{\mathrm{N}}$ 表示垂直向上的弹簧单位向量，不随着末端执行器位置的变化而变化。因此，$\boldsymbol{u}_{\mathrm{N}}$ 关于 $\boldsymbol{p}$ 的微分为 0。

联立式 (4.5)～式 (4.9)，打印机刚度的完整表达式为

$$\begin{aligned}\boldsymbol{K}=\boldsymbol{K}_1+\boldsymbol{K}_2=&\sum_{i=1}^{3}\left[-\frac{f_i}{l_i}\begin{pmatrix}u_{ix}^2-1 & u_{ix}u_{iy} & u_{ix}u_{iz}\\ u_{ix}u_{iy} & u_{iy}^2-1 & u_{iy}u_{iz}\\ u_{ix}u_{iz} & u_{iy}u_{iz} & u_{iz}^2-1\end{pmatrix}\right]\\ &+[\boldsymbol{u}_1\ \boldsymbol{u}_2\ \boldsymbol{u}_3\ \boldsymbol{u}_{\mathrm{N}}]\cdot\operatorname{diag}\left(\frac{EA}{l_1},\frac{EA}{l_2},\frac{EA}{l_3},k_s\right)\cdot[\boldsymbol{u}_1\ \boldsymbol{u}_2\ \boldsymbol{u}_3\ \boldsymbol{u}_{\mathrm{N}}]^{\mathrm{T}}\end{aligned}\tag{4.10}$$

从式 (4.10) 可以看出打印机的刚度可以分为两部分：第一部分 $\boldsymbol{K}_1$ 主要取决于柔索的拉力，称为主动刚度；第二部分 $\boldsymbol{K}_2$ 主要取决于柔索与弹簧的物理参数，称为被动刚度。$\boldsymbol{K}_1$、$\boldsymbol{K}_2$ 与 $\boldsymbol{K}_3$ 均为 3×3 的对称矩阵。

对式 (4.10) 进行分解，可得

$$\begin{cases}\delta f_x=K_{11}\delta p_x+K_{12}\delta p_y+K_{13}\delta p_z\\ \delta f_y=K_{21}\delta p_x+K_{22}\delta p_y+K_{23}\delta p_z\\ \delta f_z=K_{31}\delta p_x+K_{32}\delta p_y+K_{33}\delta p_z\end{cases}\tag{4.11}$$

式中，K_{ij} 为系统刚度矩阵第 i 行、第 j 列的元素值。为求解系统沿 X、Y、Z 方向上的刚度，以 X 方向为例，假设无穷小干扰力 δf_x 作用于末端执行器 X 方向，同时令 δf_y 与 δf_z 都等于 0，打印机沿 X 方向的刚度可以表示为

$$K_x=K_{11}+\frac{K_{12}K_{21}K_{33}-K_{12}K_{23}K_{31}-K_{13}K_{21}K_{32}+K_{13}K_{22}K_{31}}{K_{23}K_{32}-K_{22}K_{33}}\tag{4.12}$$

依此类推，打印机沿 Y、Z 方向的刚度可以分别表示为

$$K_y=K_{22}+\frac{K_{21}K_{12}K_{33}-K_{21}K_{13}K_{32}+K_{23}K_{11}K_{32}-K_{23}K_{12}K_{31}}{K_{13}K_{31}-K_{11}K_{33}}\tag{4.13}$$

$$K_z=K_{33}+\frac{K_{31}K_{12}K_{23}-K_{31}K_{13}K_{22}+K_{32}K_{11}K_{23}-K_{32}K_{13}K_{21}}{K_{11}K_{22}-K_{12}K_{21}}\tag{4.14}$$

4.2 柔索驱动并联 3D 打印机稳定性分析

打印机的稳定性可以理解为末端执行器在外力作用下保持在原始位置上不发生偏移的能力。在机器人工作空间内的某位置，柔索驱动并联 3D 打印机某个方向上的静刚度越大，柔索在该方向上所产生的弹性形变就越小，末端执行器也就

保持在初始位置或者偏移初始位置很小的位移，我们便可以认为机器人在该位置的稳定性越好，所以可以将柔索驱动并联 3D 打印机的静刚度作为评价其稳定性能的重要指标之一。在 4.1 节中，在机器人运动学与动力的基础上，通过系统静刚度的定义，分析推导出了系统完整的静刚度矩阵 $\boldsymbol{K}$ 的表达式。虽然我们可以利用静刚度矩阵 $\boldsymbol{K}$ 来评价工作空间内各个位置稳定性能的优劣，但是静刚度矩阵 $\boldsymbol{K}$ 只是柔索驱动并联 3D 打印机系统刚度的张量测度，其本质上是末端执行器在多个方向上的静刚度集合。对于柔索驱动并联 3D 打印机而言，系统静刚度矩阵 $\boldsymbol{K}$ 与末端执行器在工作空间内的每一个位置都一一对应，因而很难将打印机在工作空间内的静刚度矩阵分布图表示在三维或者更高维度的坐标系统中，所以直接用静刚度矩阵 $\boldsymbol{K}$ 来作为柔索驱动并联 3D 打印机稳定性的指标局限性较大。因此，为了能够更方便地分析柔索驱动并联 3D 打印机系统的稳定性能，在矩阵特征值估计的基础上提出了一种指标，其可以很方便地用来描述系统稳定性能，避免静刚度矩阵性能描述系统稳定性时的局限性。

首先引入矩阵论中的瑞利商函数：对于厄米矩阵，也就是满足共轭转置矩阵和矩阵自身相等的矩阵 $\boldsymbol{M}$ 及非零向量 $\boldsymbol{x} \in R^n$，有

$$R(\boldsymbol{M},\boldsymbol{x}) = \frac{\boldsymbol{x}^*\boldsymbol{M}\boldsymbol{x}}{\boldsymbol{x}^*\boldsymbol{x}} \tag{4.15}$$

$R(\boldsymbol{M},\boldsymbol{x})$ 称为矩阵 $\boldsymbol{M}$ 的瑞利商，式中，$\boldsymbol{x}^*$ 为 $\boldsymbol{x}$ 的共轭转置矩阵，如果矩阵 $\boldsymbol{M}$ 与向量 $\boldsymbol{x}$ 的组成元素都是实数，那么瑞利商又可以写成

$$R(\boldsymbol{M},\boldsymbol{x}) = \frac{\boldsymbol{x}^{\mathrm{T}}\boldsymbol{M}\boldsymbol{x}}{\boldsymbol{x}^{\mathrm{T}}\boldsymbol{x}} \tag{4.16}$$

瑞利商 $R(\boldsymbol{M},\boldsymbol{x})$ 是非零向量 $\boldsymbol{x}$ 的连续函数，具有最大值与最小值。实对称矩阵 $\boldsymbol{M}$ 的特征值都是实数，并按照从大到小排列为

$$\lambda_{\max} = \lambda_n \geqslant \cdots \geqslant \lambda_2 \geqslant \lambda_1 = \lambda_{\min} \tag{4.17}$$

特征值对应的特征向量分别为

$$\boldsymbol{p}_n, \cdots, \boldsymbol{p}_2, \boldsymbol{p}_1 \tag{4.18}$$

根据瑞利商的性质可得

$$\begin{aligned} \max_{x} R(\boldsymbol{M},\boldsymbol{x}) &= \lambda_{\max} = \lambda_n \\ \min_{x} R(\boldsymbol{M},\boldsymbol{x}) &= \lambda_{\min} = \lambda_1 \end{aligned} \tag{4.19}$$

或者表示为

$$\lambda_1 \leqslant R(\boldsymbol{M}, \boldsymbol{x}) \leqslant \lambda_n \tag{4.20}$$

当矩阵 $\boldsymbol{M} \in R_r^{m\times n}(r>0)$，则 $\boldsymbol{M}^{\mathrm{T}}\boldsymbol{M}$ 为实对称矩阵，并且其特征值均为非负实数，即

$$0 = \lambda_1 = \lambda_2 = \cdots = \lambda_{n-r} < \lambda_{n-r+1} \leqslant \lambda_n \tag{4.21}$$

则称 $\sigma_i = \sqrt{\lambda_i}(i = 1, 2, \cdots, n)$ 为矩阵 $\boldsymbol{M}$ 的奇异值。因此，实矩阵 $\boldsymbol{M}$ 的奇异值 $\delta\boldsymbol{M}$ 与实对称矩阵 $\boldsymbol{M}^{\mathrm{T}}\boldsymbol{M}$ 的特征值 $\lambda(\boldsymbol{M}^{\mathrm{T}}\boldsymbol{M})$ 存在如下关系：

$$\sigma(\boldsymbol{M}) = \sqrt{\lambda(\boldsymbol{M}^{\mathrm{T}}\boldsymbol{M})} \tag{4.22}$$

如前分析，柔索驱动并联 3D 打印机的静刚度矩阵 $\boldsymbol{K} \in \mathrm{R}^{3\times 3}$，因此 $\boldsymbol{K}^{\mathrm{T}}\boldsymbol{K}$ 是 3×3 的实对称矩阵，特征值为

$$\lambda_3 \geqslant \lambda_2 \geqslant \lambda_1 \tag{4.23}$$

其特征值所对应的特征向量分别为 $\boldsymbol{p}_3, \boldsymbol{p}_2, \boldsymbol{p}_1$。

根据瑞利商的定义，静刚度矩阵 $\boldsymbol{K}$ 的瑞利商表示为

$$R(\delta\boldsymbol{p}) = \frac{(\delta\boldsymbol{p})^{\mathrm{T}}\boldsymbol{K}^{\mathrm{T}}\boldsymbol{K}(\delta\boldsymbol{p})}{(\delta\boldsymbol{p})^{\mathrm{T}}(\delta\boldsymbol{p})} \tag{4.24}$$

联立式 (4.22)～式 (4.24)，可得

$$R(\delta\boldsymbol{p}) = \frac{(\delta\boldsymbol{p})^{\mathrm{T}}\boldsymbol{K}^{\mathrm{T}}\boldsymbol{K}(\delta\boldsymbol{p})}{(\delta\boldsymbol{p})^{\mathrm{T}}(\delta\boldsymbol{p})} = \frac{(\delta\boldsymbol{W}, \delta\boldsymbol{W})}{(\delta\boldsymbol{p}, \delta\boldsymbol{p})} \tag{4.25}$$

由式 (4.25) 可知静刚度矩阵 $\boldsymbol{K}$ 的瑞利商 $R(\delta\boldsymbol{p})$ 的实际意义是外力的微小变量 $\delta\boldsymbol{W}$ 的内积与末端执行器位置的微小变量 $\delta\boldsymbol{p}$ 的内积的比值。根据范数与内积之间的关系可知：

$$\|\delta\boldsymbol{W}\|_2 = \sqrt{R(\delta\boldsymbol{p})}\,\|\delta\boldsymbol{p}\|_2 \tag{4.26}$$

由式 (4.20) 可得，当 $\delta\boldsymbol{p} \neq 0$ 时，

$$\sigma_1 \leqslant R(\delta\boldsymbol{p}) \leqslant \sigma_3 \tag{4.27}$$

由上述分析可知，如果系统外力微小变量 $\delta\boldsymbol{W}$ 为常数，那么末端执行器位置微小变量 $\delta\boldsymbol{p}$ 与静刚度矩阵 $\boldsymbol{K}$ 的瑞利商 $R(\delta\boldsymbol{p})$ 直接相关。因此，假设系统外力的微小变量 $\delta\boldsymbol{W}$ 的模为单位 1 常数，那么 $\sqrt{R(\delta\boldsymbol{p})}$ 越小，末端执行器位置的微小变量 $\delta\boldsymbol{p}$ 越大，反之则越小。

对于柔索驱动并联 3D 打印机而言，在其工作空间内的任意位置，打印机的静刚度矩阵 $\boldsymbol{K}$ 都是确定并且唯一的。为了能更直观地衡量打印机在工作空间内各位置静刚度性能的强弱，可以比较相应静刚度矩阵 $\boldsymbol{K}$ 的奇异值 $\sigma(\boldsymbol{K})$。对于打印机的整个工作空间来说，当静刚度矩阵 $\boldsymbol{K}$ 的最小奇异值 $\sigma_{\min}(\boldsymbol{K})$ 最小时，所对应的位置就是静刚度性能最弱的位置。因此，选择静刚度矩阵 $\boldsymbol{K}$ 的最小奇异值 $\sigma_{\min}(\boldsymbol{K})$ 作为评价柔索驱动并联 3D 打印机工作空间内不同位置的静刚度性能强弱的指标，进而衡量打印机的稳定性能。

4.3 本章小结

本章首先在运动学与动力学的基础上对柔索驱动并联 3D 打印机的静刚度进行理论分析，从静刚度的定义出发，推导出了打印机的静刚度表达式，其完整刚度由两部分组成：主动刚度与被动刚度，并进一步分析得出了打印机沿 X,Y,Z 方向上的刚度表达式。由于静刚度矩阵只是系统静刚度的张量测度，对于打印机而言，末端执行器位于空间内每一个位置时都对应特定的静刚度矩阵，因而整个打印机在工作空间内的静刚度矩阵分布图在三维或者更高维度的坐标系统中的描述是相当复杂的，所以静刚度矩阵本身并不是一个能够很好地评价打印机静刚度性能的指标。为了能够方便分析打印机系统的稳定性能，选择机器人静刚度矩阵的最小奇异值作为评价柔索驱动并联 3D 打印机工作空间内不同位置的静刚度性能强弱的指标，从而衡量打印机在不同位置时的稳定性能。

参考文献

[1] Simaan N, Shoham M. Geometric interpretation of the derivatives of parallel robots' Jacobian matrix with application to stiffness control[J]. Journal of Mechanical Design, 2003, 125(1): 33-42.

[2] Behzadipour S, Khajepour A. Stiffness of cable-based parallel manipulators with application to stability analysis[J]. Journal of Mechanical Design, 2006, 128(1): 303-310.

[3] Surdilovic D, Radojicic J, Krüger J. Geometric stiffness analysis of wire robots: A mechanical approach[M]//Bruckmann T, Pott A. Cable-Driven Parallel Robots. Berlin, Heidelberg: Springer, 2013: 389-404.

[4] Carricato M, Merlet J P. Stability analysis of underconstrained cable-driven parallel robots[J]. IEEE Transactions on Robotics, 2013, 29(1): 288-296.

[5] 李清桓, 段清娟, 李帆, 等. 绳牵引机器人加入弹簧后刚度分析 [J]. 振动与冲击, 2017, 36(10): 197-202, 223.

[6] 崔志伟, 唐晓强, 侯森浩, 等. 索驱动并联机器人可控刚度特性 [J]. 清华大学学报 (自然科学版), 2018, 58(2): 204-211.

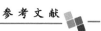

[7] Bolboli J, Khosravi M A, Abdollahi F. Stiffness feasible workspace of cable-driven parallel robots with application to optimal design of a planar cable robot[J]. Robotics and Autonomous Systems, 2019, 114: 19-28.

[8] 王兆东, 刘俊辰, 王保兴, 等. 绳驱动仿腕关节绳拉力分布和可控刚度特性分析 [J]. 东华大学学报 (自然科学版), 2020, 46(1): 97-104, 111.

[9] 高征, 李亚杰. 索杆混合驱动并联机构的索拉力和刚度分析 [J]. 机床与液压, 2021, 49(22): 29-33.

[10] Jamshidifar H, Rushton M, Khajepour A. A reaction-based stabilizer for nonmodel-based vibration control of cable-driven parallel robots[J]. IEEE Transactions on Robotics, 2021, 37(2): 667-674.

[11] Jamshidifar H, Khajepour A, Fidan B, et al. Kinematically-constrained redundant cable-driven parallel robots: Modeling, redundancy analysis, and stiffness optimization[J]. IEEE/ASME Transactions on Mechatronics, 2017, 22(2): 921-930.

[12] Cui Z W, Tang X Q. Analysis of stiffness controllability of a redundant cable-driven parallel robot based on its configuration[J]. Mechatronics, 2021, 75: 102519.

[13] Wang Y L, Wang K Y, Wang W L, et al. Appraisement and analysis of dynamical stability of under-constrained cable-driven lower-limb rehabilitation training robot[J]. Robotica, 2021, 39(6): 1023-1036.

[14] Wang Y L, Wang K Y, Zhang Z X, et al. Analysis of dynamical stability of rigid-flexible hybrid-driven lower limb rehabilitation robot[J]. Journal of Mechanical Science and Technology, 2020, 34(4): 1735-1748.

[15] Briot S, Merlet J P. Direct kinematic singularities and stability analysis of sagging cable-driven parallel robots[J]. IEEE Transactions on Robotics, 2023, 39(3): 2240-2254.

第5章 刚柔耦合3D打印机器人误差分析与自标定

若要提高冗余柔索并联 3D 打印机构在工作过程中末端喷头的运动精度，运动学标定是一个非常有效且便捷的方式。运动学自标定属于运动学标定方法中的一种，它是通过施加物理约束或添加冗余传感器来实现的，不太依赖外部测量设备，易于补偿且实现成本低，已成为国内外学者研究的热点。

误差分析是实现机器人自标定的前提条件。影响柔索并联机器人运动精度的因素有动态误差和静态误差两种，其中静态误差中的几何结构误差和装配误差是主要影响因素，要想提高机构的运动精度，需要将这些误差进行识别并补偿。本章首先分析影响冗余柔索并联 3D 打印机构运动精度的误差源，根据第 2 章的运动学模型，建立冗余柔索长度误差和运动学参数误差之间的映射模型。此冗余柔索并联 3D 打印机构误差源较多且相互影响，很难直观看出各个误差源对冗余柔索长度误差的影响程度。为此构建了运动学误差传递矩阵，通过定量分析各个误差源的灵敏度值，来判断在不同高度面各个误差源的影响程度，为后续需要自标定误差源的选取提供了依据。

唐礼庆等 [1] 针对一种钣金件翻边机构建立运动学标定模型，完成误差传递模型建模以及参数辨识流程分析。运用此运动学标定模型能有效提高机构的绝对定位精度。Zhang 等 [2] 为了提高校准的精度和鲁棒性，提出了一种迭代校准方法，用于校准坐标系参数和几何参数，并证明了渐近收敛性。李虹等 [3] 基于封闭矢量法对其误差建模，并根据全局误差灵敏度确定了 11 个重要误差；基于粒子群算法，得出 4 组误差补偿的最优解。李政清等 [4] 提出了一种基于视觉定位的自标定方法，通过相机和货架上的 AprilTag 获取末端动平台的位置，进行模型参数辨识和误差补偿，实现平面四索并联机器人的几何参数快速标定。夏纯等 [5] 为了解决并联机器人结构复杂、难以准确求解误差模型的问题，提出了一种基于等效运动链的并联机器人运动学标定方法。Gao 等 [6] 基于证据理论和误差传递模型，提出了一种基于证据理论的不确定性分析方法。基于误差传递模型，导出了运动响应的结构性能函数。Zhang 等 [7] 建立了考虑滑轮运动学的误差建模方法，并推导出误差识别矩阵，建立了考虑滑轮运动学的 CDPR 运动学标定方法，包括标定过程和测量姿态选择。Mattioni 等 [8] 对于具有任意几何形状和柔索数量的通用过约束 CDPR，推导出了力分布敏感度。Liu 等 [9] 提出了一种使用力传感器的校准方法。基于混合关节空间控制策略，将自校准问题表述为一个非线性最小二乘优化问题。杨逸波和汪满新 [10] 为建立考虑基本尺寸误差、杆长误差及关节间隙的位置精度模型，分别利用四阶矩法和蒙特卡罗法提出机构位置精度可靠性计算模型。

针对所设计的冗余柔索并联 3D 打印机构，本章提出了一种基于遗传算法多目标优化的自标定方法，利用冗余柔索长度偏差来求解运动学参数偏差。本次自标定前首先进行综合分析，对自标定位置点进行选取；其次，基于运动误差模型建立适应度函数，选用带精英策略的快速非支配排序遗传算法对运动学参数误差进行优化识别；最后，通过仿真实验，对比运动学参数误差补偿前、后末端执行器在不同高度面时的运动精度，证明了此运动学自标定方法的准确性。此自标定方法相较于其他的方法有着自身的优势，它测试简便、成本较低，且此方法通用于其他的冗余设备，为冗余柔索并联机器人自标定提供了一个新的思路。

5.1 机构误差分析

本节介绍冗余柔索并联 3D 打印机构的误差建模和灵敏度分析。在进行自标定前，需要先分析造成末端执行器位置误差的误差源，依据运动学模型建立冗余柔索长度误差和运动学参数误差之间的函数关系。为了提高运动学自标定的效果，利用运动学误差传递矩阵对误差源进行灵敏度分析。依据仿真分析不同高度面时各个误差源的灵敏度值，判定误差源的影响程度，为运动学自标定奠定基础。

5.1.1 机构的误差建模

影响冗余柔索并联 3D 打印机构精度的因素有两种：动态误差和静态误差。动态误差包括柔索伸缩过程中振动产生的误差、拉力导致柔索长度变化的误差及传动误差等。静态误差包括结构误差、柔索和定滑轮接触误差及装配误差等。对于冗余柔索并联 3D 打印机构，为方便后续的运动学自标定研究，对其建立运动学参数误差模型。由第 2 章的图 2.2 可知，输入量为驱动柔索 l_1、l_2、l_3 的绳长，冗余柔索 l_4、l_5、l_6 是为了给驱动柔索提供预紧力，并实时保证绳长拉力大小，输出量为喷头 P 的空间位置，冗余柔索 l_4、l_5、l_6 的长度误差可以通过激光位移传感器测得。分析可知，末端执行器的运动位置误差包括人为安装过程中造成的驱动绳长误差 Δl_1、Δl_2、Δl_3；因机构在装配过程中产生的装配误差和定滑轮接触误差，使得出绳孔偏离理论位置，产生 X、Y 和 Z 方向的位置误差。由以上分析可知，需要自标定的运动学参数误差共有 21 个，包括驱动柔索 l_1、l_2、l_3 的长度误差和出绳孔 A_1、A_2、A_3、A_4、A_5、A_6 处 X、Y 和 Z 方向的位置误差。

理论坐标和驱动柔索理论长度关系可表示为

$$l_i^2 = (x_i' - x_i)^2 + (y_i' - y_i)^2 + (z_i' - z_i)^2, \quad i = 1,2,3 \tag{5.1}$$

冗余柔索长度可以表示为

$$l_j^2 = (x_j' - x_j)^2 + (y_j' - y_j)^2 + (z_j' - z_j)^2, \quad j = 4,5,6 \tag{5.2}$$

考虑到柔索长度误差 Δl_1、Δl_2、Δl_3 和出绳孔在 X、Y 和 Z 方向的位置误差，实际出绳孔在基坐标系下的位置如下。

$$\begin{aligned}
A_1'' &= (x_1'', y_1'', z_1'') = (x_1 + \Delta x_1, y_1 + \Delta y_1, z_1 + \Delta z_1) \\
A_2'' &= (x_2'', y_2'', z_2'') = (x_2 + \Delta x_2, y_2 + \Delta y_2, z_2 + \Delta z_2) \\
A_3'' &= (x_3'', y_3'', z_3'') = (x_3 + \Delta x_3, y_3 + \Delta y_3, z_3 + \Delta z_3) \\
A_4'' &= (x_4'', y_4'', z_4'') = (x_4 + \Delta x_4, y_4 + \Delta y_4, z_4 + \Delta z_4) \\
A_5'' &= (x_5'', y_5'', z_5'') = (x_5 + \Delta x_5, y_5 + \Delta y_5, z_5 + \Delta z_5) \\
A_6'' &= (x_6'', y_6'', z_6'') = (x_6 + \Delta x_6, y_6 + \Delta y_6, z_6 + \Delta z_6)
\end{aligned}$$

想要建立主动柔索长度误差 Δl_1、Δl_2、Δl_3，出绳孔位置误差 Δx_i、Δy_i、Δz_i、Δx_j、Δy_j、$\Delta z_j (i \in \{1,2,3\}$，$j \in \{4,5,6\})$ 与冗余柔索长度误差 Δl_4、Δl_5、Δl_6 的映射关系，需要将末端执行器的喷头 P 的空间位置作为中间变量。

将实际主动柔索长度 l_i'、实际冗余柔索长度 l_j' 和实际出绳孔的位置坐标分别代入式 (5.1) 和式 (5.2)，并对其求时间 t 的微分。

$$\begin{aligned}
l_i'\mathrm{d}l_i' =& (l_i + \Delta l_i)\mathrm{d}l_i' = (x_i' - x_i'')\mathrm{d}x - (x_i' - x_i'')\mathrm{d}x_i'' \\
&+ (y_i' - y_i'')\mathrm{d}y - (y_i' - y_i'')\mathrm{d}y_i'' + (z_i' - z_i'')\mathrm{d}z - (z_i' - z_i'')\mathrm{d}z_i''
\end{aligned} \tag{5.3}$$

$$\begin{aligned}
l_j'\mathrm{d}l_j' =& (l_j + \Delta l_j)\mathrm{d}l_j' = (x_j' - x_j'')\mathrm{d}x - (x_j' - x_j'')\mathrm{d}x_j'' \\
&+ (y_j' - y_j'')\mathrm{d}y - (y_j' - y_j'')\mathrm{d}y_j'' + (z_j' - z_j'')\mathrm{d}z - (z_j' - z_j'')\mathrm{d}z_j''
\end{aligned} \tag{5.4}$$

式 (5.3)、式 (5.4) 可以分别改写成

$$\boldsymbol{W}_1\boldsymbol{\gamma} = \boldsymbol{K}_1\Delta\boldsymbol{q}_1 \tag{5.5}$$

$$\boldsymbol{U}\Delta\boldsymbol{q} = \boldsymbol{W}_2\boldsymbol{\gamma} + \boldsymbol{K}_2\Delta\boldsymbol{q}_2 \tag{5.6}$$

根据式 (5.5)、式 (5.6) 可以得到

$$\Delta\boldsymbol{q}_{3\times1} = \boldsymbol{J}_{3\times21}\begin{bmatrix}\Delta\boldsymbol{q}_1\\ \Delta\boldsymbol{q}_2\end{bmatrix}_{21\times1} \tag{5.7}$$

式中，

$$\boldsymbol{W}_1=\begin{bmatrix} x_1'-x_1'' & y_1'-y_1'' & z_1'-z_1''\\ x_2'-x_2'' & y_2'-y_2'' & z_2'-z_2''\\ x_3'-x_3'' & y_3'-y_3'' & z_3'-z_3''\end{bmatrix},\boldsymbol{W}_2=\begin{bmatrix} x_4'-x_4'' & y_4'-y_4'' & z_4'-z_4''\\ x_5'-x_5'' & y_5'-y_5'' & z_5'-z_5''\\ x_6'-x_6'' & y_6'-y_6'' & z_6'-z_6''\end{bmatrix},$$

$$\boldsymbol{\gamma}=\begin{bmatrix}\mathrm{d}x\\ \mathrm{d}y\\ \mathrm{d}z\end{bmatrix},\Delta\boldsymbol{q}=\begin{bmatrix}\mathrm{d}l_4'\\ \mathrm{d}l_5'\\ \mathrm{d}l_6'\end{bmatrix},$$

$$\boldsymbol{K}_1=\begin{bmatrix} x_1'-x_1'' & y_1'-y_1'' & z_1'-z_1'' & 0 & 0 & 0\\ 0 & 0 & 0 & x_2'-x_2'' & y_2'-y_2'' & z_2'-z_2''\\ 0 & 0 & 0 & 0 & 0 & 0\\ 0 & 0 & 0 & l_1' & 0 & 0\\ 0 & 0 & 0 & 0 & l_2' & 0\\ x_3'-x_3'' & y_3'-y_3'' & z_3'-z_3'' & 0 & 0 & l_3'\end{bmatrix}$$

$$\boldsymbol{K}_2=\begin{bmatrix} -x_4'+x_4'' & -y_4'+y_4'' & -z_4'+z_4'' & 0 & \\ 0 & 0 & 0 & -x_5'+x_5'' & \\ 0 & 0 & 0 & 0 & \\ 0 & 0 & 0 & 0 & 0\\ -y_5'+y_5'' & -z_5'+z_5'' & 0 & 0 & 0\\ 0 & 0 & -x_6'+x_6'' & -y_6'+y_6'' & -z_6'+z_6''\end{bmatrix}$$

$$\boldsymbol{U}=\begin{bmatrix} l_4' & 0 & 0\\ 0 & l_5' & 0\\ 0 & 0 & l_6'\end{bmatrix},\boldsymbol{J}=\begin{bmatrix}\boldsymbol{U}^{-1}\boldsymbol{W}_2\boldsymbol{W}_1^{-1}\boldsymbol{K}_1 & \boldsymbol{U}^{-1}\boldsymbol{K}_2\end{bmatrix},$$

$$\Delta\boldsymbol{q}_1=\begin{bmatrix}\mathrm{d}x_1'' & \mathrm{d}y_1'' & \mathrm{d}z_1'' & \mathrm{d}x_2'' & \mathrm{d}y_2'' & \mathrm{d}z_2'' & \mathrm{d}x_3'' & \mathrm{d}y_3'' & \mathrm{d}z_3'' & \mathrm{d}l_1' & \mathrm{d}l_2' & \mathrm{d}l_3'\end{bmatrix}^{\mathrm{T}}$$

$$\Delta\boldsymbol{q}_2=[\,\mathrm{d}x_4''\ \ \mathrm{d}y_4''\ \ \mathrm{d}z_4''\ \ \mathrm{d}x_5''\ \ \mathrm{d}y_5''\ \ \mathrm{d}z_5''\ \ \mathrm{d}x_6''\ \ \mathrm{d}y_6''\ \ \mathrm{d}z_6''\,]^{\mathrm{T}}$$

式 (5.7) 中 3×1 向量的对应元素相等，可以得到 3 个等式：

$$f_j(\boldsymbol{X}) = 0, \quad j = \{4,5,6\} \tag{5.8}$$

式中，解空间 $\boldsymbol{X} = [\Delta x_i, \Delta y_i, \Delta x_j, \Delta y_j, \Delta l_i]$；$f_j$ 为驱动柔索长度误差 Δl_i、出绳孔位置误差 Δx_i、Δy_i、Δx_j、Δy_j 与冗余柔索长度误差 Δl_j 的函数关系式。

综上建立了冗余柔索长度和运动学参数之间的误差模型，其中，$\boldsymbol{J}$ 为运动学误差传递矩阵。运动学参数误差一共有 21 个，末端执行器的每个空间位置点由式 (5.7) 可建立 3 个方程，至少需要知道 7 个位置点处的信息才能求取这 21 个运动学参数误差。

5.1.2　机构的灵敏度分析

运动学参数误差多而复杂，且相互影响，很难直观地看出各个误差源对冗余柔索长度误差的影响程度，影响程度的大小可以根据各个运动学参数误差灵敏度值的大小定量表示。本节通过对 21 个运动学参数误差灵敏度值定量分析，设定评价指标判定对冗余柔索长度的影响，最终确定运动学参数误差在工作空间中的影响程度，为后续运动学自标定奠定基础。

$\boldsymbol{J}$ 为运动学误差传递矩阵，反映了运动学参数误差与冗余柔索长度误差之间的映射，假如 $\boldsymbol{J}$ 为常系数矩阵，就可以容易地得出各个误差灵敏度的大小。然而，由于 $\boldsymbol{J}$ 矩阵不仅不是常系数矩阵，还含有要研究的运动学参数误差，因此需要定量分析各个误差的灵敏度。$\boldsymbol{J}$ 矩阵类似于一次函数的斜率 K，$\boldsymbol{J}$ 值越大，表示自变量 $\begin{bmatrix} \Delta \boldsymbol{q}_1 & \Delta \boldsymbol{q}_2 \end{bmatrix}^{\mathrm{T}}$ 对因变量 $\Delta \boldsymbol{q}$ 影响程度越大。

为方便后续的推导分析，将式 (5.7) 表示为

$$\begin{aligned}
\Delta \boldsymbol{e} = \begin{bmatrix} \Delta e_1 \\ \Delta e_2 \\ \Delta e_3 \end{bmatrix} &= \Delta \boldsymbol{q} = \boldsymbol{J} \begin{bmatrix} \Delta \boldsymbol{q}_1 \\ \Delta \boldsymbol{q}_2 \end{bmatrix} \\
&= \begin{bmatrix} J_{1,1} & J_{1,2} & J_{1,3} & \cdots & J_{1,21} \\ J_{2,1} & J_{2,2} & J_{2,3} & \cdots & J_{2,21} \\ J_{3,1} & J_{3,2} & J_{3,3} & \cdots & J_{3,21} \end{bmatrix} \begin{bmatrix} \Delta c_1 \\ \Delta c_2 \\ \vdots \\ \Delta c_{21} \end{bmatrix} = \boldsymbol{J} \cdot \Delta \boldsymbol{c}
\end{aligned} \tag{5.9}$$

式中，$J_{m,n}$ 为矩阵 $\boldsymbol{J}$ 的第 m 行第 n 列的元素；Δc_n 为误差向量 $\Delta \boldsymbol{c}$ 的第 n 个运动学参数误差。

单个冗余柔索长度误差可以表示为

$$\Delta e_m=\sum_{n=1}^{21}\left(J_{m,n}\cdot\Delta c_n\right),\quad m\in\{1,2,3\},n\in\{1,2,\cdots,21\} \tag{5.10}$$

定义运动学参数误差对单个冗余柔索长度误差灵敏度系数 k_m 如下：

$$C_m(n)=\frac{\int_V |J_{m,n}|\mathrm{d}V}{V} \tag{5.11}$$

$$k_m(n)=\frac{C_m(n)}{\sum_{n=1}^{21}C_m(n)} \tag{5.12}$$

式中，$k_m(n)$ 为第 n 个运动学参数误差对第 m 个冗余柔索长度误差的灵敏度值；V 为冗余柔索并联 3D 打印机构的可达工作空间点。

对向量 $\Delta\boldsymbol{e}$ 求其模的平方，由式 (5.9) 得

$$\|\Delta\boldsymbol{e}\|^2=\Delta\boldsymbol{c}^{\mathrm{T}}\boldsymbol{J}^{\mathrm{T}}\boldsymbol{J}\Delta\boldsymbol{c} \tag{5.13}$$

对式 (5.12) 进一步求解，可以得到 Δc_n^2 前面的系数为 $\sum_{m=1}^{3}J_{m,n}^2$。定义运动学参数误差对全部冗余柔索长度误差灵敏度系数 k 如下：

$$C_n=\frac{\int_V\left(\sum_{m=1}^{3}J_{m,n}^2\right)\mathrm{d}V}{V} \tag{5.14}$$

$$k(n)=\frac{C(n)}{\sum_{n=1}^{21}C(n)} \tag{5.15}$$

通过控制变量法，取 Δc_n 为第 n 个运动学参数是单位标准偏差时，其余运动学参数为理想值，比较此时对全部冗余柔索引起的长度偏差 $\|\Delta\boldsymbol{e}\|^2$ 的大小。为了反映各个运动学参数误差影响程度的大小，定义 $k(n)$ 为第 n 个运动学参数误差对全部冗余柔索长度误差的灵敏度值。

在末端执行器的整个可达工作空间内，均匀选取末端位置点，求解雅可比矩阵元素值，通过式 (5.12) 与式 (5.15) 分别求得单个冗余柔索 l_4、l_5、l_6 的各运动学参数灵敏度系数，其柱形图如图 5.1～图 5.3 所示，对全部冗余柔索各运动学参数灵敏度系数的柱形图如图 5.4 所示，具体灵敏度系数值如表 5.1 所示。柱形图的横坐

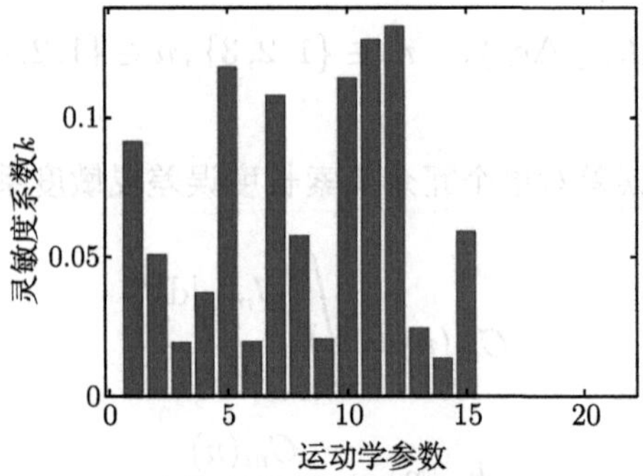

图 5.1 对冗余柔索 l_4 各运动学参数灵敏度系数

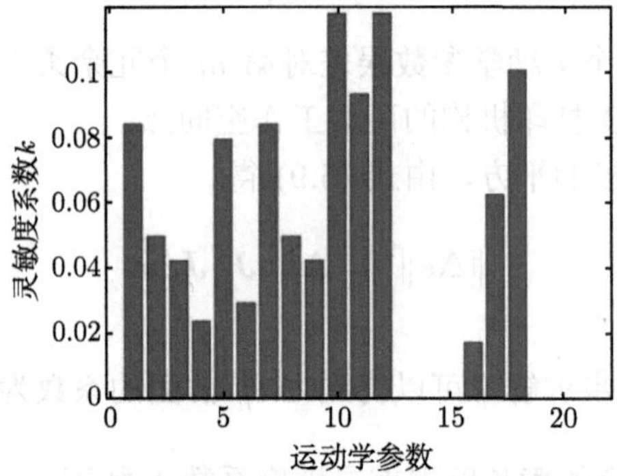

图 5.2 对冗余柔索 l_5 各运动学参数灵敏度系数

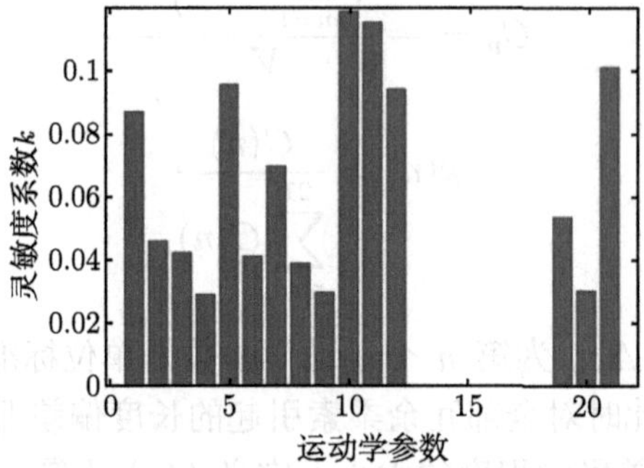

图 5.3 对冗余柔索 l_6 各运动学参数灵敏度系数

标有 21 个参数，分别表示下部出绳孔坐标 x_i, y_i, z_i、驱动绳长 l_1、l_2、l_3 和上部出绳孔坐标 x_j, y_j, z_j 的运动学参数误差。由图 5.1～图 5.3 可知，单个冗余柔索的灵敏度系数只与对应出绳孔位置参数有关，与其他冗余柔索处的出绳孔位置无关。由图 5.4 可以看出，在整个末端执行器可达工作空间内，运动学参数

$l_1, l_2, l_3, x_1, y_1, y_2, x_3, y_3$ 相对于其他的运动学参数有较大的灵敏度系数，说明在整个工作空间中，这 8 个运动学参数误差对冗余柔索误差影响程度较大。

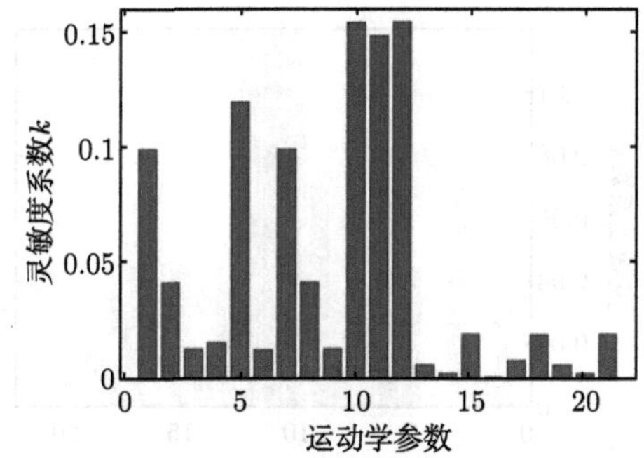

图 5.4 对全部冗余柔索各运动学参数灵敏度系数

表 5.1 各运动学参数误差对单个冗余柔索和全部冗余柔索灵敏度系数

参数序号	运动学参数误差	冗余柔索 l_4 灵敏度系数	冗余柔索 l_5 灵敏度系数	冗余柔索 l_6 灵敏度系数	全部冗余柔索灵敏度系数
1	dx_1''	0.0919	0.0846	0.0875	0.0996
2	dy_1''	0.0512	0.0500	0.0464	0.0418
3	dz_1''	0.0197	0.0426	0.0428	0.0132
4	dx_2''	0.0375	0.0240	0.0296	0.0159
5	dy_2''	0.1185	0.0798	0.0961	0.1200
6	dz_2''	0.0199	0.0296	0.0416	0.0127
7	dx_3''	0.1083	0.0846	0.0701	0.0996
8	dy_3''	0.0577	0.0501	0.0394	0.0419
9	dz_3''	0.0209	0.0426	0.0302	0.0132
10	dl_1'	0.1146	0.1184	0.1193	0.1545
11	dl_2'	0.1284	0.0937	0.1158	0.1487
12	dl_3'	0.1330	0.1185	0.0946	0.1546
13	dx_4''	0.0249	0	0	0.0062
14	dy_4''	0.0140	0	0	0.0025
15	dz_4''	0.0595	0	0	0.0194
16	dx_5''	0	0.0175	0	0.0008
17	dy_5''	0	0.0628	0	0.0081
18	dz_5''	0	0.1011	0	0.0193
19	dx_6''	0	0	0.0541	0.0062
20	dy_6''	0	0	0.0307	0.0025
21	dz_6''	0	0	0.1016	0.0194

为了更进一步指导后续的运动学自标定研究，在可达工作空间内，分析不同运

行高度时全部冗余柔索下的运动学参数灵敏度系数。此冗余柔索并联 3D 打印机构的工作范围主要集中在框架的下半部分，当末端执行器运行高度分别为 1.0m、0.7m、0.4m 和 0.1m 时，灵敏度系数值如图 5.5~ 图 5.8 所示。

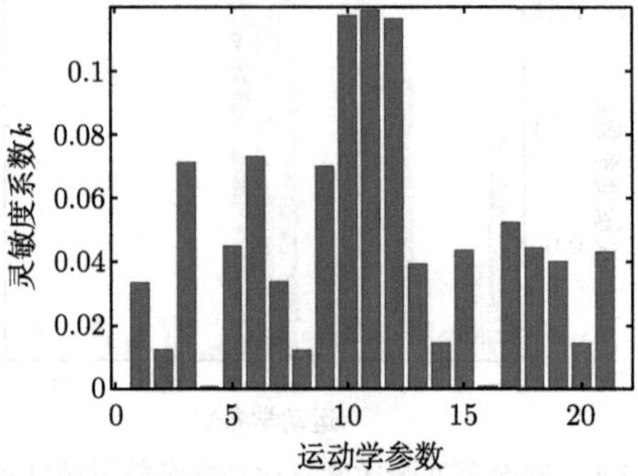

图 5.5　对全部冗余柔索各运动学参数灵敏度系数 ($h_z = 1.0$m)

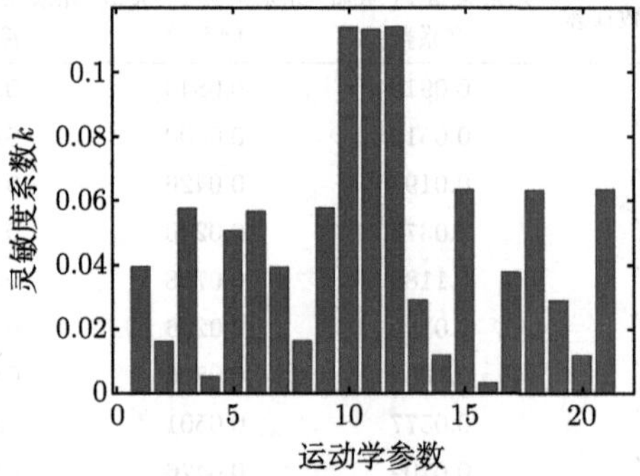

图 5.6　对全部冗余柔索各运动学参数灵敏度系数 ($h_z = 0.7$m)

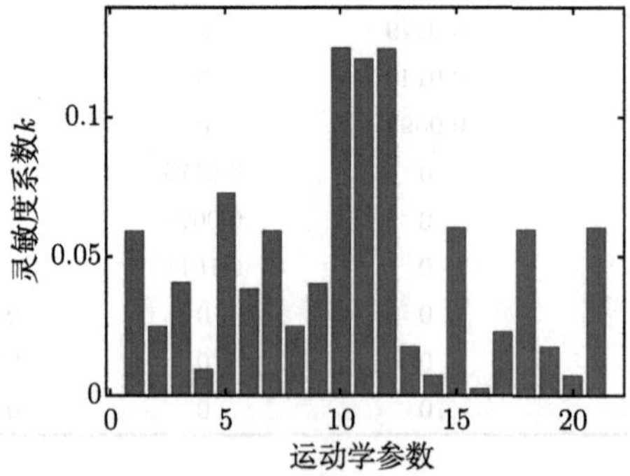

图 5.7　对全部冗余柔索各运动学参数灵敏度系数 ($h_z = 0.4$m)

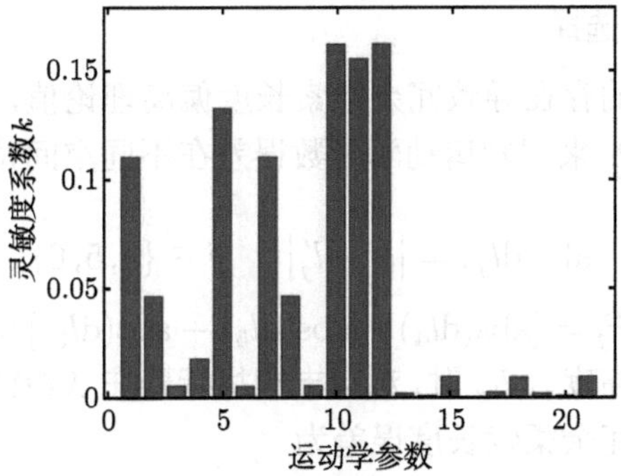

图 5.8 对全部冗余柔索各运动学参数灵敏度系数 ($h_z = 0.1\text{m}$)

由图 5.5～图 5.8 可知，随着末端执行器运行高度的下降，上部出绳孔位置 $x''_j, y''_j, z''_j(j = 4, 5, 6)$ 的灵敏度值变小，且下部出绳孔 $z''_i(i = 1, 2, 3)$ 的灵敏度值也不断变小。这说明上述参数值随着末端运行高度下降，对冗余柔索绳长的影响程度也减弱。由表 5.1 可知，在整个可达工作空间内，对于全部冗余柔索灵敏度系数小于 0.01 的运动学参数有 x''_j, y''_j，可以在运动学自标定研究时不考虑这 6 个运动学参数误差。柔索间的相互作用使柔索始终处于张紧状态，且出绳孔 Z 方向的位置误差相对容易控制，可以将 z''_i, z''_j 运动学参数误差忽略。因此，在进行运动学自标定研究时，可以只考虑 $x''_i, y''_i, l'_i(i = 1, 2, 3)$ 这 9 个运动学参数误差，方便后续运动学自标定及误差补偿。

5.2 运动学自标定研究

在对冗余柔索并联 3D 打印机构进行自标定之前，为了提高自标定的效果，需要对自标定点进行选取。由于上部冗余构件处的弹簧和柔索存在传递滞后，末端执行器在运动过程中，冗余柔索实际长度误差和传感器测量误差无法形成一一对应。为了减少传感器测量误差，尽量忽略传递滞后对自标定的影响，必须选择冗余柔索长度误差较大的点。随机给定运动学参数误差，通过仿真分析不同高度下以及同一平面不同位置处的冗余柔索长度误差，确定自标定位置点，为后续的运动学自标定奠定基础。

为了对运动学参数误差进行补偿，本节提出了一种基于遗传算法多目标优化的自标定方法，利用冗余柔索长度偏差来求解运动学参数偏差。测出末端执行器运动过程中冗余柔索误差长度的变化，然后建立适应度函数，通过带精英策略的快速非支配排序遗传算法求解运动学参数误差，并进行补偿。对比自标定前、后末端执行器的运行位置，证明此方法可以提高机构的运动精度。

5.2.1 自标定位置的选择

运动学参数误差的存在导致冗余柔索长度偏离理论值，在理论长度值上下波动。利用 $\mathrm{abs}(\mathrm{d}l_j)$、$P_j$ 来评判运动学参数误差在不同空间位置对冗余柔索长度误差的影响。

$$\mathrm{abs}(\mathrm{d}l_j) = \left|l_j - l_j'\right|, \quad j \in \{4,5,6\} \tag{5.16}$$

$$P_j = [\mathrm{abs}(\mathrm{d}l_4) + \mathrm{abs}(\mathrm{d}l_5) + \mathrm{abs}(\mathrm{d}l_6)]/3 \tag{5.17}$$

当末端执行器运行的高度为 h_z 时，对应末端执行器在 XOY 的工作平面为 $S(h_z)$，此运行高度下的平均冗余柔索长度误差为

$$\overline{P}_j(h_z) = \frac{\displaystyle\int_{S(h_z)} P_j \mathrm{d}S(h_z)}{S(h_z)} \tag{5.18}$$

式中，$\mathrm{abs}(\mathrm{d}l_j)$ 为冗余柔索 l_j 长度误差的绝对值；$S(h_z)$ 为末端执行器高度为 h_z 时，在可达工作空间内 XOY 平面点的集合。

随机给定出绳孔的位置误差 (取值空间为 [−2mm, 2mm]) 和驱动柔索长度误差 (取值空间为 [−2mm, 2mm])：$\Delta x_1 = 1.32$、$\Delta y_1 = 0.87$、$\Delta x_2 = 1.72$、$\Delta y_2 = -1.55$、$\Delta x_3 = -1.34$、$\Delta y_3 = 1.48$、$\Delta l_1 = 1.58$、$\Delta l_2 = 0.92$、$\Delta l_3 = 1.03$。改变末端执行器的运行高度，不同高度面的平均冗余柔索长度误差 $\overline{P}_j(h_z)$ 的变化如图 5.9 所示。由图 5.9 可知，在运动参数误差一定的情况下，末端执行器运行平面高度 h_z 值越小，平均冗余柔索长度误差 $\overline{P}_j(h_z)$ 就越大。末端执行器在不同的运行高度时，给定运动学参数误差对冗余柔索长度误差的影响程度是不相同的。分别取末端执行器在距离下部出绳孔位置高度 h_z=0.1m、0.4m、0.7m、1.0m 处运动，冗余柔索长度误差 P_j 在可达工作空间 XOY 平面的变化如图 5.10~图 5.13 所示。

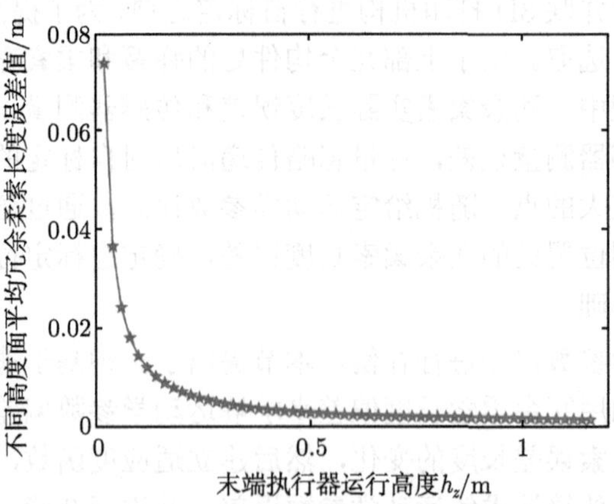

图 5.9 末端执行器不同高度时 $\overline{P}_j(h_z)$ 的变化

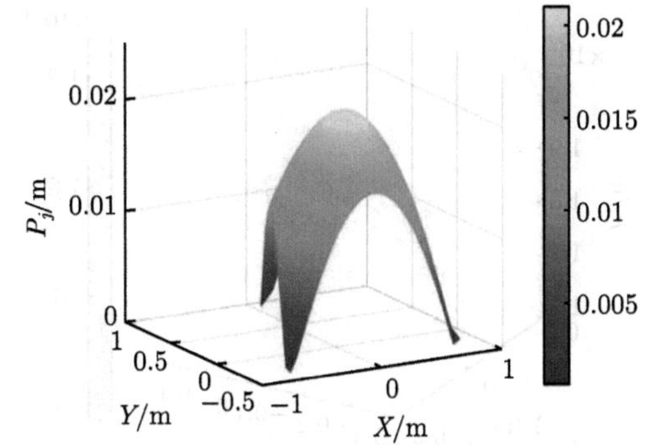

图 5.10 $h_z = 0.1\text{m}$ 时 P_j 在 XOY 面的误差分布

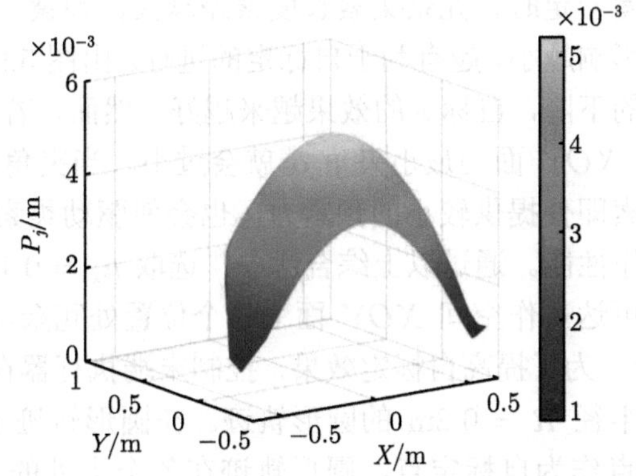

图 5.11 $h_z = 0.4\text{m}$ 时 P_j 在 XOY 面的误差分布

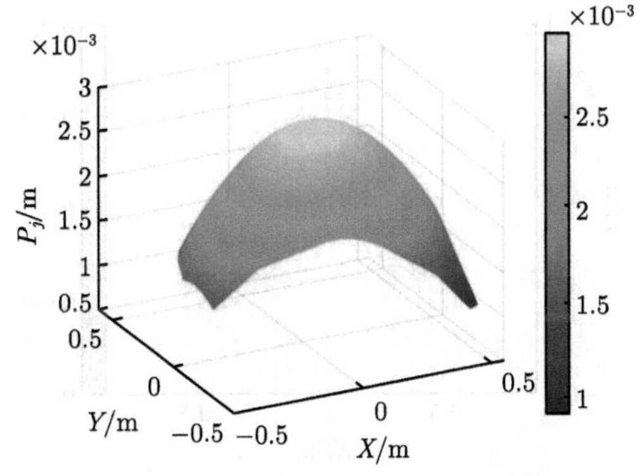

图 5.12 $h_z = 0.7\text{m}$ 时 P_j 在 XOY 面的误差分布

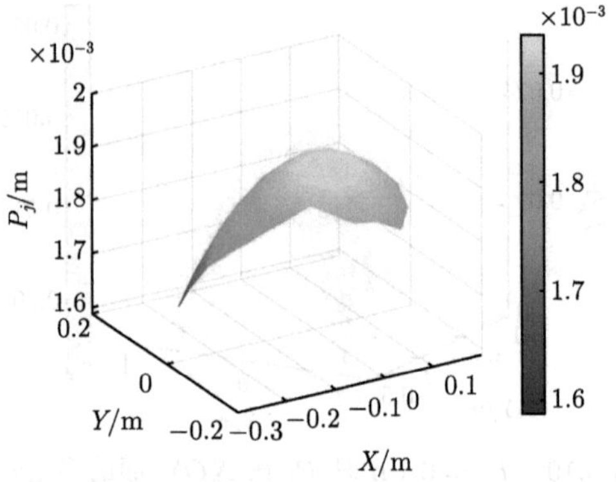

图 5.13　$h_z = 1.0\text{m}$ 时 P_j 在 XOY 面的误差分布

运动学参数误差一定时，冗余柔索长度误差越大，弹簧、柔索造成的传递滞后对传感器测量的影响越小，越有利于自标定的进行。由图 5.9 分析可知，随着末端执行器运行高度的下降，自标定的效果越来越好。然而，若末端运行高度过低，驱动柔索 l_i 相对于 XOY 面的最小夹角 α 就会过小。当夹角 α 过小时，由力的平衡可知，冗余柔索即使提供较小的预紧力，也会使驱动柔索拉力特别大，这会影响驱动电机的工作性能。通过以上综合考虑，选取 $h_z = 0.1\text{m}$ 为自标定的运行高度平面。此时在可达工作空间 XOY 面上各个位置处冗余柔索长度误差 P_j 的分布如图 5.14 所示。为了提高自标定效果，控制末端执行器在高度为 $h_z = 0.1\text{m}$ 平面上，运行一个半径 $R = 0.2\text{m}$ 的圆形轨迹。在圆形轨迹上均匀取 100 个点，选取 P_j 最大时的点作为自标定点，圆形轨迹在各个点处的 $\text{abs}(\text{d}l_j)$ 和 P_j 如图 5.15 所示。末端执行器处于点 6、7、8 时的 P_j 值较大，这 3 个点处的理论驱动柔索长度 l_1、l_2、l_3 和实际冗余柔索长度 l'_4、l'_5、l'_6 如表 5.2 所示。

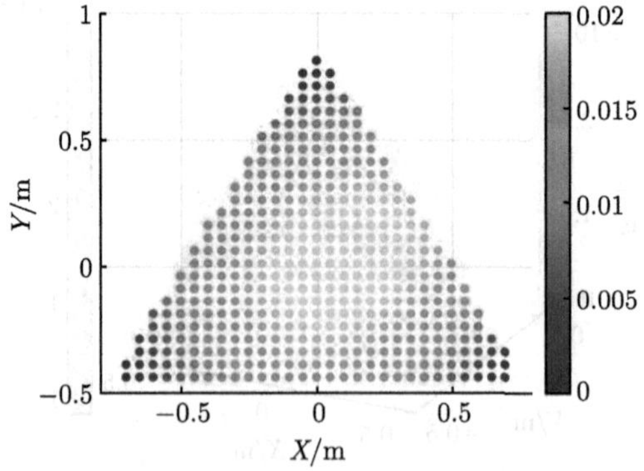

图 5.14　运行高度 $h_z = 0.1\text{m}$ 时 P_j 的分布

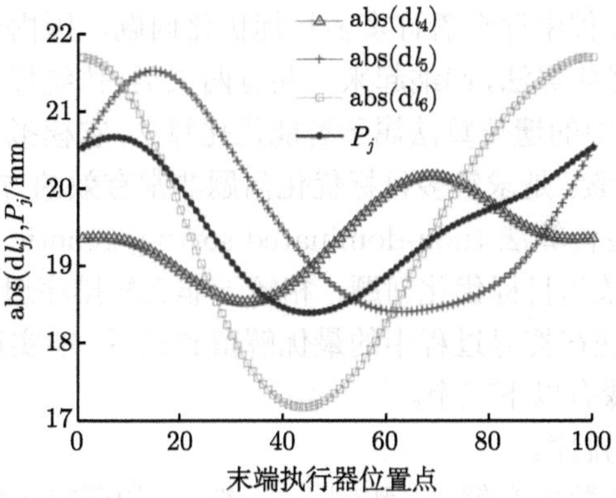

图 5.15 $h_z = 0.1\text{m}$，$R = 0.2\text{m}$ 时 abs(dl_j) 和 P_j

表 5.2 选取点处的理论驱动柔索长度和实际冗余柔索长度

柔索长度选取点	理论驱动柔索长度/mm			实际冗余柔索长度/mm		
	l_1	l_2	l_3	l'_4	l'_5	l'_6
6	1012.461	778.700	700.934	1908.989	1795.430	1763.036
7	1014.225	766.180	712.093	1909.923	1790.008	1767.516
8	1015.349	753.774	723.638	1910.525	1784.713	1772.220

5.2.2 运动学参数的误差识别

以上依次建立了冗余柔索长度和运动学参数之间的误差模型，通过灵敏度分析各个运动学参数误差对冗余柔索长度误差的影响程度，并利用冗余柔索在不同工作空间中的误差大小确定了自标定位置点。将自标定位置点 6、7、8 处的理论驱动柔索长度和实际冗余柔索长度代入式 (5.7)，可以建立 9 个方程，形成方程组。由于运动学参数误差值较多，且参数之间相互耦合，很难求出准确的解析解，只能求出相对较优解。本节主要内容是采用遗传算法，对多目标问题进行优化，求出帕累托 (Pareto) 最优解集，选取优化识别误差最优的一组解。然后对运动学参数的位置误差、柔索长度误差进行补偿，以达到改善末端执行器运动精度的目的。

1) 多目标优化算法

在实际工作和解决问题时，有时会面临着多个相互制约的选择方案，将每个可以选择的方案称为目标函数，这就是多目标优化问题。在工业生产中，所有的目标问题非常难以同时得到最优解集，多目标优化问题是非常常见的。在求解多目标问题时，一般其中一个目标函数优化会导致其他的目标函数弱化，因此我们需要用一个折中的 Pareto 最优解集来解决这个问题。

在工业生产的过程中存在着许多多目标优化问题，国内外学者为解决这些问题提出了针对性的优化算法，归纳起来一共有两大类：传统优化算法和智能优化算法。多目标优化算法中的遗传算法属于智能优化算法，它模拟自然界生物的进化过程，对最优解进行搜索，是求解多目标优化问题非常有效的方法。其中带精英策略的快速非支配排序遗传算法 (non-dominated sorting genetic algorithm Ⅱ, NSGA-Ⅱ) 适用于多优化参数的目标优化问题，相较于非支配排序遗传算法 (NSGA)，使用 NSGA-Ⅱ 可以保证在搜寻过程中的最优解留到最后，能实现快速、准确的搜索。NSGA-Ⅱ 的主要步骤有以下三个。

(1) 快速非支配排序。

在多目标优化函数中有解 x_1 和解 x_2，若 x_1 的所有目标函数值都小于等于 x_2 对应的目标函数值，并且存在所有的值中有一个值比 x_2 小，那么解 x_1 是解 x_2 的非支配解。快速非支配排序是一个循环分级的过程：首先找出群体中的非支配解集，记为第一非支配层，$i_{\text{rank}} = 1$(i_{rank} 是个体 i 的非支配值)，将其从群体中除去，继续寻找群体中的非支配解集，记为第二非支配层，$i_{\text{rank}} = 2$。依次进行非支配排序。

(2) 个体拥挤距离。

为了使计算的结果在目标空间可以均匀分布，还需要计算个体与个体之间的拥挤距离，并选取拥挤距离大的个体，拥挤度的计算方法 [11] 为

$$L[x_i]_d = L[x_i]_d + \frac{f_m(x_i+1) - f_m(x_i-1)}{f_m^{\max} - f_m^{\min}} \tag{5.19}$$

式中，$L[x_i]_d$ 为第 i 个个体的拥挤度；$f_m(x_i+1)$ 为第 $i+1$ 个个体的第 m 个目标函数值；$f_m^{\max}$ 和 $f_m^{\min}$ 分别为集合中第 m 个目标函数的最大值和最小值。需要说明的是，排序后边界处个体的拥挤度设置为无穷大。

(3) 精英策略选择。

精英策略就是在进化过程中，生成的优良个体可以保留下来并且进入子代，以防止在进化过程中优良的个体不能够被保留下来，有利于算法的收敛。将保留下来的父代和新的子代种群进行合并，形成了新的种群，对新的种群进行排序，依次进行进化。

NSGA-Ⅱ 基本流程如图 5.16 所示。

NSGA-Ⅱ 能够快速高效地解决多目标优化问题，弥补了 NSGA 算法容易将最优解丢失的缺陷。本书采取基于 NSGA-Ⅱ 改进的 gamultiobj 优化函数，这个算法对个体的选择主要根据序值的大小和个体的拥挤度，它能够方便快捷地解决多目标优化问题。相较于 NSGA-Ⅱ，它有着特有的概念——最优前端个体系数 (ParetoFraction)，它和种群大小共同决定了最优前端个体数。具体计算如下。

最优前端个体数 =min{ParetoFraction × 种群大小，前端中现存的个体数目}

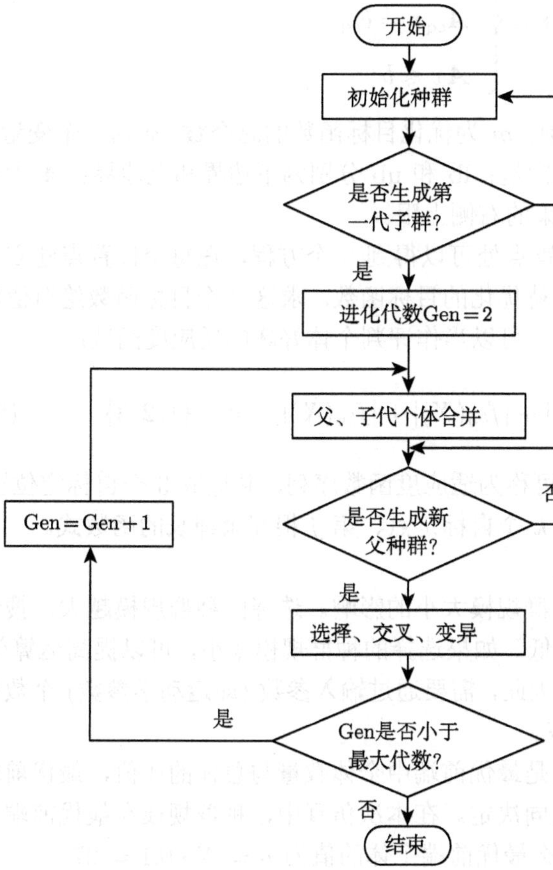

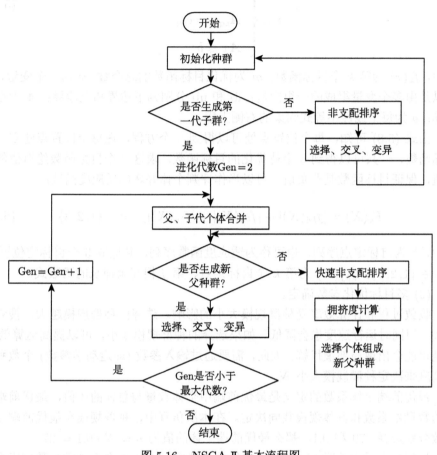

图 5.16 NSGA-Ⅱ 基本流程图

2) 多目标优化操作

(1) 适应度函数确定。

选取适应度函数在多目标优化遗传算法中是非常重要的，它的选取影响进化过程中的收敛速度以及最优解求得的好坏。在进化过程中，依据适应度函数进行最优解的搜索，对每个搜索到的解代入适应度函数进行计算，最终评判解的优劣，另外需要保证适应度值是非负的。目标函数是我们希望优化的函数，其优化目标可以是求取最大值或最小值，且函数值可正可负。多目标优化问题一般有多个目标函数需要去优化，并且所优化的目标函数之间也可能会互相影响。它的一般公式可以表示为

$$
\min[f_1(x), f_2(x), \cdots, f_m(x)]
$$
$$
\text{s.t.}\begin{cases} \text{lb} \leqslant x \leqslant \text{ub} \\ \boldsymbol{A}_{\text{eq}}x = b_{\text{eq}} \\ \boldsymbol{A}x \leqslant b \end{cases} \tag{5.20}
$$

式中，$f_k(x)$ 为第 k 个目标函数；m 为优化目标函数的总个数；x 为一个变量，也可以是由多个变量组成的一组向量；lb 和 ub 分别为下边界和上边界；$\boldsymbol{A}$ 为系数矩阵；b 为每个线性不等式约束的右侧上限。

由式 (5.8) 可知，每个位置点处可以得到 3 个方程，在每个位置点建立一个目标函数，一共可以得到 3 个待优化的目标函数。求这 3 个目标函数绝对值的最小值，保证目标函数是非负值，可以当作评判个体好坏的适应度函数：

$$
F_k(X) = |f_{k4}(X)| + |f_{k5}(X)| + |f_{k6}(X)|, \quad k \in \{1,2,3\} \tag{5.21}
$$

式中，k 为自标定点序列，也可称为适应度函数序列，共选取 3 个自标定位置点，即 $k \in \{1,2,3\}$；$f_{kj}(X)$ 为第 k 个自标定点、第 j 根冗余绳长的函数式。

(2) 多目标优化参数确定。

收敛过程和计算效率受种群规模大小的影响。选择的种群规模越大，搜索越彻底，但同时运行速度也会降低。如果选择的种群规模太小，可以提高运算效率，但是可能会出现局部最优解。因此，需要通过输入参数 (即运动学参数) 个数和搜索精度来决定种群规模大小 N。

最优前端个体系数的定义是最优前端中个体数量与总体的比值，最优前端个体的数量由系数和群体规模共同决定。在本次仿真中，种群规模和最优前端个体系数分别选择 270 和 0.1。那么最优前端个体的值为 $n = N\times 0.1 = 27$。

根据冗余柔索并联 3D 打印机构的结构情况，给定 9 个运动学参数搜索空间的上、下限。对于 6 个位置参数误差，下限值为 $[-2,-2,-2,-2,-2,-2]$，上限值为 [2,2,2,2,2,2]；对于 3 个驱动柔索长度误差，下限值为 $[-2,-2,-2]$，上限值为 [2,2,2]。在本次仿真实验中，交叉概率和变异概率分别取 0.25 和 0.8，当进化代数达到 500 时，算法将停止运行。

3) 优化结果处理

将上述参数代入程序，第一前端 Pareto 个体最优解的分布情况如图 5.17 所示，3 个目标函数的最优值 F_k 如图 5.18 所示。

为了兼顾所有的目标函数，选择每个目标函数值最小时的一组运动学参数辨识误差。通过仿真可知，目标函数 $F_1(X)$ 的值最小时，对应的辨识误差是第 2 组；目标函数 $F_2(X)$ 的值最小时，对应的辨识误差是第 1 组；目标函数 $F_3(X)$ 的值最小时，对应的辨识误差是第 8 组。将这 3 组求得的各个运动学参数辨识误差分别求平均值，即优化识别误差。基于优化识别误差对 9 个运动学参数进行补偿，自标定前、后的运动学参数误差如表 5.3 所示。

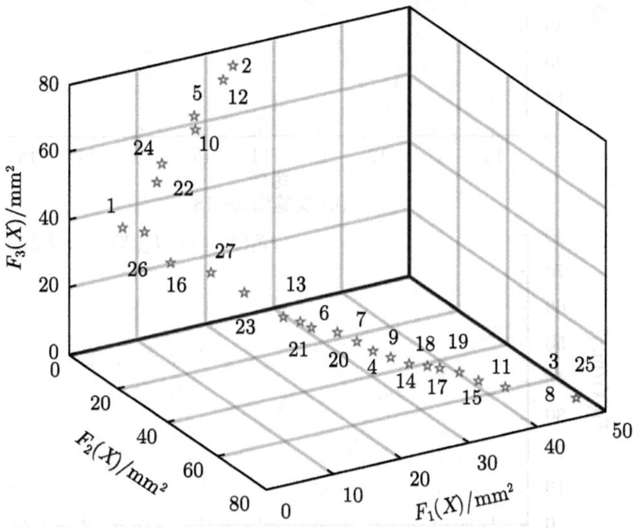

图 5.17 第一前端 Pareto 个体最优解的分布情况

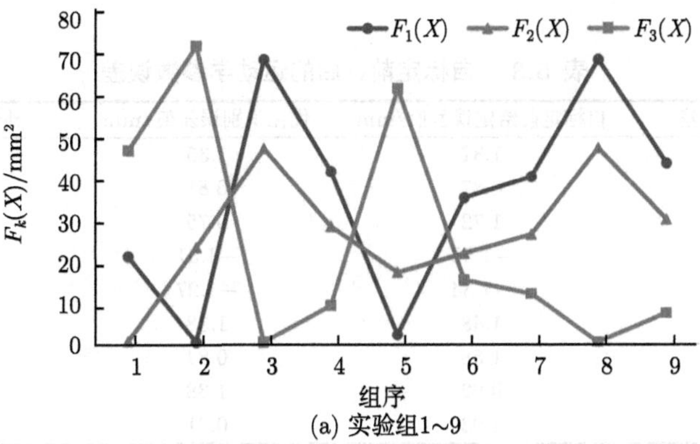

(a) 实验组1~9

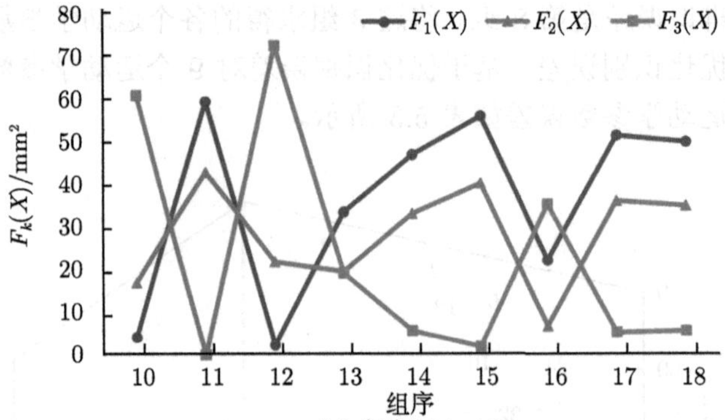

(b) 实验组10~18

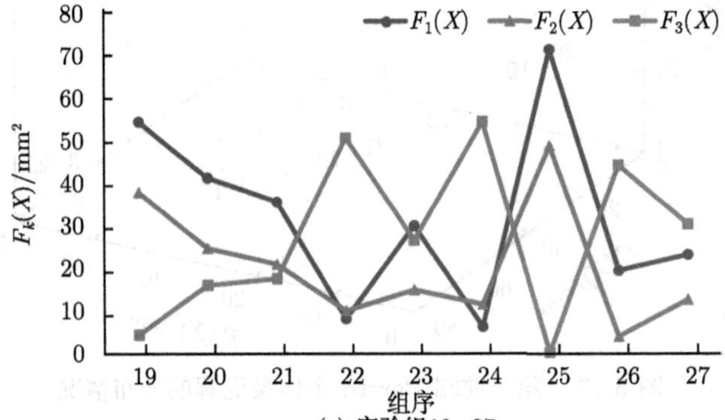

(c) 实验组19~27

图 5.18 最优值 $F_k(k=1,2,3)$ 的曲线图

表 5.3 自标定前、后的运动学参数误差

运动学参数误差	自标定前给定误差值/mm	优化识别误差值/mm	补偿后误差值/mm
Δx_1	1.32	1.35	−0.03
Δy_1	0.87	0.81	0.06
Δx_2	1.72	0.75	0.97
Δy_2	−1.55	−1.31	−0.24
Δx_3	−1.34	−1.27	−0.07
Δy_3	1.48	1.38	0.1
Δl_1	1.58	0.84	0.74
Δl_2	0.92	1.38	−0.46
Δl_3	1.03	0.21	0.82

5.2.3 自标定方法的仿真实验验证

通过上述自标定，将自标定前给定误差和补偿后的误差输入运动学模型中，通过柔索驱动末端执行器运动。在 h_z 为 100mm、500mm 和 900mm 的高度平面中，自标定前、后的末端执行器位置相较于理论位置如图 5.19~ 图 5.21 所示。在

不同的高度平面中，均匀地选择末端位置点并计算每个点 X、Y 和 Z 方向位置误差的绝对值。将每个高度面自标定前、后的误差绝对值求平均，如表 5.4 所示。

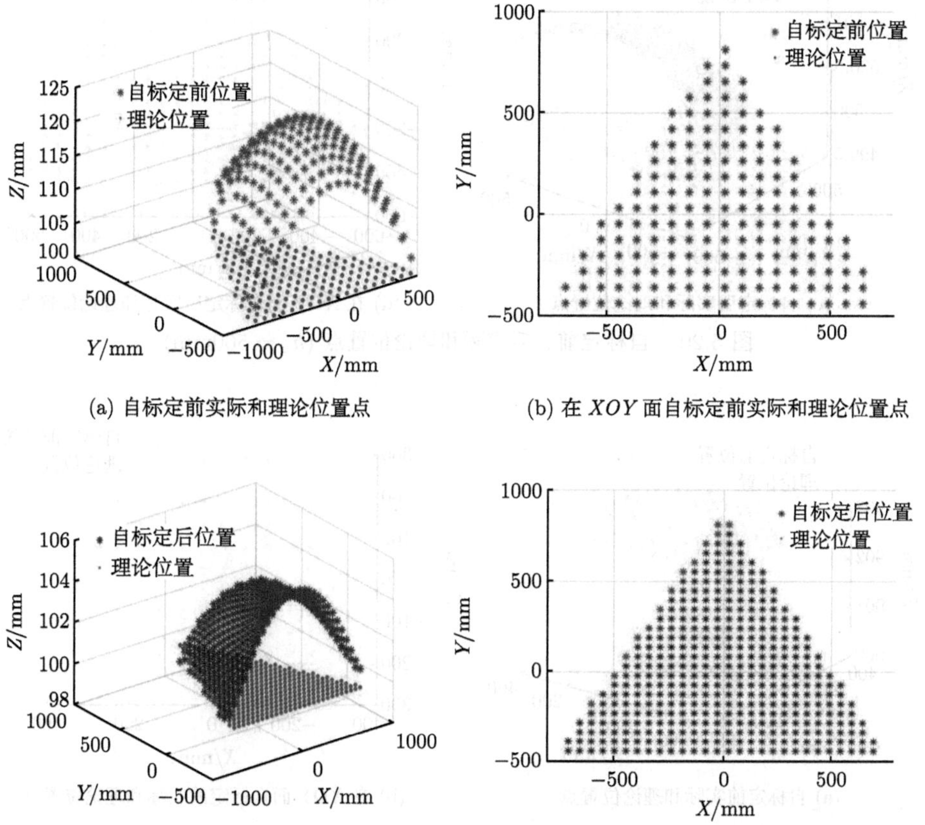

(a) 自标定前实际和理论位置点

(b) 在 XOY 面自标定前实际和理论位置点

(c) 自标定后实际和理论位置点

(d) 在 XOY 面自标定后实际和理论位置点

图 5.19 自标定前、后实际和理论位置点 ($h_z = 100\text{mm}$)

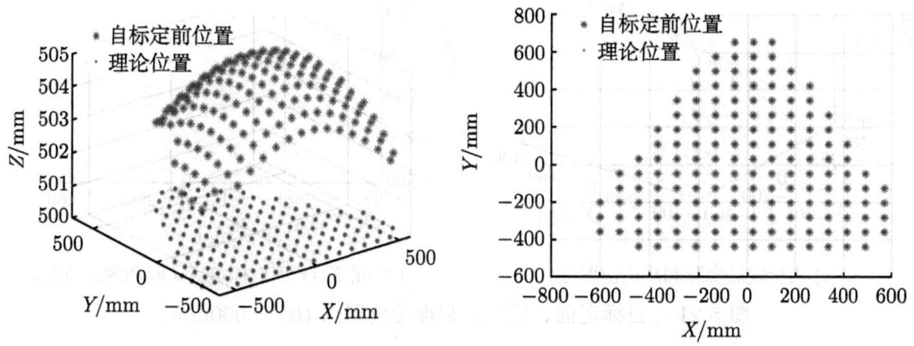

(a) 自标定前实际和理论位置点

(b) 在 XOY 面自标定前实际和理论位置点

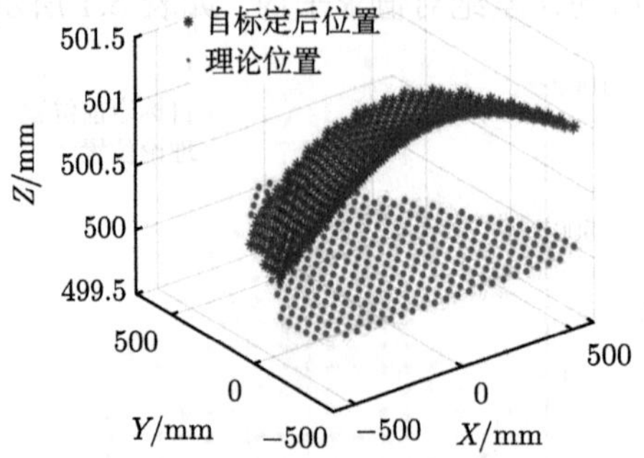

(c) 自标定后实际和理论位置点

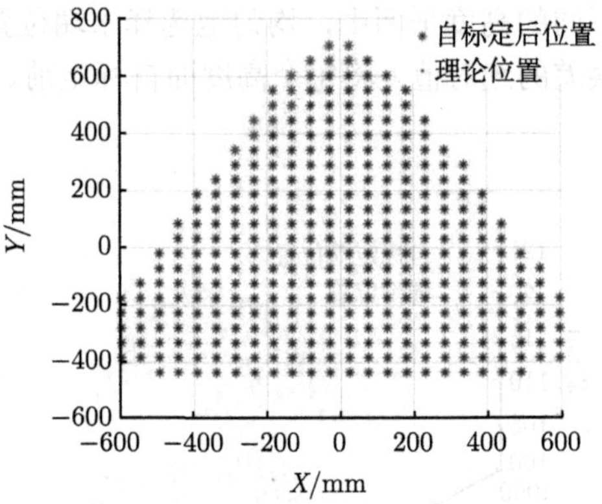

(d) 在 XOY 面自标定后实际和理论位置点

图 5.20　自标定前、后实际和理论位置点 ($h_z = 500$mm)

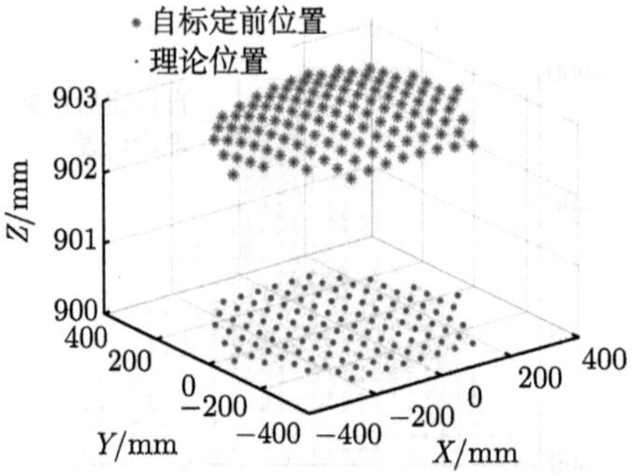

(a) 自标定前实际和理论位置点

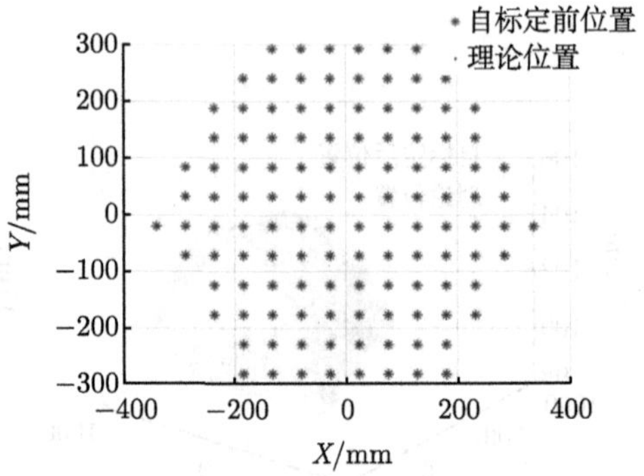

(b) 在 XOY 面自标定前实际和理论位置点

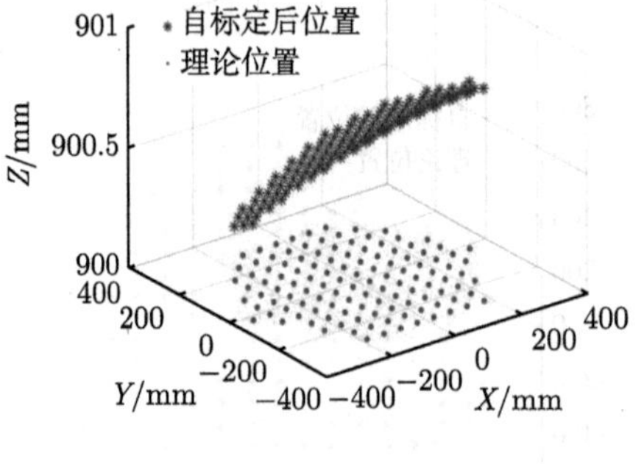

(c) 自标定后实际和理论位置点

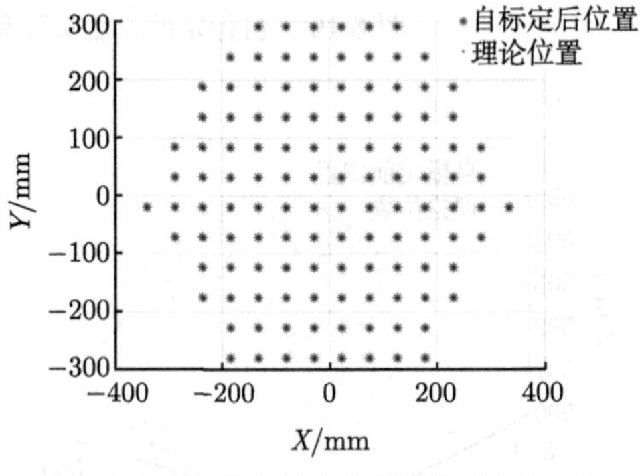

(d) 在 XOY 面自标定后实际和理论位置点

图 5.21　自标定前、后实际和理论位置点 ($h_z = 900$mm)

表 5.4 自标定前、后不同高度误差绝对值的平均值

末端执行器运行高度 h_z/mm	标定状态	平均绝对值误差/mm			
		X	Y	Z	$\sqrt{X^2+Y^2+Z^2}$
100	自标定前末端误差	0.907	0.976	15.508	15.565
	自标定后末端误差	0.277	0.763	2.984	3.092
500	自标定前末端误差	0.794	0.899	3.947	4.126
	自标定后末端误差	0.225	0.905	0.777	1.214
900	自标定前末端误差	0.455	0.613	2.935	3.033
	自标定后末端误差	0.141	1.133	0.580	1.280

分析图 5.19~ 图 5.21 和表 5.4 可知，末端喷头 Z 方向的位置精度受运动学参数误差的影响较大。冗余柔索并联 3D 打印机构的末端执行器在下部运行时 Z 方向的误差值要明显高于在上部运行时 Z 方向的误差值。运动学自标定后，对比分析末端执行器在不同高度面时绝对值误差的平均值，空间位置误差 $\sqrt{X^2+Y^2+Z^2}$ 的值明显减小，X 和 Z 方向的运动精度都得到了明显的提高，但是末端执行器的运动精度还是不能满足 3D 打印工作的精度要求，需要进一步地提高机构的打印精度。本节通过运用仿真证明了此自标定方法的有效性，为后续运动学自标定实验提供了指导和理论依据。

5.3 本章小结

本章首先分析了造成冗余柔索并联 3D 打印机构末端执行器位置误差的误差源，选择主要误差源进行误差建模。以末端执行器为中介，建立了冗余柔索长度误差和运动学参数误差之间的映射模型，即机构的误差模型。其次，为更直观地看出各个误差源对冗余柔索长度误差的影响程度，利用误差传递矩阵，定量分析各个误差源的灵敏度值，为后续自标定时误差源的选取提供了依据。进一步地，为达到更好的自标定效果，对自标定位置点进行选取。再次，针对冗余柔索并联 3D 打印机构，提出了一种基于遗传算法多目标优化的自标定方法，利用冗余柔索长度偏差来求解运动学参数偏差。最后，通过仿真实验，对比自标定前、后末端执行器在不同高度面时的运动精度，证明了此方法的正确性。此自标定方法测试简便、成本较低，并且通用于其他的冗余机构，为冗余柔索并联机器人自标定提供了一个新的思路。

参 考 文 献

[1] 唐礼庆, 陈根良, 吴海宇, 等. 平面 3-RPR 并联机构运动学参数标定 [J]. 机械设计与研究, 2021, 37(4): 53-56.

[2] Zhang F, Shang W W, Li G J, et al. Calibration of geometric parameters and error compensation of non-geometric parameters for cable-driven parallel robots[J]. Mechatronics, 2021, 77: 102595.

[3] 李虹, 王庆峰, 王新宇, 等. 一种 3 自由度颈椎牵引康复机构的误差分析与补偿 [J]. 机械传动, 2022, 46(7): 131-138.

[4] 李政清, 侯森浩, 韦金昊, 等. 面向仓储物流的平面索并联机器人视觉自标定方法 [J]. 清华大学学报 (自然科学版), 2022, 62(9): 1508-1515.

[5] 夏纯, 张海峰, 李秦川, 等. 基于等效运动链的并联机器人运动学标定方法 [J]. 机械工程学报, 2022, 58(14): 71-84.

[6] Gao J, Zhou B, Zi B, et al. Kinematic uncertainty analysis of a cable-driven parallel robot based on an error transfer model[J]. Journal of Mechanisms and Robotics, 2022, 14(5): 051008.

[7] Zhang Z K, Xie G Q, Shao Z F, et al. Kinematic calibration of cable-driven parallel robots considering the pulley kinematics[J]. Mechanism and Machine Theory, 2022, 169: 104648.

[8] Mattioni V, Idà E, Carricato M. Force-distribution sensitivity to cable-tension errors in overconstrained cable-driven parallel robots[J]. Mechanism and Machine Theory, 2022, 175: 104940.

[9] Liu Z, Qin Z W, Gao H B, et al. Initial-pose self-calibration for redundant cable-driven parallel robot using force sensors under hybrid joint-space control[J]. IEEE Robotics and Automation Letters, 2023, 8(3): 1367-1374.

[10] 杨逸波, 汪满新. R(RPS&RP)&2-UPS 并联机构位置精度可靠性建模与分析 [J]. 机械工程学报, 2023, 59(15): 62-72.

[11] Deb K, Pratap A, Agarwal S, et al. A fast and elitist multiobjective genetic algorithm: NSGA-II[J]. IEEE Transactions on Evolutionary Computation, 2002, 6(2):182-197.

第6章 刚柔耦合3D打印机器人动力学轨迹规划

机器人的动力学轨迹规划是指在轨迹规划的过程中引入力约束作为规划条件，通过动力学和运动学的求解得到满足预期条件的末端效应器运行轨迹或机器人关节轨迹，相对无力学约束的轨迹规划有条件得到更为柔顺的加速度甚至跃度。机器人轨迹规划所采用的轨迹曲线主要包括三角函数曲线和多项式曲线，二者各有其应用的优势，在利用三角函数进行轨迹规划时可以在不对末端轨迹进行离散的情况下得到全局的约束条件，以并联柔索机构为例，利用三角函数进行轨迹规划时其可得到与三角函数频率有关的全局索力约束条件，与多项式曲线相比其大大减轻了解算力约束条件的运算量，但三角函数轨迹却很难得到首末段加速度自零开始的轨迹。因此在进行对机器人轨迹规划时，在对轨迹柔顺性具有较高的要求时则宜采用多项式曲线，而对运算效率和全局条件求解效率有较高要求时则宜采用三角函数曲线。在进行机器人的轨迹规划时往往需要对所规划轨迹的对应参数进行多目标的优化，其常采用的方法有主要目标法、协调曲线法、统一目标法和功效系数法。主要目标法主要是在进行多目标优化时，在抓住一个主要目标的同时兼顾其他目标；而协调曲线法主要用来解决在多目标优化过程中各目标间存在相互矛盾关系的协调优化方法，统一目标法主要是将多目标问题通过统一的目标函数转化为一个单目标优化的问题，通过各目标间的权值来协调各优化目标间的关系以达到预期优化的目的，与统一目标优化法相比，功效系数法的主要优势是可以防止多目标优化过程中在总的评价函数达到最优结果时某一目标出现最劣结果，这是其他优化方法难以解决的问题。

Zhang 等 [1] 提出了一种算法，通过对加速度设置限制，使四阶 B 样条曲线得到了通过过渡点的平滑轨迹。Wang 等 [2] 提出了一种基于运动传递特性的新型平滑轨迹规划方法。采用 7 次 B 样条曲线对微运动平行机构在笛卡儿空间中的姿态进行插值，使得速度、加速度和冲击有界且连续。梅江平等 [3,4] 以机械手运动学正解模型为基础，在关节空间利用 5 次非均匀有理 B 样条运动规律建立关节空间运动特征到操作空间运动特征的映射关系。Li 等 [5] 提出了一种新的、高效的方法，用于高速拾取与放置平行机器人的最优平滑轨迹规划。拾放路径在笛卡儿空间中分解为两个正交坐标轴，沿每个轴使用 5 次 B 样条曲线生成运动曲线，以实现 C4-连续性。曾德全等 [6] 设计了一种高实时连续规划算法。三次 B

样条轨迹生成，实现结果的连续平滑；结合执行器约束，限制轨迹的曲率，实现轨迹可执行性。Idà 等 [7] 研究了在规定了运动时间和路径几何形状的情况下，对欠驱动索驱动并联机器人进行从静止到静止的运动轨迹规划。李国洪和王远亮 [8] 采用端点导矢指定的全局 7 次 B 样条曲线连接各相邻路径点，使其关节运动轨迹曲线、速度曲线、加速度曲线、加加速度曲线均连续平滑，且起始和停止运动参数可控，提高了轨迹跟踪精度，减少了关节间的损耗。Qian 等 [9] 提出了一种基于改进的 5 次 B 样条曲线的 3 自由度索驱动并联机器人的轨迹规划方法。

本章对所提出的并联柔索 3D 打印机进行动力学轨迹规划，基于改进的 5 次 B 样条曲线对并联柔索机构进行动力学轨迹规划。B 样条曲线是一种具有较高灵活性的多项式曲线，相对于传统多项式曲线或贝塞尔多项式曲线，其能够以更低的多项式次数来实现相同阶数的导数，从而大大减轻了轨迹规划时的运算量。传统的 5 次 B 样条曲线为了保证轨迹两端跃度 (加加速度) 自零开始和其柔顺性，其导致轨迹加速段的速度变化过大，而过大的加速度难免会导致机构的振动和驱动关节的冲击，本章通过设计 B 样条曲线正则路径参数与时间的函数关系提出了一种改进的 B 样条曲线，其在保证跃度层面轨迹柔顺的同时减小了轨迹速度和跃度的峰值。进一步地，基于改进的 B 样条曲线，针对特定的轨迹给出了一种轨迹插值的方法，因为 B 样条曲线具有较高灵活性的特点，其插值方法具有一般性，可以推演至其他各类给定的轨迹。通过对轨迹进行插值的方法，本章将利用改进的 5 次 B 样条曲线的一阶和二阶导数，进而利用 B 样条曲线的参数来表示并联柔索机构的索力的约束条件，为针对轨迹的多目标优化准备了条件。最后进行数值仿真分析，通过与传统的 B 样条轨迹规划的运动学参数进行比较，验证了改进的 5 次 B 样条曲线在轨迹运动学性能和低能耗方面的优势。

6.1　B 样条曲线的改进

B 样条曲线本质上是一种多项式曲线，是 B 样条基函数的一种线性组合，表示出了贝塞尔多项式曲线的一般形式，同时与其他多项式曲线相比，在相同次数的情况下其可实现更高阶的导数的柔顺，这较高灵活性的特点使其广泛地应用到计算机图形学、计算机辅助设计、机器人轨迹规划、加工母机的轨迹规划和计算机视觉等方面。一个 k 次的 B 样条曲线是由最高次数为 k 次的基函数递归而成，第 i 个 k 次的基函数定义为 $N_{i,k}(u)$，给定样条曲线的控制点 Q_i 和路径参数 $u(0 \leqslant u < 1)$，B 样条曲线 $C(u)$ 的一般公式可写为

$$C(u) = \sum_{i=1}^{n_1} Q_i N_{i,k}(u) \tag{6.1}$$

式中，n_1 为 B 样条曲线控制点 Q_i 的数目。B 样条基函数 $N_{i,k}(u)$ 的 Cox-de Boor 递归公式可表示如下：

$$\begin{cases} N_{i,0}(u) = \begin{cases} 1, & u_i \leqslant u < u_{i+1} \\ 0, & \text{其他} \end{cases} \\ N_{i,k}(u) = \dfrac{u - u_i}{u_{i+k} - u_i} N_{i,k-1}(u) + \dfrac{u_{i+k+1} - u}{u_{i+k+1} - u_{i+1}} N_{i+1,k-1}(u) \end{cases} \tag{6.2}$$

式中，$u_i(i = 1, 2, \cdots, n_2 = n_1 + k + 1)$ 为节点向量，其为从路径参数 u 中选取的 n_2 个离散点，且集合 $u = [u_1, u_2, \cdots, u_{n_2}]$ 是由 0 到 1 内的 n_2 个非递减数，即 $u_1 \leqslant u_2 \leqslant \cdots \leqslant u_{n_2}$，其中的半开区间 $[u_i, u_{i+1})$ 被称为第 i 个节点区间，由于节点集合中的某些节点会相等，因此某些节点的区间会不存在，一个相同的节点 u_i 在节点集合中出现 n 次，则称 u_i 为重复度为 n 的多重节点。在利用 B 样条曲线拟合既定曲线时，需要给定 v 个位置-时间经过点序列，相应地需要至少 $n_2 = v + 2h$ 个节点来完成曲线插值拟合。

以往利用 B 样条曲线进行曲线拟合时，一般利用累积弦长参数化的方法对路径参数进行归一化，使得路径参数是时间 t 的线性函数，其数学表示可写为 $u = rt,\ r \in (0, +\infty)$。用 $t_i(i = 1, \cdots, v)$ 表示经过各间隔点时的时间节点，t_{all} 用来表示末端效应器经过各时间节点所需要的总时间。B 样条的节点集合 $u = [u_1, u_2, \cdots, u_{n_2}]$ 是通过对时间节点 t_i 进行归一化而得，由此传统的 B 样条节点和时间的关系可表示为

$$u_i = \begin{cases} 0, & 1 \leqslant i \leqslant k + 1 \\ u_{i-1} + \dfrac{|\Delta t_{i-k-1}|}{t_{\text{all}}}, & k + 2 \leqslant i \leqslant k + v + 1 \\ 1, & k + v + 2 \leqslant i \leqslant 2k + v + 2 \end{cases} \tag{6.3}$$

式中，$\Delta t_{i-k-1} = t_{i-k-1} - t_{i-k-2}$。

3D 打印所需的末端效应器轨迹对轨迹的稳定性要求较高，进一步地，如果轨迹具有耗能较少的特点，则此类轨迹更适合应用于工业生产中的 3D 打印。在相同的总运行时间内，轨迹的速度、加速度和跃度的绝对值越大，其相应轨迹的稳定性越好，尤其针对并联柔索机器人来说，整个运行轨迹中加速度和跃度的峰值越小，其因速度变化和加速度变化所产生的振动和冲击也就越小，较大的加速度变化易使驱动柔索产生不需要的颤动，大大影响机构的传动精度和稳定性。现根据上述实际的轨迹需要，将 B 样条曲线的路径参数 u 构造为时间的三次曲线的形式，其具体可表示为

$$u = a \cdot t^3 + b \cdot t^2 + c \cdot t \tag{6.4}$$

式中，$a=\dfrac{1}{2t_{\text{all}}^3}$；$b=\dfrac{3}{4t_{\text{all}}^2}$；$c=\dfrac{5}{4t_{\text{all}}}$。

相应地，其 B 样条曲线的节点可表示为

$$u_i=\begin{cases}0, & 1\leqslant i\leqslant k+1\\ (i-k-1)\dfrac{1}{v+1}, & k+3\leqslant i\leqslant k+v\\ 1, & k+v+2\leqslant i\leqslant 2k+v+2\end{cases}\tag{6.5}$$

因此，轨迹相应的时间节点序列可以表示为

$$t_i=t_a(u_{i+k})+t_b(u_{i+k}),\quad 1\leqslant i\leqslant v\tag{6.6}$$

式中，

$$\begin{aligned}t_a\left(u_{i+k}\right)=&\left\{\frac{u_{i+k}}{2a}-\frac{b^3}{27a^3}+\left[\left(\frac{u_{i+k}}{2a}-\frac{b^3}{27a^3}+\frac{bc}{6a^2}\right)^2\right.\right.\\&\left.\left.+\left(\frac{c}{3a}-\frac{b^2}{9a^2}\right)^3\right]^{1/3}+\frac{b\cdot c}{6a^2}\right\}^{1/3}-\frac{b}{3a}\end{aligned}\tag{6.7}$$

$$t_b(u_{i+k})=\frac{\dfrac{b^2}{9a^2}-\dfrac{c}{3a}}{t_{b1}}\tag{6.8}$$

$$t_{b1}=\left\{\frac{u_{i+k}}{2a}-\frac{b^3}{27a^3}+\left[\left(\frac{u_{i+k}}{2a}-\frac{b^3}{27a^3}+\frac{bc}{6a^2}\right)^2+\left(\frac{c}{3a}-\frac{b^2}{9a^2}\right)^3\right]^{1/2}+\frac{b\cdot c}{6a^2}\right\}^{1/3}\tag{6.9}$$

6.2 操作空间 B 样条轨迹规划

6.2.1 B 样条曲线的插值方法

本书轨迹规划中 B 样条曲线的应用主要是给定末端效应器在轨迹中的位置-时间序列和运动学参数的约束来进行轨迹的插值拟合。因为 k 次的 B 样条曲线具有 $k-1$ 阶的连续性，所以本书轨迹规划中所采用的 5 次 B 样条曲线能够保证轨迹在跃度层面的柔顺和连续。相应地，控制点数目与给定插值点数目的关系可表示为 $n_1=v+5$，B 样条曲线节点数目与给定插值点数目的关系可表示为 $n_2=12+v$。在轨迹规划的过程中，为了方便速度、加速度和跃度等运动学约束的施加，现需要对 B 样条曲线进行求导运算，以获得其相应的轨迹速度、加速度和跃度信息。

基于 B 样条曲线的基本性质，B 样条曲线相对于其路径参数的 r 阶导数可表示为

$$\frac{\mathrm{d}^r C(u)}{\mathrm{d}u^r} = \sum_{i=1}^{n-r} Q_{i,r} \cdot N_{i,k-r}(u) \tag{6.10}$$

式中，$Q_{i,r}(i = 1, 2, \cdots, n_1 - r)$ 为 B 样条曲线 r 阶导数的控制点，$0 < r \leqslant k$。$Q_{i,r}$ 具体形式表示如下：

$$Q_{i,r} = \frac{k - r + 1}{u_{i+k+1} - u_{i+r}}(Q_{i+1,r-1} - Q_{i,r-1}) \tag{6.11}$$

因此，B 样条曲线相对于时间 t 的一阶导数可表示为

$$C_v(u) = \dot{u}\left[\sum_{i=1}^{n-1} Q_{i,1} \cdot N_{i,k-1}(u)\right] \tag{6.12}$$

式中，$\dot{u} = -\dfrac{2}{t_{\mathrm{all}}^2}(t - t_{\mathrm{all}})$；$C_v(u)$ 为运动轨迹的速度曲线。相应地，B 样条曲线 $C(u)$ 相对于时间 t 的二阶导数可以表示为

$$C_a(u) = \ddot{u}\left[\sum_{i=1}^{n-1} Q_{i,1} \cdot N_{i,k-1}(u)\right] + \dot{u}^2\left[\sum_{i=1}^{n-2} Q_{i,2} \cdot N_{i,k-2}(u)\right] \tag{6.13}$$

式中，$\ddot{u} = -\dfrac{2}{t_{\mathrm{all}}^2}$；$C_a(u)$ 为末端效应器运行轨迹的加速度曲线。相应地，B 样条曲线 $C(u)$ 相对于时间 t 的二阶导数可以表示为

$$\begin{aligned} C_j(u) = &\dddot{u}\left[\sum_{i=1}^{n-1} Q_{i,1} \cdot N_{i,k-1}(u)\right] + 2\dot{u} \cdot \ddot{u}\left[\sum_{i=1}^{n-2} Q_{i,2} \cdot N_{i,k-2}(u)\right] \\ &+ \dot{u}^3\left[\sum_{i=1}^{n-3} Q_{i,3} \cdot N_{i,k-3}(u)\right] \end{aligned} \tag{6.14}$$

式中，$\dddot{u} = 0$；$C_j(u)$ 为末端效应器运行轨迹的跃度曲线。

由 B 样条曲线构造而成的路径的形状主要由控制点决定，现将所插值曲线的位置-时间序列代入式 (6.1) 中，通过构造约束方程进行逆运算来获得轨迹插值所需要的控制点。相应的约束方程可表示为

$$\begin{cases} C(0) = Q_1 = p_1, \\ C(t_j) = \displaystyle\sum_{i=1}^{n-1} Q_i \cdot N_{i,k}(t_j) = p_j, \quad j = 2, 3, \cdots, v - 1 \\ C(t_{\mathrm{all}}) = Q_v = p_v, \end{cases} \tag{6.15}$$

式中，$p_i(i=1,\cdots,v)$ 为位置节点序列。基于 B 样条曲线的特征，在任意一个节点区间 $[u_i,u_{i+1})$ 内至多只有 $k+1$ 个非零的 k 次非零的基函数，其为 $N_{i-k,k}(u)$, $N_{i-k+1,k}(u),\cdots,N_{i-1,k}(u)$ 和 $N_{i,k}(u)$。因此，B 样条曲线也可以表示为

$$\begin{cases} C_v(u_1^v)=\dot{u}\cdot Q_{1,1}=\dot{u}\cdot\dfrac{k}{u_{k+2}-u_2}(Q_{i+1}-Q_i)=0 \\ C_v(u_{m-2}^v)=\dot{u}\cdot Q_{n-1,1}=\dot{u}\cdot\dfrac{k}{u_{k+n}-u_n}(Q_{i+1}-Q_i)=0 \end{cases} \tag{6.16}$$

针对 B 样条曲线的差值，除了要考虑位置-时间节点序列的约束外，还要考虑初始位置和末端位置分别具有的速度、加速度和跃度的约束。首末端运动学参数约束的引入是：使得轨迹能够以零初始跃度开始和零初始跃度结束，大大提高了末端轨迹运行的稳定性。由式 (6.11) 可知，轨迹的速度曲线仍为 B 样条曲线，其轨迹的速度约束方程可以表示为

$$\begin{cases} C_v(u_1^v)=\dot{u}\cdot Q_{1,1}=\dot{u}\cdot\dfrac{k}{u_{k+2}-u_2}(Q_{i+1}-Q_i)=0 \\ C_v(u_{m-2}^v)=\dot{u}\cdot Q_{n-1,1}=\dot{u}\cdot\dfrac{k}{u_{k+n}-u_n}(Q_{i+1}-Q_i)=0 \end{cases} \tag{6.17}$$

式中，$u_i^v(i=1,\cdots,n_2-2)$ 和 $Q_{j,1}(j=1,\cdots,n_1-1)$ 分别为速度曲线的节点序列和控制点序列。根据式 (6.12)，其轨迹的加速度约束方程可以表示为

$$\begin{cases} C_a(u_1^a)=\ddot{u}\cdot Q_{1,1}+\dot{u}^2\cdot Q_{1,2}=\ddot{u}\cdot\dfrac{k}{u_{k+2}-u_2}(Q_2-Q_1) \\ \qquad\qquad +\dot{u}^2\cdot\dfrac{k-1}{u_{k+2}-u_3}(Q_{2,1}-Q_{1,1})=0 \\ C_a(u_{m-4}^a)=\ddot{u}\cdot Q_{n-1,1}+\dot{u}^2\cdot Q_{n-2,1}=\ddot{u}\cdot\dfrac{k}{u_{k+n}-u_n}(Q_n-Q_{n-1}) \\ \qquad\qquad +\dot{u}^2\cdot\dfrac{k-1}{u_{n+k-1}-u_n}(Q_{n-1,1}-Q_{n-2,1})=0 \end{cases} \tag{6.18}$$

式中，$u_i^a(i=1,\cdots,n_2-4)$、$Q_{j,1}(j=1,\cdots,n_1-1)$ 和 $Q_{j,2}(j=1,\cdots,n_1-2)$ 分别为轨迹加速度曲线的节点序列和控制点序列。根据式 (6.13)，其轨迹的跃度约束方程可以表示为

$$\begin{cases} C_j(u_1^j) = \dddot{u} \cdot Q_{1,1} + 3\dot{u} \cdot \ddot{u} \cdot Q_{1,2} + \dot{u}^3 \cdot Q_{1,3} \\ \qquad = 3\dot{u} \cdot \ddot{u} \cdot \dfrac{k-1}{u_{k+2} - u_3}(Q_{2,1} - Q_{1,1}) \\ \qquad\quad + \dot{u}^3 \cdot \dfrac{k-2}{u_{k+2} - u_4}(Q_{2,2} - Q_{1,2}) = 0 \\ C_j(u_{m-6}^j) = \dddot{u} \cdot Q_{n-1,1} + 3\dot{u} \cdot \ddot{u} \cdot Q_{n-2,1} + \dot{u}^3 \cdot Q_{n-3,3} \\ \qquad = 3\dot{u} \cdot \ddot{u} \cdot \dfrac{k-1}{u_{n+k-1} - u_n}(Q_{n-1,1} - Q_{n-2,1}) \\ \qquad\quad + \dot{u}^3 \cdot \dfrac{k-2}{u_{n+k-2} - u_n}(Q_{n-2,2} - Q_{n-3,2}) = 0 \end{cases} \tag{6.19}$$

式中，$u_i^j(i = 1, \cdots, n_2 - 2)$ 和 $Q_{j,1}(j = 1, \cdots, n_2 - 2)$ 分别为轨迹跃度曲线的节点序列和控制点序列。

现构造包含上述所有约束条件的 5 次 B 样条曲线，以进行柔索并联 3D 打印机末端效应器的轨迹规划，将式 (6.14)~ 式 (6.18) 联立，得到样条曲线的矩阵形式：

$$\boldsymbol{C}_N \boldsymbol{q} = \boldsymbol{P} \tag{6.20}$$

式中，$\boldsymbol{C}_N$ 为系数矩阵；$\boldsymbol{q}$ 为控制点的矢量集合；$\boldsymbol{P}$ 为规划 B 曲线的位置、速度、加速度和跃度的约束矢量，各参数具体表示如下：

$$\boldsymbol{q} = \begin{pmatrix} Q_1 & Q_2 & \cdots & Q_2 \end{pmatrix}^{\mathrm{T}} \tag{6.21}$$

$$\boldsymbol{P} = \begin{pmatrix} \boldsymbol{P}_1 \\ \boldsymbol{P}_2 \end{pmatrix} \tag{6.22}$$

$$\boldsymbol{P}_1 = \begin{pmatrix} p_1 & p_2 & \cdots & p_v \end{pmatrix}^{\mathrm{T}} \tag{6.23}$$

$$\boldsymbol{P}_2 = \begin{pmatrix} 0 & 0 & 0 & 0 & 0 & 0 \end{pmatrix}^{\mathrm{T}} \tag{6.24}$$

由式 (6.2) 可知，$N_{i+k,k}(u_{i+k}) = 0$；$i = 1, \cdots, n_1$，因此系数矩阵 $\boldsymbol{C}_N$ 的矩阵形式表示为

$$\boldsymbol{C}_N = \begin{bmatrix} \boldsymbol{C}_{N1} \\ \boldsymbol{C}_{N2} \end{bmatrix} \tag{6.25}$$

$$
\boldsymbol{C}_{N1} = \begin{bmatrix} 1 & 0 & 0 & \cdots & 0 & 0 & \cdots & 0 & 0 \\ 0 & 0 & N_{3,k}(u_{k+3}) & \cdots & N_{k+2,k}(u_{k+3}) & 0 & \cdots & 0 & 0 \\ 0 & 0 & 0 & N_{4,k}(u_{k+4}) & \cdots & N_{k+3,k}(u_{k+4}) & \cdots & 0 & 0 \\ \vdots & \vdots & \vdots & \vdots & \ddots & \ddots & \ddots & \vdots & \vdots \\ 0 & 0 & 0 & \cdots & N_{v,k}(u_{k+v}) & \cdots & N_{k+v-1,k}(u_{k+v}) & 0 & 0 \\ 0 & 0 & 0 & \cdots & 0 & \cdots & 0 & 0 & 1 \end{bmatrix}_{v\times n} \tag{6.26}
$$

$$
\boldsymbol{C}_{N2} = \begin{bmatrix} vo_1 & vo_2 & 0 & 0 & \cdots & 0 & 0 & 0 & 0 \\ 0 & 0 & 0 & 0 & \cdots & 0 & 0 & ve_1 & ve_2 \\ ao_1 & ao_2 & ao_3 & 0 & \cdots & 0 & 0 & 0 & 0 \\ 0 & 0 & 0 & 0 & \cdots & 0 & ae_1 & ae_2 & ae_3 \\ jo_1 & jo_2 & jo_3 & jo_4 & \cdots & 0 & 0 & 0 & 0 \\ 0 & 0 & 0 & 0 & \cdots & je_1 & je_2 & je_3 & je_4 \end{bmatrix}_{6\times n} \tag{6.27}
$$

式中，

$$
\begin{aligned} vo_1 &= \frac{-5k}{4t_{\text{all}}(u_7-u_2)}, vo_2 = \frac{5k}{4t_{\text{all}}(u_7-u_2)} \\ ve_1 &= \frac{-5k}{4t_{\text{all}}(u_{k+n}-u_n)}, ve_2 = \frac{5k}{4t_{\text{all}}(u_{k+n}-u_n)} \end{aligned} \tag{6.28}
$$

$$
\begin{aligned} ao_1 &= \frac{25k(k-1)}{16t_{\text{all}}^2 \cdot jo_1} + \frac{3k}{2t_{\text{all}}^2(u_7-u_2)} \\ ae_1 &= \frac{25k(k-1)}{16t_{\text{all}}^2 \cdot je_1} - \frac{3k}{2t_{\text{all}}^2(u_{k+n}-u_n)} \\ ao_2 &= -\frac{25k(k-1)(jo_1+jo_2)}{16t_{\text{all}}} - \frac{3pc[u(7)-u(2)]^{-1}}{2t_{\text{all}}^2} \\ ae_2 &= -\frac{25k(k-1)(je_1+je_2)}{16t_{\text{all}}} - \frac{3pc(u_{n+k}-u_n)^{-1}}{2t_{\text{all}}^2} \\ ao_3 &= \frac{25k(k-1)}{16jo_2 \cdot t_{\text{all}}^2}, ae_3 = \frac{25k(k-1)}{16je_2 \cdot t_{\text{all}}^2} \end{aligned} \tag{6.29}
$$

$$
\begin{aligned}
cjo_1 &= -\frac{125jo_3 \cdot k(k-1)(k-2)}{64t_{\text{all}}^3} - \frac{45jo_1 \cdot k(k-1)}{8t_{\text{all}}^3} \\
cje_1 &= -\frac{125je_3 \cdot k(k-1)(k-2)}{64t_{\text{all}}^3} + \frac{45je_1 \cdot k(k-1)}{8t_{\text{all}}^3} \\
cjo_2 &= \frac{125k(k-1)(k-2)(jo_3+jo_4+jo_5)}{64t_{\text{all}}^3} + \frac{45k(k-1)(jo_1+jo_2)}{8t_{\text{all}}^3} \\
cje_2 &= \frac{125k(k-1)(k-2)(je_3+je_4+je_5)}{64t_{\text{all}}^3} - \frac{45k(k-1)(je_1+je_2)}{8t_{\text{all}}^3} \\
cjo_3 &= -\frac{125k(k-1)(k-2)(jo_4+jo_5+jo_6)}{64t_{\text{all}}^3} - \frac{45jo_2 \cdot k(k-1)}{8t_{\text{all}}^3} \\
cje_3 &= -\frac{125k(k-1)(k-2)(je_4+je_5+je_6)}{64t_{\text{all}}^3} + \frac{45je_2 \cdot k(k-1)}{8t_{\text{all}}^3} \\
cjo_4 &= \frac{125jo_6 \cdot k(k-1)(k-2)}{64t_{\text{all}}^3}, cje_4 = \frac{125je_6 \cdot k(k-1)(k-2)}{64t_{\text{all}}^3}
\end{aligned} \tag{6.30}
$$

$$
\begin{gathered}
jo_1 = [(u_7-u_2)(u_{k+2}-u_3)]^{-1}, je_1 = [(u_{n+k-1}-u_n)(u_{n+k-1}-u_{n-1})]^{-1} \\
jo_2 = [(u_{k+3}-u_3)(u_{k+2}-u_3)]^{-1}, je_2 = [(u_{n+k-1}-u_n)(u_{n+k}-u_n)]^{-1} \\
jo_3 = [(u_{k+2}-u_4)(u_{k+2}-u_3)(u_7-u_2)]^{-1} \\
je_3 = [(u_{n+k-2}-u_n)(u_{n+k-2}-u_{n-1})(u_{n+k-2}-u_{n-2})]^{-1} \\
jo_4 = [(u_{k+2}-u_4)(u_{k+3}-u_4)(u_{k+3}-u_3)]^{-1} \\
je_4 = [(u_{n+k-2}-u_n)(u_{n+k-1}-u_n)(u_{n+k-1}-u_{n-1})]^{-1} \\
jo_5 = [(u_{k+2}-u_4)(u_{k+2}-u_3)(u_{k+3}-u_3)]^{-1} \\
je_5 = [(u_{n+k-2}-u_n)(u_{n+k-1}-u_{n-1})(u_{n+k-2}-u_{n-1})]^{-1} \\
jo_6 = [(u_{k+2}-u_4)(u_{k+3}-u_4)(u_{k+4}-u_4)]^{-1} \\
je_6 = [(u_{n+k-2}-u_n)(u_{n+k-1}-u_n)(u_{n+k}-u_n)]^{-1}
\end{gathered}
$$

现根据已建立的求解 B 样条控制点的矩阵形式方程，针对特定轨迹进行插值拟合，以获得满足预定运动学约束条件的规划轨迹，并针对本书所改进的 B 样条曲线提出一种插值方案。本书 B 样条曲线插值选择的是门型轨迹，其是工业生产中常用的运动轨迹，既包含直线轨迹，又包含圆弧轨迹，具有一定的代表性，本书所规划的门型轨迹具体形式如图 6.1 所示。

本书所规划的门型轨迹由两段垂直的直线轨迹、一段水平的直线轨迹和两段圆弧轨迹组成，其中含有 5 个具有确定坐标值的经过点和两个没有确定坐标值的经过点，具体如图 6.1 所示，p_1 和 p_5 经过点分别为轨迹的起始端和终止端，p_2 和 p_4 经过点分别位于两段垂直直线轨迹的上端，p_3 经过点为水平直线轨迹的中心点，h_g 为门型轨迹的高，其即为经过点 p_3 的 Z 坐标值。此外，为了使得门型轨迹由零跃度值起始也由零跃度值结束，除了需要上述 5 个具有确定坐标值的经过点外，还需要分别在 p_1 与 p_2 经过点以及 p_4 与 p_5 经过点之间设置两个虚拟的经过点，其没有固定的坐标值，坐标值需经过后续的多目标优化而得到。因此，插值门型轨迹所需要的经过点总数目为 7 个，整个经过点集合具有关于经过点 p_3 对称的特点。因此，经过点序列可表示如下：

$$\begin{gathered} p_1(x_1,y_1,z_1),\ p_{v1}(x_1,y_1,z_{v1}), \\ p_2(x_1,y_1,z_1+\lambda\cdot h_g), p_3\left(\frac{x_1+x_5}{2},\frac{y_1+y_5}{2},z_1+h_g\right), \\ p_4(x_5,y_5,z_1+\lambda\cdot h_g), p_{v2}(x_5,y_5,z_{v2}),\ p_5(x_5,y_5,z_1) \end{gathered} \tag{6.31}$$

式中，$0<\lambda<1$ 为虚拟经过点的比例系数，其具体值为 p_2 和 p_1 的 Z 坐标差值相对于 h_g 的比值；p_{v1} 为 p_1 和 p_2 经过点之间的虚拟经过点；p_{v2} 为 p_4 和 p_5 经过点之间的虚拟经过点。因此，经过点矢量 $\boldsymbol{P}_1$ 可以被重新表示如下：

$$\boldsymbol{P}_1=[p_1,p_{v1},p_2,p_3,p_4,p_{v2},p_5]^{\mathrm{T}} \tag{6.32}$$

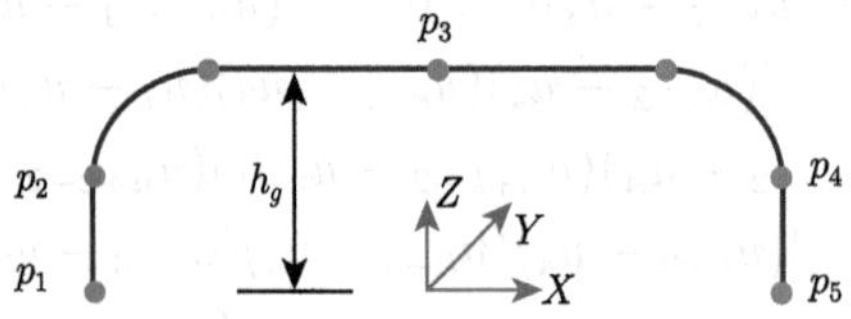

图 6.1　笛卡儿坐标系下的门型轨迹

根据 B 样条曲线的基本性质，节点向量首末两端的节点必须重复 $k+1$ 次，以保证 B 样条曲线首末两端的控制点与首末两端的经过点重合，即 $C(0)=Q_1$ 且 $C(1)=Q_n$。根据式 (6.3)，B 样条曲线的节点序列可表示如下：

$$\begin{gathered} u_1,u_2,\cdots,u_6=0;u_7=0.333\cdot k_{\mathrm{n}};u_8=0.333; \\ u_9=0.5;u_{10}=0.667;u_{11}=1-0.333\cdot k_{\mathrm{n}};u_{12},u_{13},\cdots,u_{17}=1 \end{gathered} \tag{6.33}$$

式中，$0<k_{\mathrm{n}}<1$ 为节点 u_7 和 u_8 的比值。

由式 (6.19) 可知，当给定合适的 $u_i(i=1,2,\cdots,17)$ 和 $\boldsymbol{P}$，通过求取相应的 B 样条曲线的控制点，即可获得理想的 B 样条曲线。B 样条曲线上任一点的位置向量可表示如下：

$$\boldsymbol{s}(t)=(C_x(u),C_y(u),C_z(u))^{\mathrm{T}},\quad u=-\frac{1}{t_{\mathrm{all}}^2}(t-t_{\mathrm{all}})^2+1 \tag{6.34}$$

式中，$C_x(u)$、$C_y(u)$ 和 $C_z(u)$ 分别为 B 样条曲线上任一点的 X 坐标值、Y 坐标值和 Z 坐标值，根据式 (6.11)~ 式 (6.13)，运动轨迹的速度、加速度和跃度可表示如下：

$$\boldsymbol{v}(t) = \dot{u}\begin{pmatrix} \dfrac{\mathrm{d}C_x(u)}{\mathrm{d}u} & \dfrac{\mathrm{d}C_y(u)}{\mathrm{d}u} & \dfrac{\mathrm{d}C_z(u)}{\mathrm{d}u} \end{pmatrix}^{\mathrm{T}} \tag{6.35}$$

$$\begin{aligned} \boldsymbol{a}(t) =& \ddot{u}\begin{pmatrix} \dfrac{\mathrm{d}C_x(u)}{\mathrm{d}u} & \dfrac{\mathrm{d}C_y(u)}{\mathrm{d}u} & \dfrac{\mathrm{d}C_z(u)}{\mathrm{d}u} \end{pmatrix}^{\mathrm{T}} \\ &+ \dot{u}^2\begin{pmatrix} \dfrac{\mathrm{d}^2C_x(u)}{\mathrm{d}u} & \dfrac{\mathrm{d}^2C_y(u)}{\mathrm{d}u} & \dfrac{\mathrm{d}^2C_z(u)}{\mathrm{d}u} \end{pmatrix}^{\mathrm{T}} \end{aligned} \tag{6.36}$$

$$\begin{aligned} \boldsymbol{j}(t) =& 2\dot{u}\cdot\ddot{u}\begin{pmatrix} \dfrac{\mathrm{d}^2C_x(u)}{\mathrm{d}u} & \dfrac{\mathrm{d}^2C_y(u)}{\mathrm{d}u} & \dfrac{\mathrm{d}^2C_z(u)}{\mathrm{d}u} \end{pmatrix}^{\mathrm{T}} \\ &+ \dot{u}^3\begin{pmatrix} \dfrac{\mathrm{d}^3C_x(u)}{\mathrm{d}u} & \dfrac{\mathrm{d}^3C_y(u)}{\mathrm{d}u} & \dfrac{\mathrm{d}^3C_z(u)}{\mathrm{d}u} \end{pmatrix}^{\mathrm{T}} \end{aligned} \tag{6.37}$$

6.2.2 多目标最优轨迹规划

如前所述，当给定待插值的路径时，即给定 h_g 和 λ 时，B 样条曲线的运动学参数 $\boldsymbol{s}(t)$、$\boldsymbol{v}(t)$、$\boldsymbol{a}(t)$ 和 $\boldsymbol{j}(t)$ 主要由 k_{n} 和 t_{all} 决定。因此，k_{n} 和 t_{all} 的选择对所规划的末端路径曲线具有重要的影响，本书多目标优化的主要目标是选取合适的 k_{n} 和 t_{all} 以满足对轨迹相应的运动学要求。k_{n} 的初选范围在 0~1，即 $0 < k_{\mathrm{n}} < 1$，因此在对规划轨迹进行多目标优化之前，还需对路径总时间 t_{all} 进行初选。

对于并联柔索机器人来说，所规划轨迹必须满足单向索力的约束条件，因此，在进行总时间 t_{all} 初选时，索力的单边约束条件是必须满足的，同时，在进行总时间 t_{all} 初选时，还需要考虑各驱动单元的速度限制，此速度限制用 $[v]$ 来表示。速度限制 $[v]$ 主要是由驱动单元的电机和滚珠丝杠特性决定的，根据本书分析的 3 自由度并联柔索机构的特性，驱动单元上滑块的速度即为各柔索的牵引速度。驱动单元的速度约束可以表示如下：

$$\begin{aligned} &\max\ [\boldsymbol{J}_0\boldsymbol{v}(t, t_{\mathrm{all}}, k_{\mathrm{n}})] \leqslant [v] \\ &\text{s.t. } 0 < k_{\mathrm{n}} < 1 \end{aligned} \tag{6.38}$$

现给定门型轨迹的具体参数，以进行运行总时间 t_{all} 的初选。所规划的门型轨迹具体参数为 $p_1 = (-300, 0, 0)$，$p_5 = (300, 0, 0)$，$h_g = 250\ \mathrm{mm}$，$\lambda = 0.9$。考虑到驱动滑块运行的稳定性，驱动单元的速度限制为 $[v] = 50\ \mathrm{mm/s}$。此轨迹参数和速度限制适用于后续所有的仿真和实验。总时间 t_{all} 和 k_{n} 初选的仿真结果如图 6.2 所示，初选时间的最小值为 34s，即 $t_{\min} = 34\ \mathrm{s}$，考虑到机构的工作效率，

现将初选时间最小值的二倍设为初选时间的最大值，即 $t_{\max} = 68$ s。因此，t_{all} 和 k_{n} 可以被表示为集合 W 的形式：$W = \{(t_{\text{all}}, k_{\text{n}}) | 34\text{s} \leqslant t_{\text{all}} \leqslant 68\text{ s}, 0 \leqslant k_{\text{n}} \leqslant 1\}$。

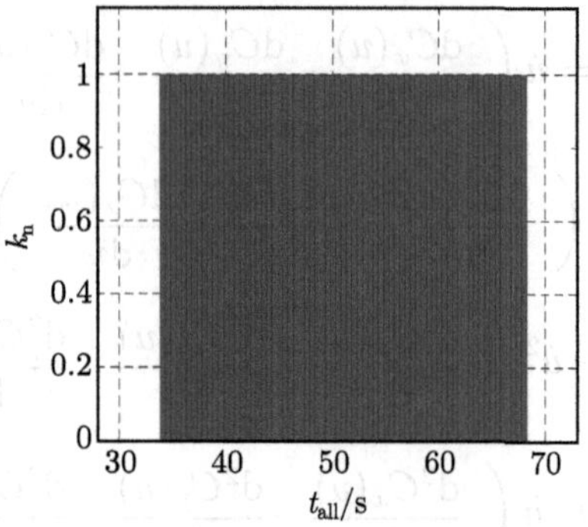

图 6.2　t_{all} 和 k_{n} 的初选范围

由于机器人的工作效率直接与末端轨迹运行总时间 t_{all} 有关，而运行轨迹的低跃度可以防止各驱动柔索力的突变，对于并联柔索机构而言，在整段轨迹运行过程中，较小的索力标准差意味着较高的传动稳定性。因此可以设计与轨迹运行总时间、末端轨迹跃度和各索力标准差相关的性能指数来对所规划的轨迹的性能进行评估，同时将这些性能指数作为优化的指数进行多目标优化。现将 t_{all} 作为性能指数，此外，将运行轨迹内跃度范数的最大值作为性能指数，并作为轨迹跃度的评价指数，具体形式如下：

$$j_{\max}(t_{\text{all}}, k_{\text{n}}) = \max_{0 \leqslant u \leqslant 1} ||\boldsymbol{j}(u)|| \tag{6.39}$$

式中，$j_{\max}(t_{\text{all}}, k_{\text{n}})$ 为跃度 L2 范数的最大值。现将运行轨迹内各索力的标准差作为性能指数，并作为索力的评价指数，具体形式如下：

$$\text{std}_j(t_{\text{all}}, k_{\text{n}}) = \left(\sqrt{\frac{1}{n_{\text{d}} - 1} \sum_{i=1}^{n_{\text{d}}} [t_{j,i}(u) - \bar{t}_j(u)]^2}\right)^{\frac{1}{2}}, \ j = 1, 2, \cdots, 6 \tag{6.40}$$

式中，std_j 为各索力的标准差；n_{d} 为末端轨迹上离散点的数目；$t_{j,i}(u)$ 为第 j 根柔索在第 i 个离散点上的索力值；$\bar{t}_j(u)$ 为第 j 根柔索在整个运行轨迹内的索力均值。

在各 $(t_{\text{all}}, k_{\text{n}})$ 节点处 $j_{\max}$ 的分布如图 6.3 所示，跃度最大值 $j_{\max}$ 随着总时间 t_{all} 的减小而增加，在运行的轨迹内，当 $t_{\text{all}} = 34$ s 且 $k_{\text{n}} = 0.03$ 时，$j_{\max}$ 取得最大值，当 $t_{\text{all}} = 68$ s 且 $k_{\text{n}} = 0.34$ 时，$j_{\max}$ 取得最小值。图 6.4 是 std_j $(j = 1, 2, \cdots, 6)$

在 $(t_{\mathrm{all}}, k_{\mathrm{n}})$ 各节点处的分布，其具体的极值分布情况如表 6.1 所示。$\mathrm{PI}_{\max}$ 表示各根柔索索力标准差 std_j $(j=1,2,\cdots,6)$ 的最大值所处的 $(t_{\mathrm{all}}, k_{\mathrm{n}})$ 节点，$\mathrm{PI}_{\min}$ 表示各根柔索索力标准差 std_j $(j=1,2,\cdots,6)$ 的最小值所处的 $(t_{\mathrm{all}}, k_{\mathrm{n}})$ 节点。

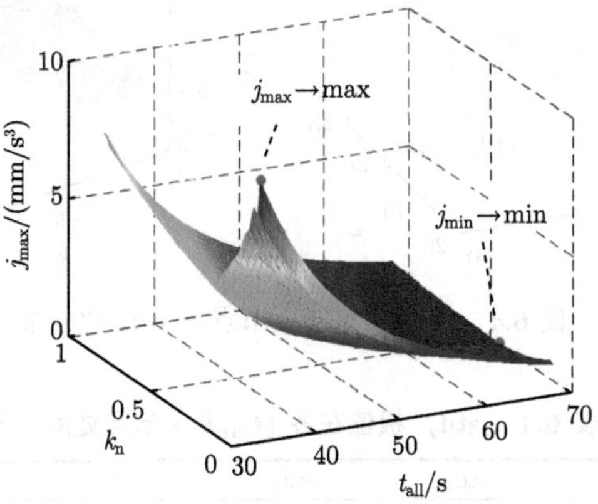

图 6.3　在各 $(t_{\mathrm{all}}, k_{\mathrm{n}})$ 节点处 $j_{\max}$ 的分布

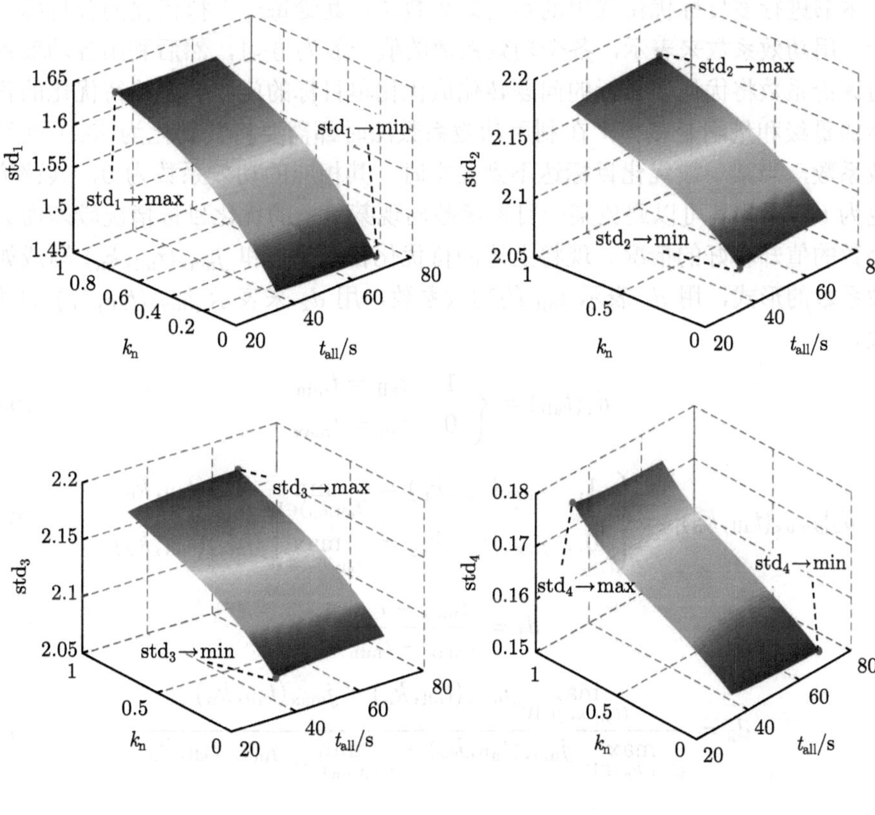

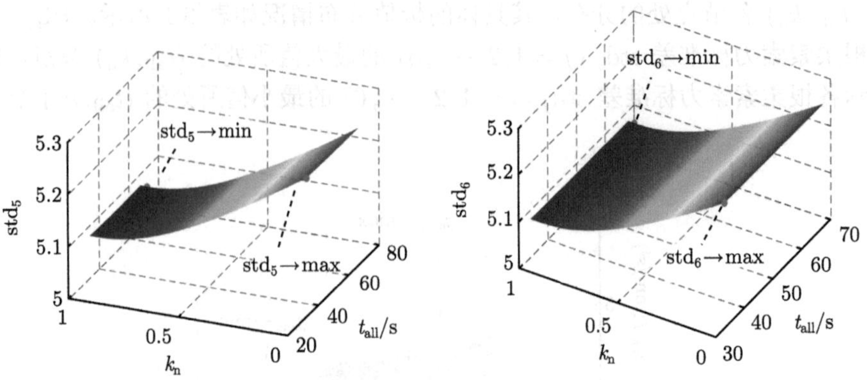

图 6.4　在各 $(t_{\rm all}, k_{\rm n})$ 节点处 std$_j$ 的分布

表 6.1　std$_j$ 极值在各 $(t_{\rm all}, k_{\rm n})$ 节点处的分布

节点	std$_1$	std$_2$	std$_3$	std$_4$	std$_5$	std$_6$
PI$_{\max}$	(34,1)	(68,1)	(68,1)	(34,1)	(34,0.01)	(34,0.01)
PI$_{\min}$	(68,0.01)	(34,0.01)	(34,0.01)	(68,0.01)	(68,0.97)	(68,0.97)

本书进行多目标优化选用的是功效系数法，其给每一个待优化的分目标一个评价，用功效系数来表示，各个功效系数的值一般为 0~1，然后利用各功效系数构造评价系数将优化多目标的问题转化成优化单目标的问题。无论待优化的各子目标的量级和量纲是多少，在利用功效系数法时都需要将其转化为 [0,1] 区间的功效系数，当某一被优化目标达不到要求时，其相应的功效系数为 0，其评价函数也为 0，因此其可以避免某一目标函数出现某单一的优化目标情况较差而其评价函数的值却较好的情况。现将上述的待优化目标 $t_{\rm all}$ 和 $j_{\max}(t_{\rm all}, k_{\rm n})$ 写成如下功效系数的形式，用 d_1 表示 $t_{\rm all}$ 的功效系数，用 d_2 来表示 $j_{\max}(t_{\rm all}, k_{\rm n})$ 的功效系数。

$$d_1(t_{\rm all}) = \begin{cases} 1, & t_{\rm all} = t_{\min} \\ 0, & t_{\rm all} = t_{\max} \end{cases} \tag{6.41}$$

$$d_2[j_{\max}(t_{\rm all}, k_{\rm n})] = \begin{cases} 1, & j_{\max}(t_{\rm all}, k_{\rm n}) = \min\limits_{(t_{\rm all}, k_{\rm n})\in W} j_{\max}(t_{\rm all}, k_{\rm n}) \\ 0, & j_{\max}(t_{\rm all}, k_{\rm n}) = \max\limits_{(t_{\rm all}, k_{\rm n})\in W} j_{\max}(t_{\rm all}, k_{\rm n}) \end{cases} \tag{6.42}$$

$$d_1 = \frac{t_{\max} - t_{\rm all}}{t_{\max} - t_{\min}} \tag{6.43}$$

$$d_2 = \frac{\max\limits_{(t_{\rm all}, k_{\rm n})\in W} j_{\max}(t_{\rm all}, k_{\rm n}) - j_{\max}(t_{\rm all}, k_{\rm n})}{\max\limits_{(t_{\rm all}, k_{\rm n})\in W} j_{\max}(t_{\rm all}, k_{\rm n}) - \min\limits_{(t_{\rm all}, k_{\rm n})\in W} j_{\max}(t_{\rm all}, k_{\rm n})} \tag{6.44}$$

当 $d_1=1$ 时，表示总时间 t_{all} 取得最小值；当 $d_1=0$ 时，表示总时间 t_{all} 取得最大值。当 $d_2=1$ 时，表示在各 $(t_{\text{all}},k_{\text{n}})$ 节点范围内最大跃度 $j_{\max}$ 取得最小值；当 $d_2=0$ 时，表示在各 $(t_{\text{all}},k_{\text{n}})$ 节点范围内 $j_{\max}$ 取得最大值。其中，当 d_1 增大时，最大速度、加速度和跃度等运动学参数会随之增大；当 d_2 增大时，最大速度、加速度和跃度等运动学参数会随之减小。进一步地，将各柔索的标准差 $\text{std}_j\ (j=1,2,\cdots,6)$ 写成功效系数的形式：

$$\text{dl}(t_{\text{all}},k_{\text{n}})=\sqrt[6]{\prod_{1}^{6}\text{dl}_j} \tag{6.45}$$

式中，

$$\text{dl}_j(\text{std}_j)=\begin{cases}1, & \text{std}_j=\min\limits_{(t_{\text{all}},k_{\text{n}})\in D}\text{std}_j(t_{\text{all}},k_{\text{n}})\\ 0, & \text{std}_j=\max\limits_{(t_{\text{all}},k_{\text{n}})\in D}\text{std}_j(t_{\text{all}},k_{\text{n}})\end{cases},j=1,2,\cdots,6 \tag{6.46}$$

$$\text{dl}_j=\frac{\max\limits_{(t_{\text{all}},k_{\text{n}})\in D}\text{std}_j(t_{\text{all}},k_{\text{n}})-\text{std}_j(t_{\text{all}},k_{\text{n}})}{\max\limits_{(t_{\text{all}},k_{\text{n}})\in D}\text{std}_j(t_{\text{all}},k_{\text{n}})-\min\limits_{(t_{\text{all}},k_{\text{n}})\in D}\text{std}_j(t_{\text{all}},k_{\text{n}})} \tag{6.47}$$

$\text{dl}(t_{\text{all}},k_{\text{n}})$ 为 $\text{dl}_j(\text{std}_j)\ (j=1,2,\cdots,6)$ 乘积的 6 次方根，其最小值为零，但经过遍历计算得知，不存在同时使得各柔索均方根皆为最优值的 $(t_{\text{all}},k_{\text{n}})$ 节点，因此其最大值小于 1，为了得到在 [0,1] 的标准正则功效系数，现将 $\text{dl}(t_{\text{all}},k_{\text{n}})$ 的正则功效系数表示如下：

$$d_3(\text{dl})=\begin{cases}1, & \text{dl}=\min\limits_{(t_{\text{all}},k_{\text{n}})\in W}\text{dl}(t_{\text{all}},k_{\text{n}})\\ 0, & \text{dl}=\max\limits_{(t_{\text{all}},k_{\text{n}})\in W}\text{dl}(t_{\text{all}},k_{\text{n}})\end{cases} \tag{6.48}$$

$$d_3=\frac{\max\limits_{(t_{\text{all}},k_{\text{n}})\in W}\text{dl}(t_{\text{all}},k_{\text{n}})-\text{dl}(t_{\text{all}},k_{\text{n}})}{\max\limits_{(t_{\text{all}},k_{\text{n}})\in W}\text{dl}(t_{\text{all}},k_{\text{n}})-\min\limits_{(t_{\text{all}},k_{\text{n}})\in W}\text{dl}(t_{\text{all}},k_{\text{n}})} \tag{6.49}$$

基于上述功效系数，经过各 $(t_{\text{all}},k_{\text{n}})$ 节点的遍历计算，现将 d_3 在各 $(t_{\text{all}},k_{\text{n}})$ 节点值的分布情况表示如图 6.5 所示，d_3 的最小值处于 $t_{\text{all}}=34\text{ s}$，$k_{\text{n}}=0$ 的节点处，d_3 的最大值处于 $t_{\text{all}}=68\text{ s}$，$k_{\text{n}}=0.46$ 的节点处。

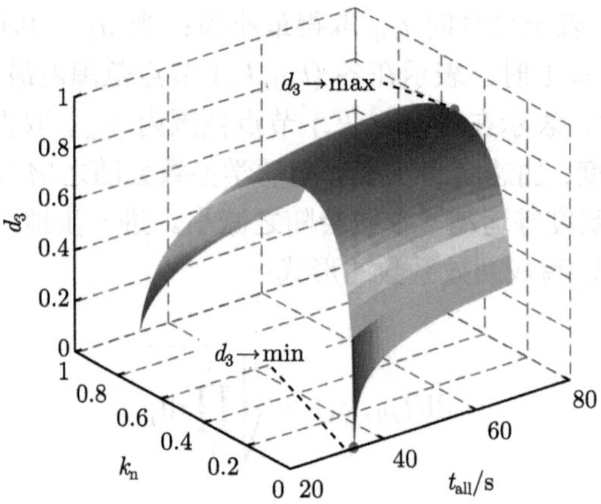

图 6.5　在各 $(t_{\mathrm{all}}, k_{\mathrm{n}})$ 节点处 d_3 的分布

根据上述给定的功效系数，现将轨迹规划多目标优化的评级函数表示如下：

$$
\begin{aligned}
&\max f(t_{\mathrm{all}}, k_{\mathrm{n}}) = \sqrt[3]{d_1 \cdot d_2 \cdot d_3} \\
&\text{s.t.}\quad 34\mathrm{s} \leqslant t_{\mathrm{all}} \leqslant 68\mathrm{s}, 0 \leqslant k_{\mathrm{n}} \leqslant 1
\end{aligned}
\tag{6.50}
$$

式中，$0 \leqslant f(t_{\mathrm{all}}, k_{\mathrm{n}}) \leqslant 1$。当 $f(t_{\mathrm{all}}, k_{\mathrm{n}}) = 1$ 时，表示得到最理想的多目标优化结果，当 $f(t_{\mathrm{all}}, k_{\mathrm{n}}) = 0$ 时，表示优化得到的结果不可行，$f(t_{\mathrm{all}}, k_{\mathrm{n}})$ 值越大表示其优化结果越理想。图 6.6 表示的是最终多目标优化的结果，当 $t_{\mathrm{all}} = 40$ s，$k_{\mathrm{n}} = 0.34$ 时，$f(t_{\mathrm{all}}, k_{\mathrm{n}})$ 取得最大值，其值为 $f(40, 0.34) = 0.84047$。

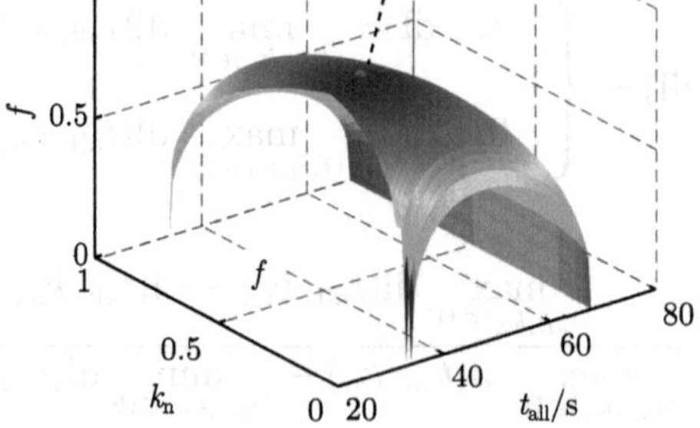

图 6.6　在各 $(t_{\mathrm{all}}, k_{\mathrm{n}})$ 节点处 $f(t_{\mathrm{all}}, \lambda)$ 的分布

6.3 轨迹规划数值仿真与结果分析

现根据 6.2 节的优化结果，对本书所提出的柔索并联 3D 打印机进行基于改进 B 样条曲线的动力学轨迹规划的仿真分析。如多目标优化的结果所述，本机构在 $t_{\text{all}} = 40\text{s}$，$k_{\text{n}} = 0.34$ 时，能够得到各性能指数最优的轨迹。其具体的轨迹如图 6.7 所示，其处于 X-Z 平面内，因此，在后续的仿真分析中，仅 X 轴和 Z 轴的坐标值会被分析。

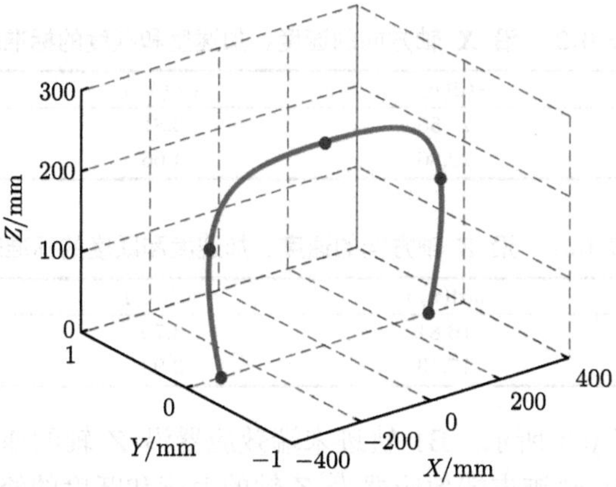

图 6.7 规划所得的末端效应器轨迹

为了验证改进的 B 样条的轨迹与传统的 B 样条相比，在运动学性能方面所表现出的优势，现分别利用两种轨迹进行运动学仿真分析，B1 轨迹是利用本书所提出的改进的 B 样条曲线进行插值拟合而成，B2 轨迹是利用传统的 B 样条曲线进行插值拟合而成。图 6.8 和图 6.9 分别为两种轨迹沿 X 轴方向和沿 Z 轴方向的速度、加速度和跃度曲线，表 6.2 和表 6.3 分别为两种轨迹沿 X 轴方向和沿 Z 轴方向各采样点处速度、加速度和跃度的标准差。从图 6.8 和表 6.2 中可以看出，B1 轨迹末端效应器沿 X 轴的速度、加速度和跃度的峰值及其标准差均小于 B2 轨迹末端效应器沿 X 轴的速度、加速度和跃度的峰值及其标准差。

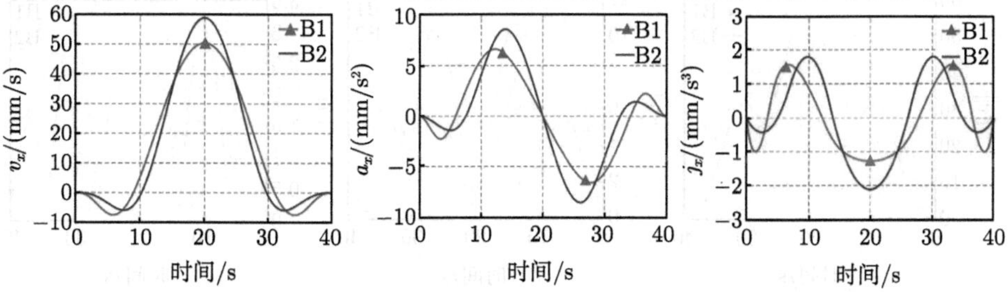

图 6.8 末端效应器沿 X 轴方向的速度、加速度和跃度

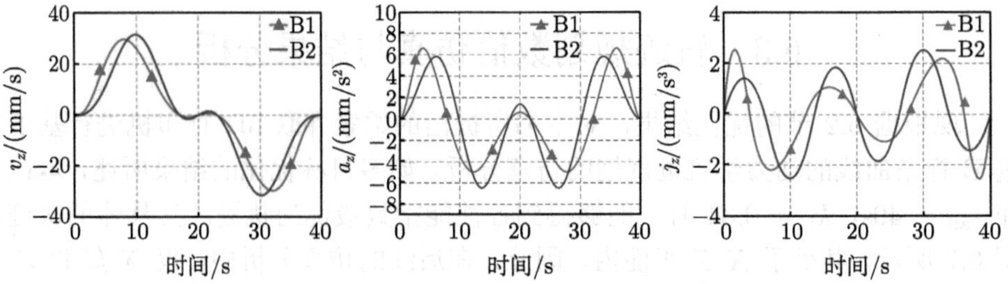

图 6.9　末端效应器沿 Z 轴方向的速度、加速度和跃度

表 6.2　沿 X 轴方向的速度、加速度和跃度的标准差

轨迹	std(v_x)	std(a_x)	std(j_x)
B1	20.56	3.81	1.01
B2	22.86	4.66	1.21

表 6.3　沿 Z 轴方向的速度、加速度和跃度的标准差

轨迹	std(v_z)	std(a_z)	std(j_z)
B1	16.84	3.70	1.44
B2	17.53	3.93	1.47

如图 6.9 和表 6.3 所示，B1 轨迹末端效应器沿 Z 轴的速度和跃度的峰值及其标准差均小于 B2 轨迹末端效应器沿 Z 轴的速度和跃度的峰值及其标准差，B1 轨迹末端效应器沿 Z 轴方向加速度峰值的绝对值和 B2 轨迹的相似，但 B1 轨迹末端效应器沿 Z 轴方向加速度的标准差小于 B2 轨迹相应的加速度标准差。

末端效应器在笛卡儿坐标系中速度、加速度和跃度的 L2 范数如图 6.10 所示，B1 和 B2 轨迹末端效应器速度、加速度和跃度 L2 范数所对应的标准差如表 6.4 所示。图 6.10 中显示 B1 轨迹各运动学参数 L2 范数的峰值均小于 B2 轨迹相对应的运动学参数 L2 范数的峰值，其中 B1 轨迹加速度和跃度的范数峰值分别是 B2 轨迹的 77.2%和 88.6%。如表 6.4 所示，B1 轨迹各运动学参数 L2 范数的标准差也小于 B2 轨迹相对应的运动学参数的标准差。

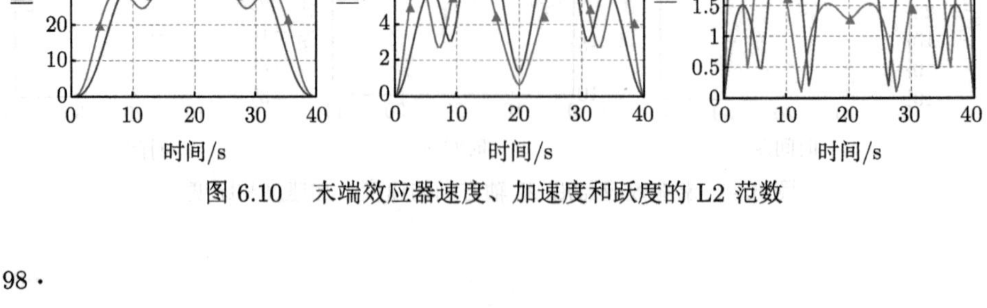

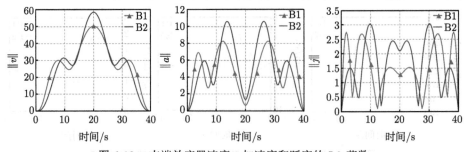

图 6.10　末端效应器速度、加速度和跃度的 L2 范数

表 6.4 速度、加速度和跃度的 L2 范数的标准差

轨迹	$\|\|v\|\|_{std}$	$\|\|a\|\|_{std}$	$\|\|j\|\|_{std}$
B1	14.73	2.39	0.75
B2	17.77	3.08	0.86

6.4 本章小结

本章首先提出了一种主要应用于并联柔索机构的 B 样条曲线，此类经改进 B 样条曲线的正则路径参数与时间具有三次函数的关系，使得其与传统的 B 样条曲线相比，在相同时间拟合相同位置节点时，其插值所得到路径轨迹的运动学参数的峰值和标准差都较小，进而大大提高了机构跟踪路径时的稳定性。其次，本章通过对所改进的 B 样条曲线求导，推演出满足初始和末端跃度皆为零的 B 样条轨迹的差值方案，并将 5 次 B 样条轨迹以矩阵的形式表示，为后续针对具体位置点的插值奠定了数学基础。为了进一步地对并联柔索 3D 打印机的末端轨迹进行优化，本章根据具体插值所得的 B 样条轨迹进行了多目标的优化，使并联柔索 3D 打印机在跟踪所得轨迹时，取得最合适的索力、跃度和总时间。最后，本章对所提出的动力学轨迹规划方法进行仿真验证，实验结果表明，通过与传统 B 样条曲线相比，验证了本章所规划的 B 样条轨迹在轨迹动力学和低能耗方面的优势。

参考文献

[1] Zhang J J, Zhang Z L, Liu Q S. Based on the B-splines to smooth the trajectory planning of composite parallel four-bar mechanism[J]. Applied Mechanics and Materials, 2013, 336-338: 1118-1123.

[2] Wang S A, Wu S L, Kang C L, et al. Trajectory planning of a parallel manipulator based on kinematic transmission property[J]. Intelligent Service Robotics, 2015, 8(3): 129-139.

[3] 梅江平, 臧家炜, 乔正宇, 等. 三自由度 Delta 并联机械手轨迹规划方法 [J]. 机械工程学报, 2016, 52(19): 9-17.

[4] Mei J P, Zhang F, Zang J W, et al. Trajectory optimization of the 6-degrees-of-freedom high-speed parallel robot based on B-spline curve[J]. Science Progress, 2020, 103(1): 1-26.

[5] Li Y H, Huang T, Chetwynd D G. An approach for smooth trajectory planning of high-speed pick-and-place parallel robots using quintic B-splines[J]. Mechanism and Machine Theory, 2018, 126: 479-490.

[6] 曾德全, 余卓平, 张培志, 等. 三次 B 样条曲线的无人车避障轨迹规划 [J]. 同济大学学报 (自然科学版), 2019, 47(S1): 159-163.

[7] Idà E, Bruckmann T, Carricato M. Rest-to-rest trajectory planning for underactuated cable-driven parallel robots[J]. IEEE Transactions on Robotics, 2019, 35(6): 1338-1351.
[8] 李国洪, 王远亮. 基于 B 样条和改进遗传算法的机器人时间最优轨迹规划 [J]. 计算机应用与软件, 2020, 37(11): 215-223, 279.
[9] Qian S, Bao K L, Zi B, et al. Dynamic trajectory planning for a three degrees-of-freedom cable-driven parallel robot using quintic B-splines[J]. Journal of Mechanical Design, 2020, 142(7): 073301.

第 7 章 刚柔耦合3D打印机器人索力分配优化与运动控制系统设计

绳驱动刚柔耦合 3D 打印机器人在运行的过程中，必须通过一定的运动控制策略来保证末端执行器的精准平稳运动。普通的刚性机构在运动控制时不需要考虑其杆件的变形伸缩就可以完成打印任务，由于绳索驱动的特殊性，作为运动力传递介质，需要考虑对于绳索张力的分配优化，结合恰当的运动控制策略，保证实时的打印精度。

在控制方法方面，Lu 等 [1] 采用标准的比例–积分–微分控制器，从光学传感器反馈终端，显著地提升系统的定位能力。姚莉君等 [2] 运用 ADAMS 与 MATLAB/Simulink 联合仿真的技术进行控制中的参数整定，解决了传统设计过程中机械和控制系统不匹配的问题。Gouttefarde 等 [3] 研究了由 $n+2$ 根柔索驱动的 n-DOF CDPR，介绍了一种能够以顺时针或逆时针顺序确定该多边形顶点的算法。Jia 等 [4] 将二阶滑模与多柔索同步思想相结合，提出了一种新的基于二阶滑模的同步控制策略用于柔索驱动并联机器人。Xiong 等 [5] 提出了一个由鲁棒控制器和神经网络串联组成的基于学习的控制框架，成功地控制了一个具有 4 柔索、3 自由度和未知雅可比矩阵的柔索驱动并联机器人。Hosseini 等 [6] 提出了一种用于柔索驱动并联机械臂的关节空间中的无模型鲁棒非线性 PD(robust nonlinear PD, R-NPD) 控制器，使得机器人能够非常快速和准确地跟踪参考轨迹，而不需要任何辅助传感器。Picard 等 [7] 开发了一种在滑模和线性算法之间平衡的非线性控制器。Chen 等 [8] 研究了系统的可控工作空间和柔索张力优化算法，设计了一种快速非奇异终端滑模控制器。Sancak 和 Itik[9] 介绍了一种新的方法，可以同时抑制平面柔索驱动并联机器人的垂直平面振动，而不影响平面定位控制。Zhang 等 [10] 提出一种新的滑模面和相应的新逼近律，并提出了一种新的带同步误差的快速终端滑模控制策略。在索力分配方面，Gosselin 和 Grenier[11] 讨论了冗余驱动的柔索驱动并联机构中柔索力的分配问题，提出了一个非迭代的多项式形式的 4 范数。Rasheed 等 [12] 介绍了一种新颖的可重构柔索驱动并联机器人概念，提出了一种实时作用于移动基座的索力分配算法，计算可行且连续的柔索张力分布。Geng 等 [13] 提出了一种新的柔索张力大小的测量指标——柔索张力超球半径 (tension hypersphere radius, THSR)，用于完全约束的柔索驱动并联机器人。

Ueland 等 [14] 提出了一种用于过约束柔索驱动并联机器人设置的力分配方法，允许在产生的力矩中有小的惩罚误差。Ameri 等 [15] 从控制角度解决了完全约束柔索驱动并联机器人中的正索力分配 (positive tension distribution, PTD) 问题。在所提出的方案中，PTD 算法是控制器的一个组成部分，它明确地为柔索张力生成正值。为此，与控制器耦合了一个饱和型函数，并使用非线性扰动观测器来补偿其影响。Cao 等 [16] 开发了一个包含双曲正切函数的张力函数，用于张力分配问题，使得张力始终满足约束条件，并且消除了每一步中对约束条件的考虑。

末端执行器的上部为结合在一点处的 3 根预紧绳索，下部是 3 组平行绳索进行驱动，中间通过弹簧相连接。绳索和弹簧都可以视为弹性构件，只是弹性系数不同，可以建立它们之间的映射关系来进行索力分配优化，减小末端执行器的抖动偏转现象。同时考虑到绳索的弹性变化，设计适当的运动控制策略来降低末端的位置误差。

7.1　刚柔耦合 3D 打印机器人索力分配优化

在分析绳驱动刚柔耦合机构的运动学和动力学时，将绳索进行等效处理，同时考虑运动的过程中绳索一直处于张紧状态，即绳索上的拉力一直大于 0。第 6 章在 Simscape 中对机构进行了建模仿真，通过索力变化曲线可以看出索力具有一定的规律性，并且在一定的幅值范围内平稳变化。然而在末端执行器开始运动之前，需要有一定的初始预紧力才能保证末端具有精准的初始位置，如果运动过程中的绳索超出了自身的弹性形变或者未受拉力，会导致末端执行器发生一定的抖动偏转，运动时的精度大幅降低，不能完成预设的运动轨迹。

因此针对绳驱动刚柔耦合机构而言，需要通过索力分配优化的方式来控制运动过程中的抖动偏转，减小绳索弹性带来的误差，保证末端执行器运动过程中的平稳性和连贯性。

7.1.1　驱动绳索张力分配优化

由于绳驱动刚柔耦合机构的下部是采用平行绳索的方式进行驱动，在分析动力学方程时进行了等效处理，但是在建模仿真分析时有必要对两根绳索的力进行合理分配，不能简单地将绳索张力设定为 $\boldsymbol{f}_{\mathrm{r}}=\boldsymbol{f}_{\mathrm{l}}=\dfrac{1}{2}[\,f_1\quad f_2\quad f_3]^{\mathrm{T}}$。根据结构特性可知，分配到左右侧每根柔索上的力 $f_{i\mathrm{r}}$、$f_{i\mathrm{l}}$ 满足：

$$
\begin{cases}
\displaystyle\sum_{i=1}^{3}(r_{i\mathrm{r}}\times f_{i\mathrm{r}}+r_{i\mathrm{l}}\times f_{i\mathrm{l}})=0 \\
f_i=f_{i\mathrm{r}}+f_{i\mathrm{l}},\quad i=1,2,3
\end{cases}
\tag{7.1}
$$

式中，f_{il}、f_{ir} 为下部构型中一组驱动绳索中的左右侧绳索张力；r_{ir}、r_{il} 为末端执行器的固有属性常量。

根据式 (7.1) 可得索力 $\boldsymbol{f}_{\rm r}$、$\boldsymbol{f}_{\rm l}$、$\boldsymbol{f}$ 之间的映射关系为

$$\begin{cases} \boldsymbol{f}_{\rm r} = -\boldsymbol{D}^{-1}\boldsymbol{D}_{\rm l}\boldsymbol{f} \\ \boldsymbol{f}_{\rm l} = \boldsymbol{D}^{-1}\boldsymbol{D}_{\rm r}\boldsymbol{f} \end{cases} \tag{7.2}$$

$$\boldsymbol{D} = \begin{bmatrix} r_{1y}e_{1z} - r_{1z}e_{1y} & r_{2y}e_{2z} - r_{2z}e_{2y} & r_{3y}e_{3z} - r_{3z}e_{3y} \\ r_{1z}e_{1x} - r_{1x}e_{1z} & r_{2z}e_{2x} - r_{2x}e_{2z} & r_{3z}e_{3x} - r_{3x}e_{3z} \\ r_{1x}e_{1y} - r_{1y}e_{1x} & r_{2x}e_{2y} - r_{2y}e_{2x} & r_{3x}e_{3y} - r_{3y}e_{3x} \end{bmatrix} \tag{7.3}$$

$$\boldsymbol{D}_{\rm l} = \begin{bmatrix} r_{1ly}e_{1z} - r_{1lz}e_{1y} & r_{2ly}e_{2z} - r_{2lz}e_{2y} & r_{3ly}e_{3z} - r_{3lz}e_{3y} \\ r_{1lz}e_{1x} - r_{1lx}e_{1z} & r_{2lz}e_{2x} - r_{2lx}e_{2z} & r_{3lz}e_{3x} - r_{3lx}e_{3z} \\ r_{1lx}e_{1y} - r_{1ly}e_{1x} & r_{2lx}e_{2y} - r_{2ly}e_{2x} & r_{3lx}e_{3y} - r_{3ly}e_{3lx} \end{bmatrix} \tag{7.4}$$

$$\boldsymbol{D}_{\rm r} = \begin{bmatrix} r_{1ry}e_{1z} - r_{1rz}e_{1y} & r_{2ry}e_{2z} - r_{2rz}e_{2y} & r_{3ry}e_{3z} - r_{3rz}e_{3y} \\ r_{1rz}e_{1x} - r_{1rx}e_{1z} & r_{2rz}e_{2x} - r_{2rx}e_{2z} & r_{3rz}e_{3x} - r_{3rx}e_{3z} \\ r_{1rx}e_{1y} - r_{1ry}e_{1x} & r_{2rx}e_{2y} - r_{2ry}e_{2x} & r_{3rx}e_{3y} - r_{3ry}e_{3x} \end{bmatrix} \tag{7.5}$$

式中，$\boldsymbol{r}_i = [\ r_{ix} \quad r_{iy} \quad r_{iz}\ ]^{\rm T} = \boldsymbol{r}_{\rm ir} - \boldsymbol{r}_{\rm il}$。

7.1.2 弹簧单向变力索力优化

在绳索驱动末端执行器的过程中，因绳索具有单向受力的特性，绳索上的拉力一直是大于 0 的状态。在第 3 章的工作空间分析中，将弹簧长度加入了绳索拉力限制空间的满足条件里，通过弹簧弹力的限制条件来进一步约束工作范围。在末端执行器运动的过程中，上下构型的运动可能发生不同步的情况，这就导致弹簧在运动的过程中可能发生倾斜导致弹簧弹力的大小和方向都会改变。本节首先考虑到了在 Z 方向上弹簧发生了弹力改变，XY 方向上的弹力保持不变的情况。通过约束弹簧在运动中的弹力变化，上下构型在 Z 方向上会发生相对运动，从而实现绳索索力分配优化的目的。首先考虑弹簧在运动过程中只在 Z 方向上会发生受力变化的情况，结合绳索单边受力的特性，对其动力学公式进行转化，为了简化计算，将逆矩阵 $\boldsymbol{J}^{-1}$ 表示为

$$\boldsymbol{J}^{-1} = \begin{bmatrix} \dfrac{\mathrm{adj}(\boldsymbol{J}_1)}{\det(\boldsymbol{J}_1)} & 0 \\ 0 & \dfrac{\mathrm{adj}(\boldsymbol{J}_2)}{\det(\boldsymbol{J}_2)} \end{bmatrix} \tag{7.6}$$

式中，$\mathrm{adj}(\boldsymbol{J}_1)=[e_2\cdot e_3,e_3\cdot e_1,e_1\cdot e_2]^{\mathrm{T}}$，$\mathrm{adj}(\boldsymbol{J}_2)=[e_5\cdot e_6,e_6\cdot e_4,e_4\cdot e_5]^{\mathrm{T}}$, $\det(\boldsymbol{J}_1)$、$\det(\boldsymbol{J}_2)$ 满足条件：

$$\begin{cases}\det(\boldsymbol{J}_1)=(e_1\times e_2)e_3<0\\ \det(\boldsymbol{J}_2)=(e_4\times e_5)e_6>0\end{cases}\tag{7.7}$$

所以绳索拉力的公式又可以转化为

$$\tau(b,\dot{b},\ddot{b})=\frac{\mathrm{adj}(\boldsymbol{J})}{\det(\boldsymbol{J})}(M\ddot{b}-F_k-G)\tag{7.8}$$

联合式 (7.6) 和式 (7.7)，可得绳索的单边约束条件为

$$\begin{cases}\mathrm{adj}(\boldsymbol{J}_1)(M_1\ddot{b}_{1d}-F_{k1}-G_1)<0\\ \mathrm{adj}(\boldsymbol{J}_2)(M_2\ddot{b}_{2d}-F_{k2}-G_2)>0\end{cases}\tag{7.9}$$

在给定末端执行器的运动轨迹时，绳索在每个运动位置时都具有唯一的方向向量，又因为末端执行器在运动过程中的固有属性不变，则可以通过在运动时控制弹簧上的弹力来使得绳索上的拉力范围最小化。通过之前的分析，根据绳索的弹性形变程度，选定重复变形良好的绳索最小拉力为 $\boldsymbol{f}_{\min}=[f_{1\min}f_{2\min}f_{3\min}f_{4\min}f_{5\min}f_{6\min}]^{\mathrm{T}}$，最大拉力为 $\boldsymbol{f}_{\max}=[f_{1\max}f_{2\max}f_{3\max}f_{4\max}f_{5\max}f_{6\max}]^{\mathrm{T}}$，根据末端执行器运动的轨迹可以求解出弹簧弹力 $\boldsymbol{F}_k$ 的表达式为

$$\begin{aligned}\boldsymbol{F}_k&=[F_{k1x}\ \ F_{k1y}\ \ F_{k1z}\ \ F_{k2x}\ \ F_{k2x}\ \ F_{k2y}\ \ F_{k2z}]^{\mathrm{T}}\\&=k[b_{2d}^{\mathrm{T}}-b_{1d}^{\mathrm{T}}+h^{\mathrm{T}}\ \ b_{1d}^{\mathrm{T}}-b_{2d}^{\mathrm{T}}+h^{\mathrm{T}}]^{\mathrm{T}}\end{aligned}\tag{7.10}$$

则可以得到弹簧弹力 $\boldsymbol{F}_k$ 和绳索张力 $\boldsymbol{f}$ 的满足条件为

$$\begin{aligned}&f_{i\min}-m_1\Delta_{ki}\leqslant -j_{i1}F_{k1x}-j_{i2}F_{k1y}-j_{i3}F_{k1z}\leqslant f_{i\max}-m_1\Delta_{ki},\quad i=1,2,3\\&f_{j\min}-m_2\Delta_{kj}\leqslant -j_{j1}F_{k2x}-j_{i2}F_{k2y}-j_{j3}F_{k2z}\leqslant f_{j\max}-m_2\Delta_{kj},\quad j=4,5,6\end{aligned}\tag{7.11}$$

式中，

$$\Delta_{ki}=j_{i1}\ddot{b}_{1x}+j_{i2}\ddot{b}_{1y}+j_{i3}(\ddot{b}_{1y}+g),\quad i=1,2,3$$

$$\Delta_{ki}=j_{i1}\ddot{b}_{2x}+j_{i2}\ddot{b}_{2y}+j_{i3}(\ddot{b}_{2y}+g),\quad i=4,5,6$$

$$\boldsymbol{J}_1^{-1}=\begin{bmatrix}j_{11}&j_{12}&j_{13}\\j_{21}&j_{22}&j_{23}\\j_{31}&j_{32}&j_{33}\end{bmatrix}$$

$$J_2^{-1} = \begin{bmatrix} j_{41} & j_{42} & j_{43} \\ j_{51} & j_{52} & j_{53} \\ j_{61} & j_{62} & j_{63} \end{bmatrix}$$

假定弹簧的原始长度为 h_0，初始预紧状态时的长度为 h，上部构型的运动轨迹为 $\boldsymbol{b}_1\begin{bmatrix} p_{1x} & p_{1y} & p_{1z} \end{bmatrix}^{\mathrm{T}}$，下部构型的运动轨迹为 $\boldsymbol{b}_2\begin{bmatrix} p_{2x} & p_{2y} & p_{2z} \end{bmatrix}^{\mathrm{T}}$。定义弹簧在 Z 方向运动中的变化长度为 $h_z(t)$，则 $\boldsymbol{b}_2 = \boldsymbol{b}_1 + [0\ 0\ h + h_z(t)]^{\mathrm{T}}$。根据式 (7.11) 可得弹簧最大张力曲线 $h_{i\max}$ 与最小张力曲线 $h_{i\max}$，即

$$\begin{aligned} &h_{i\min} : j_{i3}k\left[h + h_z(t)\right] + f_{i\min} - \Delta_{ki} = 0, \quad i = 1,2,3 \\ &h_{i\max} : j_{i3}k\left[h + h_z(t)\right] + f_{i\max} - \Delta_{ki} = 0, \quad i = 1,2,3 \end{aligned} \tag{7.12}$$

根据式 (7.12) 可以得到弹簧弹力和绳索张力之间的映射关系为

$$\boldsymbol{F}_k(t) = -kh + \frac{1}{k}[(1-\lambda)\max_{q_t \in q}(f_{i\min}) + \lambda \min_{q_t \in q}(f_{i\max})], \quad 0 \leqslant \lambda \leqslant 1 \tag{7.13}$$

将式 (7.13) 在 MATLAB 中仿真可以得到如图 7.1 所示的弹簧单向变力索力优化曲线，箭头向上的曲线为定义的绳索张力最大值，箭头向下的曲线为定义的绳索张力最小值，实线为下部驱动绳索的绳索张力值，虚线为上部预紧绳索的绳索张力值，中间为弹簧弹力变化曲线图，此时的 $\lambda = 0.5$。从图 7.1 中可以看出，在末端运动的时间为 0~150s 时，可以取得常数 F_0，使得 $F_{\mathrm{br}} = F_0$ 满足绳索张力约束条件。通过对 F_{bt} 曲线进行多项式拟合，得到了实际的弹簧弹力变化曲线 F_{br}，在末端运动的时间为 150~200s 时，$F_{\mathrm{br}} = F_0$ 不再满足适用条件，这时弹簧弹力将开始波动变化来适应绳索力的不断增加。

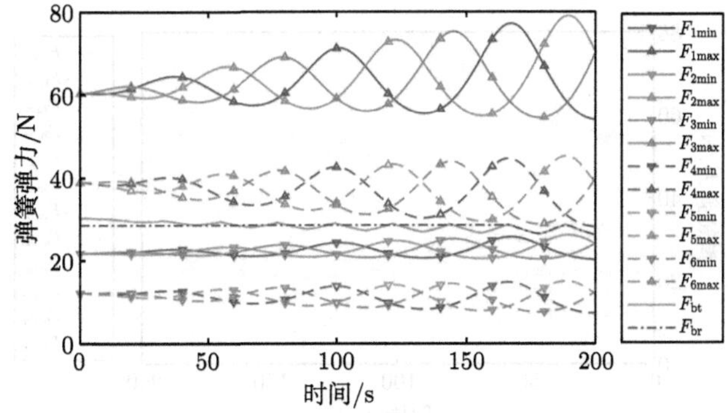

图 7.1 弹簧单向变力索力优化

7.1.3　弹簧多向变力索力优化

在实际的运动过程中，由于多方面的因素影响，上下构型的运动可能不同步，弹簧也会发生倾斜，以至于出现弹簧弹力大小方向改变的情况。7.1.2 节考虑了弹簧单向变力的情况，本节将考虑弹簧多向变力的情况，定义弹簧在运动过程中的位置为 $[h_x(t)h_y(t)h+h_z(t)]^{\mathrm{T}}$，则 $\boldsymbol{b}_2=\boldsymbol{b}_1+[h_x(t)h_y(t)h+h_z(t)]^{\mathrm{T}}$。

基于式 (7.12) 可以求解出在 t 时刻，弹簧最大弹力曲面 $S_{ti\ \max}$ 与最小弹力曲面 $S_{ti\ \min}$ 的解析式为

$$
\begin{aligned}
&S_{ti\ \min}: j_{i1}kh_x(t)+j_{i2}kh_y(t)+j_{i3}k\left[h+h_z(t)\right]+f_{i\min}-\Delta_{ki}=0\\
&S_{ti\ \max}: j_{i1}kh_x(t)+j_{i2}kh_y(t)+j_{i3}k\left[h+h_z(t)\right]+f_{i\max}-\Delta_{ki}=0
\end{aligned}
\tag{7.14}
$$

图 7.2 为弹簧多向变力索力优化的曲线，从图中可以看出，不同的条件下末端执行器在目标轨迹上运动到后期时，驱动绳索和预紧绳索的最大最小张力有所重合，无法再求解出满足弹簧单向力调节的条件。此时根据式 (7.14) 可以求解出满足索力的约束条件为

$$
\left\{
\begin{aligned}
F_bx(t)&=\frac{1}{k}\left\{m_1\ddot{b}_{1x}-\left[(1-\lambda)\min_{b_t\in b}\left(\sum_{i=1}^{3}e_{ix}f_i\right)+\lambda\max_{b_t\in b}\left(\sum_{i=1}^{3}e_{ix}f_i\right)\right]\right\}\\
F_by(t)&=\frac{1}{k}\left\{m_1\ddot{b}_{1y}-\left[(1-\lambda)\min_{b_t\in b}\left(\sum_{i=1}^{3}e_{iy}f_i\right)+\lambda\max_{b_t\in b}\left(\sum_{i=1}^{3}e_{iy}f_i\right)\right]\right\}\\
F_bz(t)&=\frac{1}{k}\left\{m_1\ddot{b}_{1z}-\left[(1-\lambda)\min_{b_t\in b}\left(\sum_{i=1}^{3}e_{iz}f_i\right)+\lambda\max_{b_t\in b}\left(\sum_{i=1}^{3}e_{iz}f_i\right)\right]\right\}-h
\end{aligned}
\right.
\tag{7.15}
$$

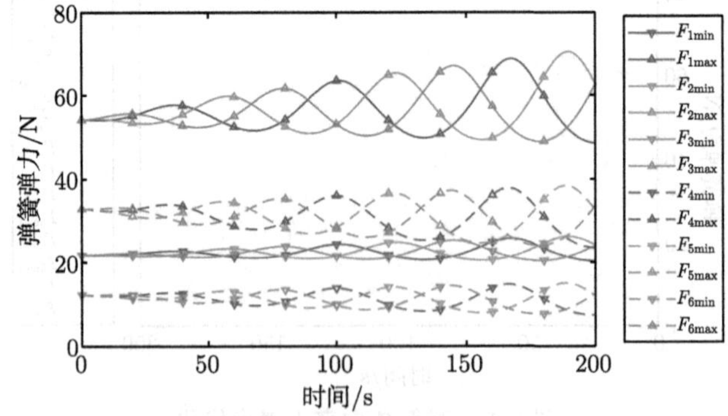

图 7.2　弹簧多向变力索力优化

h_x、h_y、h_z 可以构成空间 V_h，将空间内的点集代入机构的动力学公式，可以求解到对应的绳索张力，求解出每个时刻内绳索张力所包含的区域 ΔF 为

$$\Delta F=\min\left(\|F-F_{\max}\|_\infty,\|F-F_{\min}\|_\infty\right)_{h\in V_h} \tag{7.16}$$

图 7.3 为运行过程中满足弹簧弹力条件的变化区域。从图 7.3 中可以看出，随着运行过程中绳索的张力不断增加，变化的区域逐渐减小，前期还会满足区域的横切面条件，即有恒定的 $F_{\rm br}=F_0$ 满足绳索张力约束条件，而后期的区域中只有不规则的多面体满足条件，说明了单向变力进行索力优化的限制性，因此在后面的数值仿真中，我们选择了弹簧多向变力索力优化进行计算解析。

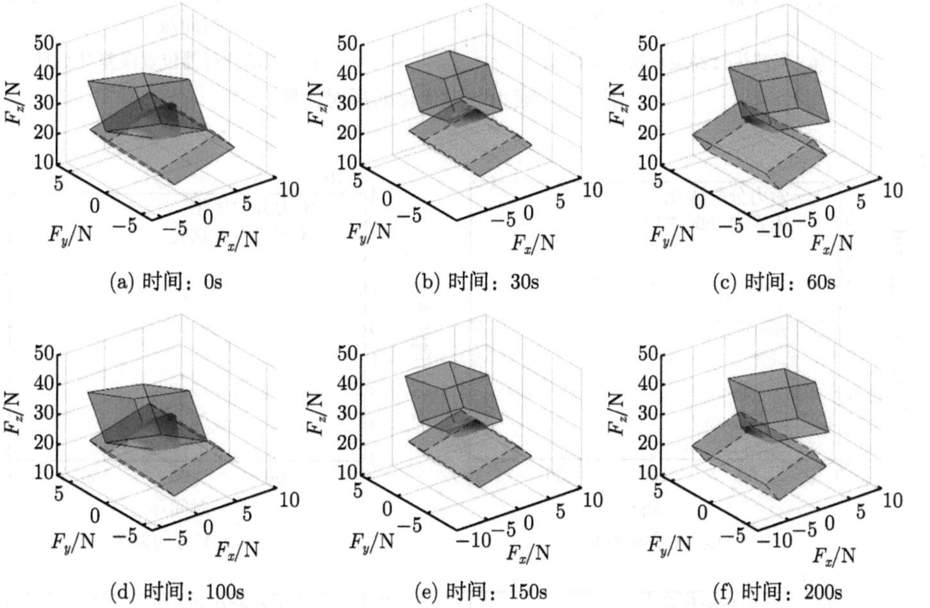

(a) 时间：0s (b) 时间：30s (c) 时间：60s

(d) 时间：100s (e) 时间：150s (f) 时间：200s

图 7.3 不同时刻弹簧弹力变化区域

根据上面的分析进行仿真计算，设定末端执行器运行螺旋圆轨迹。图 7.4(a) 为索力分配优化前后轨迹的对比图，末端执行器的位置误差如图 7.4(b) 所示。

从图 7.4 中可以看出，在未进行索力分配优化时，末端的 XY 轴误差不断波动，在持续增加，Z 轴误差也一直在累积，优化后的误差基本上处于平稳状态并且极小。索力分配优化的作用更直观地体现在控制末端执行器的偏转角中，从而减少运动过程中的偏转抖振现象。图 7.5(a)~(c) 为索力分配优化前后 XYZ 方向的偏角对比图，可以看出 XY 方向上的偏转角在运动过程中不断抖动，持续累积变化。Z 方向上的偏转角随着运动速度的不断增加，开始波动累积，振

幅持续扩大，此时末端执行器已经发生剧烈偏转，飘忽不定。而索力分配优化后，XYZ 方向的偏转角几乎没有变化，大幅增加了运动的平稳性。在图 7.5(d)

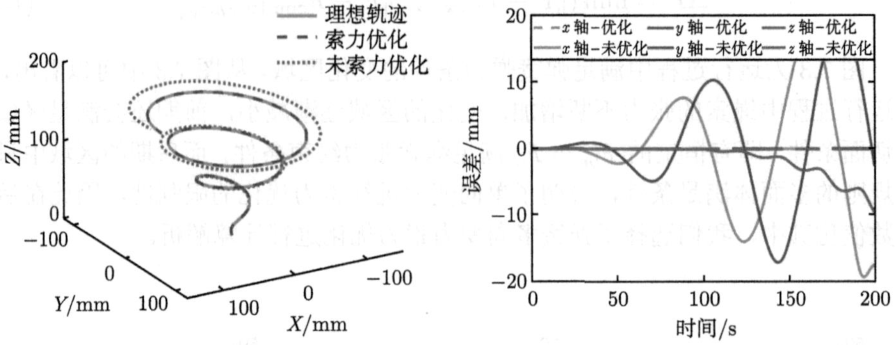

(a) 末端执行器运动轨迹对比图　　(b) 末端执行器位置误差对比图

图 7.4　索力分配优化前后对比图

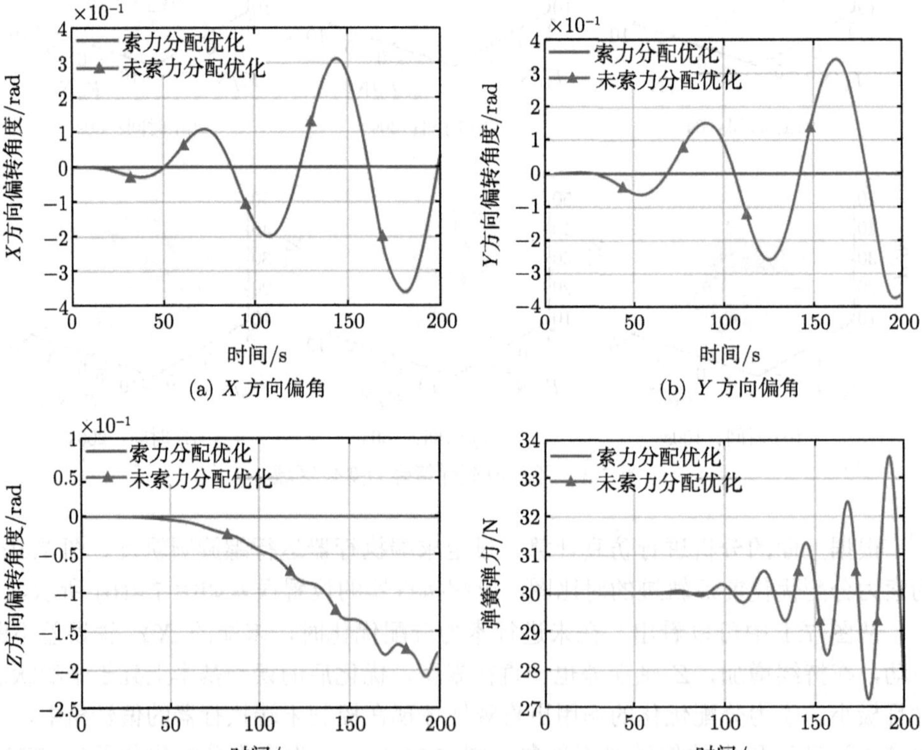

(a) X 方向偏角　　(b) Y 方向偏角

(c) Z 方向偏角　　(d) 弹簧弹力变化对比图

图 7.5　索力分配优化前后对比

中可以看出弹簧弹力也是在索力分配优化后变化十分平稳，不再出现比较动荡的起伏，也不会因为累积误差的增大最后超出自身的弹性范围。因此，本节提出的索力分配优化方法针对绳驱动刚柔耦合机构在提升位置精度方面是有效的，显著降低了末端执行器在运动中的位置误差，减少了各个方向上的累积误差，使得机构可以更加平稳精确地完成各项打印任务。

图 7.6 给出了下部驱动绳索张力分配曲线图，图中 $F_i(i=1,2,3)$ 为未索力分配之前的绳索张力，$F_{i\mathrm{l}}(i=1,2,3)$ 和 $F_{i\mathrm{r}}(i=1,2,3)$ 为索力分配后左右两根绳索的张力变化。从图 7.6 中可以看出，运动过程中的绳索张力不再简单地按照 $\boldsymbol{f}_\mathrm{r}=\boldsymbol{f}_\mathrm{l}=[\,f_1\quad f_2\quad f_3]^\mathrm{T}/2$ 进行分配，而是根据末端的实际运动情况进行了索力分配，索力变化曲线平稳顺滑，随着运动速度的增加有序变化。

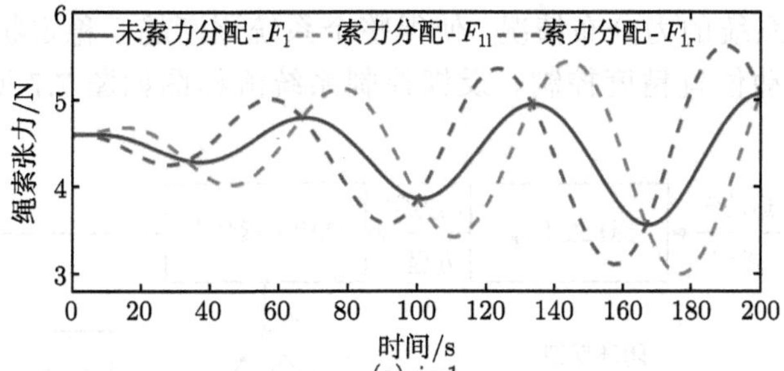

(a) i=1

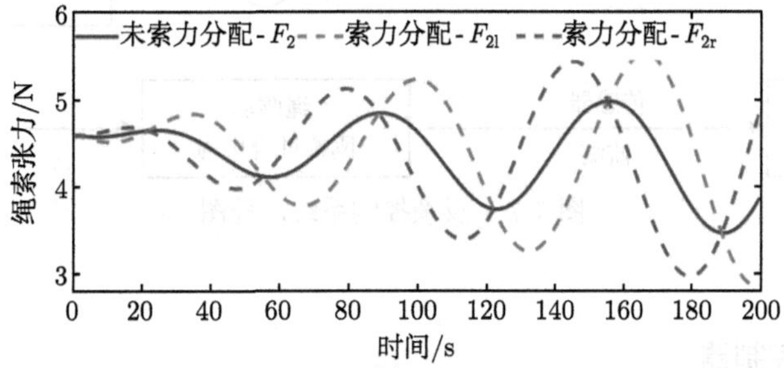

(b) i=2

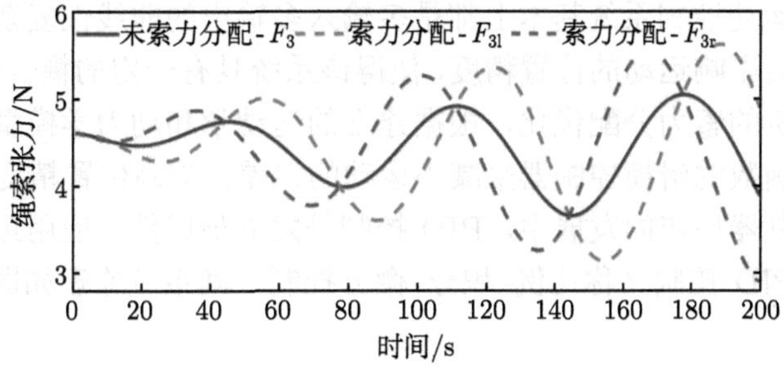

(c) i=3

图 7.6　下部驱动绳索张力分配曲线图

7.2 刚柔耦合 3D 打印机器人运动控制器设计

7.2.1 刚柔耦合 3D 打印机器人运动控制原理分析

基于绳驱动刚柔耦合机构的动力学分析，考虑到末端执行器的运动过程中，一些外部噪声的影响以及绳索自身的形变，会影响运动的平稳性以及位置精度，根据其结构特性，为了提高末端执行器的运动位置精度以及平稳性，需要采取合适有效的运动控制策略。因此设计了反馈控制系统，通过对预计的运动轨迹进行动力学求解得到理想的绳索张力，通过力矩控制末端执行器运动，再通过传感器获得末端运动的位置和速度变化，得到实际的绳索张力，经过误差求解反馈在运动控制策略中，实现闭环反馈控制。整个运动过程中，通过运动控制策略可以调整系统的力分布情况，使得整个系统逐渐趋于稳定状态，实现对末端执行器的运动位置精度控制。反馈控制系统流程图如图 7.7 所示。

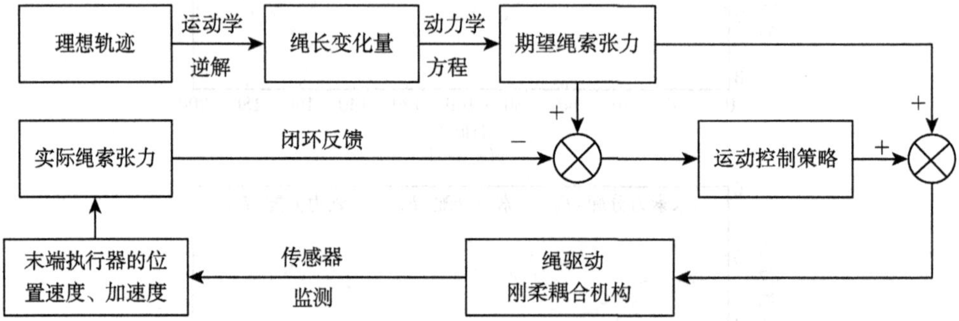

图 7.7 反馈控制系统流程图

7.2.2 PID 控制器

机器人的运动控制系统基本上都是多输入多输出的非线性复杂系统，有诸多不确定的因素会影响运动的位置精度，使得该系统具有一定的耦合性、时变性。基于 7.1 节所分析的索力分配优化，根据建立的运动学和动力学模型，本节设计了基于双曲正切函数的滑模控制器来减小运动的误差，提高位置精度。

在运动控制器历年的发展中，PID 控制是发展最成熟、应用最广泛的一种运动控制策略。PID 控制又称比例–积分–微分控制，其系统原理如图 7.8 所示。

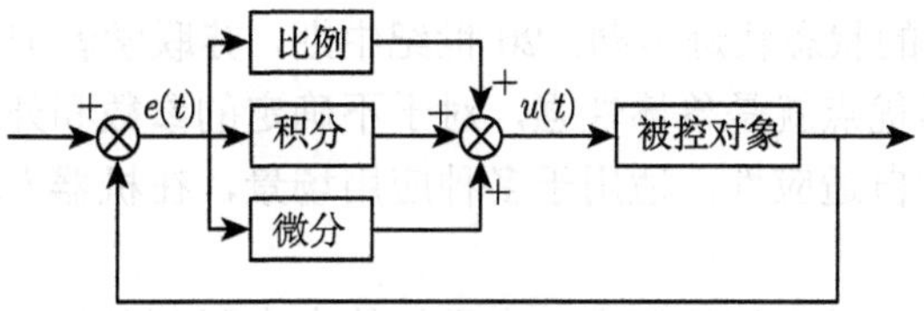

图 7.8　PID 控制系统原理图

PID 控制系统所对应的输入输出映射关系式为

$$u(t) = K_{\mathrm{p}}e(t) + K_{\mathrm{i}}\int e(t)\mathrm{d}t + K_{\mathrm{d}}\frac{\mathrm{d}e(t)}{\mathrm{d}t} \tag{7.17}$$

式中，K_{p} 为比例调节系数；K_{i} 为积分调节系数；K_{d} 为微分调节系数。K_{p} 可以加快系统的响应速度，提高系统的调节精度，起到快速调节误差的作用；K_{i} 可以消除残差，起到调节稳态时间的作用；K_{d} 可以改善系统的动态性能，在误差未出现之前进行预测，有着提前修正误差的作用。PID 控制器中的比例环节可以根据反馈的绳索拉力误差量快速响应，进行控制作用，从而减小绳索的拉力误差；积分环节可以消除静差，使绳索拉力平滑地接近期望值；微分环节可以有效抑制拉力误差的变化，当拉力误差增强时，其抑制作用也会增加，从而减少系统的振荡。

对于绳驱动刚柔耦合机构而言，首先需要对目标轨迹进行动力学求解，得到理想绳索张力 $F_0(t)$，通过传感器检测得到实际的绳索张力 $F_{\mathrm{r}}(\mathrm{t})$，则绳索张力的误差为

$$\Delta F(t) = F_0(t) - F_{\mathrm{r}}(t) \tag{7.18}$$

通过 PID 控制器解析后的跟踪输入绳索张力为

$$F_1(t) = K_{\mathrm{p}}\left[\Delta F(t) + \frac{1}{T_{\mathrm{i}}}\int_0^t \Delta F(t)\mathrm{d}t + T_{\mathrm{d}}\frac{\mathrm{d}\Delta F(t)}{\mathrm{d}t}\right] \tag{7.19}$$

式中，T_{i} 为 PID 控制器积分周期；T_{d} 为 PID 控制器微分周期。则系统跟踪输出的绳索张力为

$$F_2(t) = F_0(t) + F_1(t) = K_{\mathrm{p}}\left[\Delta F(t) + \frac{1}{T_{\mathrm{i}}}\int_0^t \Delta F(t)\mathrm{d}t + T_{\mathrm{d}}\frac{\mathrm{d}\Delta F(t)}{\mathrm{d}t}\right] \tag{7.20}$$

7.2.3　基于双曲正切函数的滑模控制器

在运动过程中，由于自身的限制，机构使用力矩进行控制的范围十分有限，这就导致在控制器的设计上可能出现控制输入受限问题，而滑模变结构控制的控制器结构动态性能强，可以在动态的运动过程中，根据系统不同时刻出现的偏差来

进行“滑动模态”的状态轨迹运动。20 世纪中期，苏联学者 Utkin 提出了滑模控制方法，其最大的优点就是鲁棒性强，对于不确定的参数和外界的干扰响应速度非常快，有一定的自适应性，适用于多种应用场景，在机器人运动控制领域已经得到广泛应用。

针对绳驱动刚柔耦合机构而言，由于机构自身限制条件的影响，以及人为安装出现的误差，绳索在运动过程中会发生一定的变形等现象，建立的运动学及动力学模型不可避免地会出现偏差。于是，研究者采用一种滑模变结构控制的策略来减小运动过程中可能产生的误差，提高末端执行器的运动精度。为了保证末端执行器在运动中系统的稳定性，减少其在运动中的抖振，本节设计了变结构的滑模控制函数来减少滑模面上会出现的“抖振”现象，选用了双曲正切函数 $\tanh(s)$ 来替换常用的等速趋近项——符号函数 $\mathrm{sgn}(s)$。

基于双曲正切函数的滑模控制器相比传统的符号函数滑模控制器具有以下优点。

(1) 相比之下，双曲正切函数在数学上具有可微性和连续性，曲线更加柔顺平滑，可以替代符号函数。在实际应用中可以使系统的控制性能更加稳定和可靠。

(2) 双曲正切函数的导数在原点处最大，这使得基于双曲正切函数的滑模控制器更容易对系统中的扰动和干扰做出响应，并且能够更好地保持滑模面的稳定性，有着很强的鲁棒性。

(3) 双曲正切函数可以适用于一些非线性系统，而符号函数只适用于线性系统。因此，在处理一些复杂的非线性系统时，基于双曲正切函数的滑模控制器可以比符号函数的滑模控制器更有效，适用的场合更加广泛。

双曲正切函数 $\tanh(s)$ 的表达式为

$$\tanh(s) = \frac{e^s - e^{-s}}{e^s + e^{-s}} \tag{7.21}$$

它可以控制输入的有界性，其对比图如图 7.9 所示。

为了保证设计的滑模控制可以快速收敛，设计了滑模面函数为

$$s(t) = \dot{e}(t) + \boldsymbol{\Lambda} e(t) \tag{7.22}$$

式中，$\boldsymbol{\Lambda} = \mathrm{diag}(\lambda_1, \lambda_2, \lambda_3)$，$\lambda_i > 0$。

对滑模面函数进行一阶微分和设计滑模面的趋近律可以得到

$$\dot{s}(t) = \ddot{e}(t) + \boldsymbol{\Lambda}\dot{e}(t) = \boldsymbol{K}s - \eta \tanh\left[\frac{s(t)}{\varepsilon}\right] \tag{7.23}$$

式中，$\varepsilon > 0$；$\boldsymbol{K} > 0$，$\boldsymbol{K}$ 为正定矩阵；$\eta > 0$。

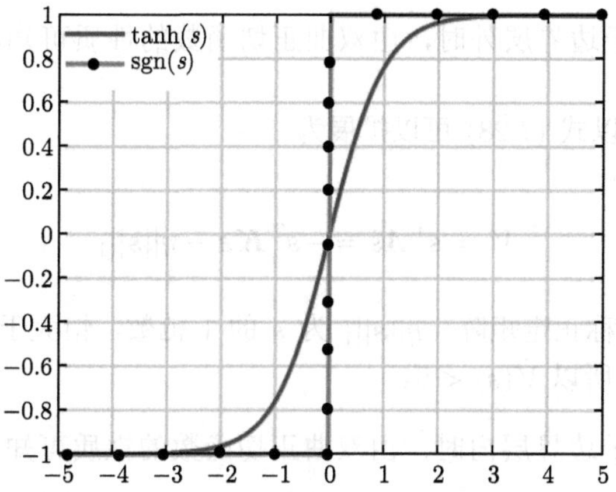

图 7.9 双曲正切函数和符号函数对比图

根据机构动力学模型可以定义末端执行器的位置误差为

$$e(t) = x_2(t) - x_1(t) \tag{7.24}$$

式中，$x_2(t)$ 为期望的位移量；$x_1(t)$ 为实际的位移量。

因此运动中的速度和加速度可以表示为

$$\begin{cases} \dot{x}_1(t) = \dot{x}_2(t) + \boldsymbol{\Lambda} e(t) \\ \ddot{x}_1(t) = \ddot{x}_2(t) + \boldsymbol{\Lambda} \dot{e}(t) \end{cases} \tag{7.25}$$

则根据式 (7.20) 可以解析出在理想状态下的滑模控制器关系式为

$$F = \boldsymbol{\Lambda} \ddot{x}_1(t) + \eta \tanh\left[\frac{S(t)}{\varepsilon}\right] + \boldsymbol{K} s(t) + mg \tag{7.26}$$

式中，$\boldsymbol{\Lambda}$ 为对称正定惯性矩阵；m 为质量；g 为重力加速度。

在解析出滑模控制器的关系式后，需要证明整个系统的稳定性，定义李雅普诺夫函数为

$$V = \frac{1}{2}\boldsymbol{s}^{\mathrm{T}} \boldsymbol{\Lambda} \boldsymbol{s} \tag{7.27}$$

明显可知式 (7.27) 为二次型正定函数，将式 (7.27) 进行求导后可得李雅普诺夫函数一阶微分的关系式为

$$\dot{V} = \boldsymbol{s}^{\mathrm{T}} \boldsymbol{\Lambda} \dot{\boldsymbol{s}} = -\boldsymbol{s}^{\mathrm{T}}\left[\boldsymbol{K}\boldsymbol{s} + \eta \tanh\left(\frac{\boldsymbol{s}}{\varepsilon}\right)\right] \tag{7.28}$$

在 $(e,\dot{e})$ 处于边界层外时，由双曲正切函数的性质可知，$\eta\tanh\left[\dfrac{s(t)}{\varepsilon}\right]\approx\eta\,\mathrm{sgn}\left(\dfrac{s(t)}{\varepsilon}\right)$，所以式 (7.28) 可以扩展为

$$\dot{V}=\boldsymbol{s}^{\mathrm{T}}\boldsymbol{\Lambda}\dot{s}=-\boldsymbol{s}^{\mathrm{T}}\boldsymbol{K}\boldsymbol{s}-\eta||\boldsymbol{s}||_1 \tag{7.29}$$

由于 $\boldsymbol{K}$ 为对称正定矩阵，$\eta||\boldsymbol{s}||_1$ 为 $\boldsymbol{s}$ 的 1 范数，恒大于 0，又因为 $\boldsymbol{s}^{\mathrm{T}}\boldsymbol{K}\boldsymbol{s}$ 二次型恒大于 0，所以 $\dot{V}(s)<0$。

在 $(e,\dot{e})$ 处于边界层内时，由双曲正切函数的性质可知，$\eta\tanh\left[\dfrac{s(t)}{\varepsilon}\right]\approx\eta\left(\dfrac{s(t)}{\varepsilon}\right)$，所以式 (7.29) 可以扩展为

$$\dot{V}=\boldsymbol{s}^{\mathrm{T}}\boldsymbol{\Lambda}\dot{\boldsymbol{s}}=-\boldsymbol{s}^{\mathrm{T}}\boldsymbol{K}\boldsymbol{s}-\boldsymbol{\eta}\boldsymbol{s}^{\mathrm{T}}\boldsymbol{s} \tag{7.30}$$

式中，$\boldsymbol{s}^{\mathrm{T}}\boldsymbol{K}\boldsymbol{s}$ 也是二次型，恒大于 0。所以可以得到 $\dot{V}(s)<0$。

综上可知，处于边界的任何位置，$\dot{V}(s)$ 都恒小于 0。这证明了设计的基于双曲正切函数的滑模控制器可以保证绳驱动刚柔耦合机构控制系统的稳定性。

7.3　刚柔耦合 3D 打印机器人运动控制策略仿真分析

基于建立好的 Simscape 模型，根据 7.2 节建立的运动控制器，为绳驱动刚柔耦合机构的关节添加上相应的驱动关节，通过末端执行器的位移、速度等运动特性变化来分析探究运动控制器的正确性，减小运动过程中的位置误差。本节在联合 Simscape 进行数值仿真的过程中，对比分析了开环控制、PID 控制、基于双曲正切函数的滑模控制的效果，验证了设计的变结构滑模控制的有效性，提高了末端执行器的运动位置精度。

1) PID 控制器仿真设置

针对绳驱动刚柔耦合机构，在 PID 控制器的仿真过程中，需要对 K_{p}、K_{i}、K_{d} 这三个参数整定，来提高末端执行器的运行精度。由于绳驱动刚柔耦合机构是通过绳索进行驱动控制的，可以将绳索长度或速度的变化作为闭环反馈控制信号，从而提高位置精度。本节设计了末端运动轨迹，通过机构的动力学模型求解出理论的绳索驱动力矩，将其作为输入量，在 Simscape 模型中监测出实际的绳索长度变化以及速度变化作为反馈量，最后通过 PID 控制器进行误差处理，来进行末端执行器的精准控制。

在联合 Simscape 的仿真中，通过对 K_{p}、K_{i}、K_{d} 整定，得到了各个参数的取值为

$$\begin{cases} K_{\mathrm{p}} = \mathrm{diag}(110 \quad 110 \quad 110) \\ K_{\mathrm{i}} = \mathrm{diag}(2 \quad 2 \quad 2) \\ K_{\mathrm{d}} = \mathrm{diag}(8 \quad 8 \quad 8) \end{cases} \tag{7.31}$$

根据以上分析，建立整体的控制框图，如图 7.10 所示。数值仿真过程中设置仿真时间 $t = 10\mathrm{s}$、仿真步长为 $\tau = 0.025\mathrm{s}$。定义的运动轨迹为

$$\begin{cases} x = A \times t\cos(\pi t) \\ y = B \times t\sin(\pi t) \\ z = C \times t \end{cases} \tag{7.32}$$

式中，$A = 10$，$B = 10$，$C = 5$，其轨迹 XY 平面为阿基米德螺旋线，如图 7.10 所示，经过仿真得到末端执行器的速度、加速度等工作特性。

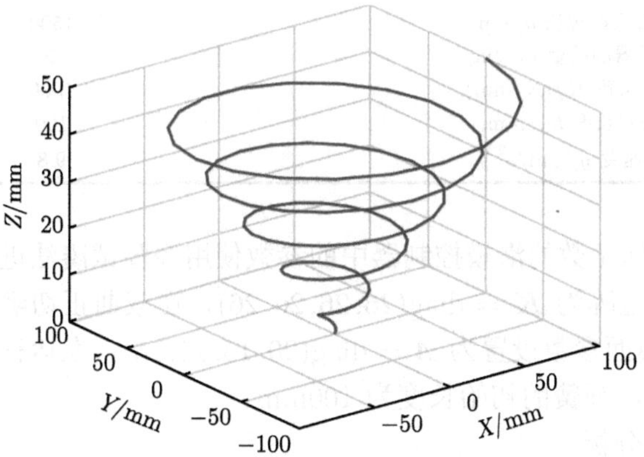

图 7.10 仿真运动轨迹

2) 基于双曲正切函数的滑模控制器仿真设置

根据 7.2 节的变结构滑模控制器设计，将符号函数替换成双曲正切函数，减少了末端运动的抖振现象。联合 Simscape 设计的控制器框图 (图 7.11)，运行 PID 控制器仿真中同样的运动轨迹、时间、运行步长。图 7.11 设计的滑模控制器 (sliding mode control，SMC) 定义的运行轨迹使用的都是 S 函数的形式，更加便于调试分析。在运行仿真之前，对设计的绳驱动刚柔耦合机构的物理参数进行定义，具体参数如表 7.1 所示。

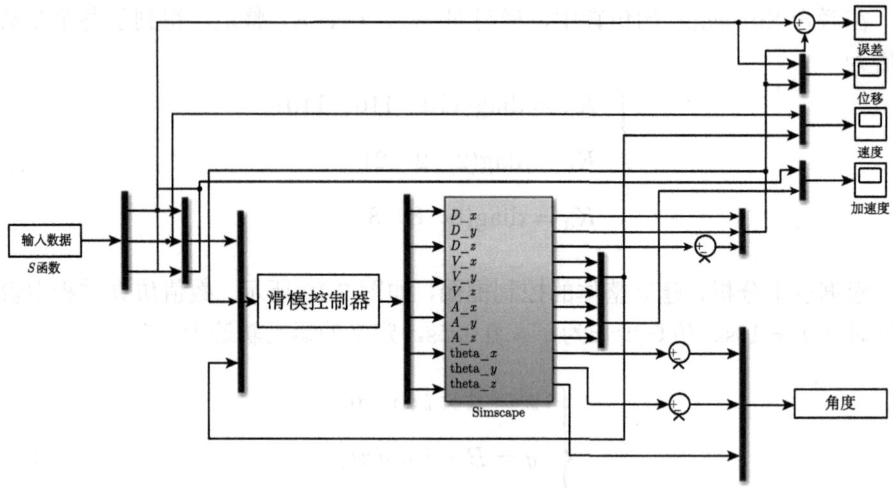

图 7.11　SMC 控制仿真框图

表 7.1　结构参数

结构参数	参数值
机构框架高度 H/mm	1780
机构框架底部边长 a/mm	1500
末端执行器的质量 m_0/kg	1
弹簧弹性系数 K/(N/mm)	1000
弹簧初始长度 h_0/mm	100
重力加速度 $g/\left(\mathrm{m/s^2}\right)$	9.8

基于双曲正切函数的滑模控制器中的参数使用经验试凑法进行设置，最终优化后的比例增益矩阵为 $\boldsymbol{K} = \mathrm{diag}(26, 26, 26, 26)$，在双曲正切函数中的陡度参数为 $\varepsilon = 0.1$，滑模面参数设置为 $\boldsymbol{\Lambda} = \mathrm{diag}(20, 15, 15, 15)$，在运行前的绳索张力预定义为 $F = 10\mathrm{N}$，弹簧的初始长度为 100mm。

3) 仿真结果分析

在定义好参数之后，由于绳索驱动的单向受力特性，需要保证在仿真之前机构的驱动绳索已经达到了预紧状态，避免有绳索会出现“虚连”现象。此时根据预定义的弹簧弹力来进行绳索张力的调节，保证在初始位置时，绳索张力一定大于 0。根据之前的相关设置进行仿真，并将优化了定滑轮包角的开环控制仿真加入了对照组，得到了末端执行器运行过程中在 XYZ 方向上的误差图，具体如图 7.12 所示。

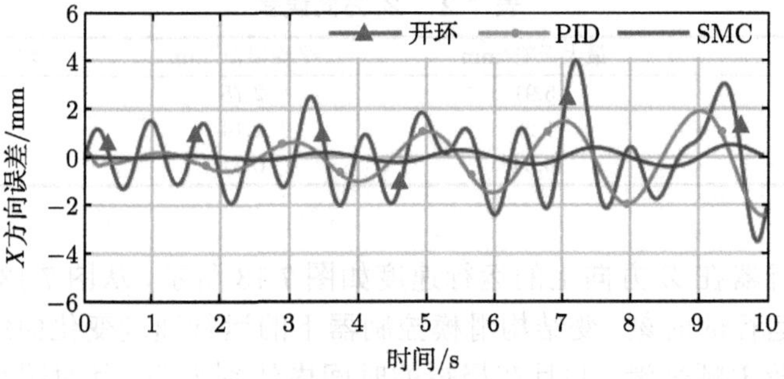

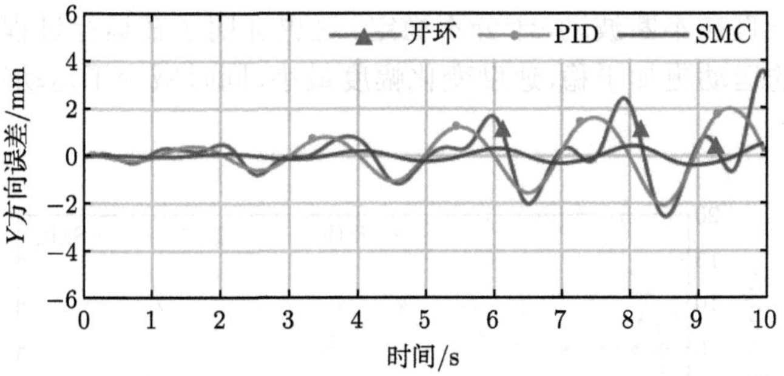

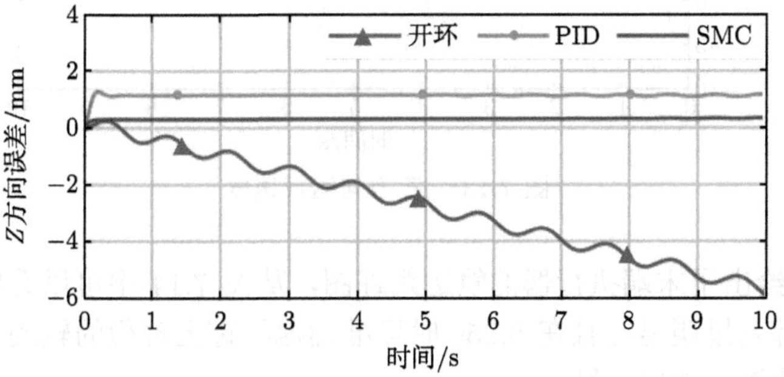

图 7.12 XYZ 方向上的误差

从图 7.12 中可以看出，基于双曲正切函数的变结构滑模控制器仿真效果最好，在 XYZ 方向上的误差均是最小，开环控制相对于其他两种控制器来说，X 方向上误差最大达到 4.2mm，Y 方向上的误差最大达到 3.8mm，Z 方向上的误差最大达到 6mm，且在 Z 方向上的误差持续累积，不断增加。表 7.2 对比了三者的平均误差和均方根误差，可以看到变结构滑模控制器的最大误差相对于 PID 控制器降低了 73.4%，变结构滑模控制器的平均误差相对于 PID 控制器降低了 72.8%，使用了变结构滑模控制器的平均误差由 1.14mm 降低到了 0.31mm，均方根误差由 1.31mm 降低到了 0.09mm，可以反映出其运动过程中平稳性更优，运动位置精度更高。

表 7.2　Z 方向误差

控制器	最大误差/mm	平均误差/mm	均方根误差/mm
开环	5.91	2.75	10.53
PID	1.28	1.14	1.31
SMC	0.34	0.31	0.09

末端执行器在 Z 方向上的运行速度如图 7.13 所示，从图 7.13 中可以看出，在刚刚开始运行的时刻，变结构滑模控制器下的运行速度变化曲线相对于 PID 控制来说比较柔顺平滑，并且在极短的时间内达到平稳，其对照组下的开环控制速度变化一直在不断波动，十分不稳定。这也证明了在运行过程中，变结构滑模控制器下的运动更加平稳，速度变化幅度最小，同时减少了运动过程中的抖动现象。

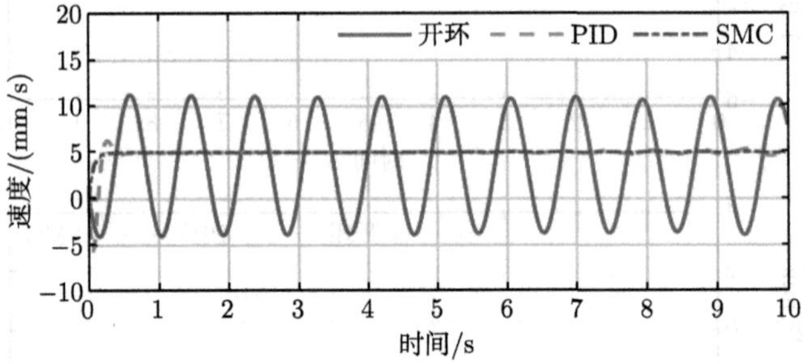

图 7.13　Z 方向运行速度

图 7.14 给出了末端执行器的轨迹跟踪图，从图 7.14 中可以看出，变结构滑模控制的跟踪效果明显，且在 0.25s 时可准确地跟踪上理想的轨迹，说明变结构滑模控制器的控制效果良好。

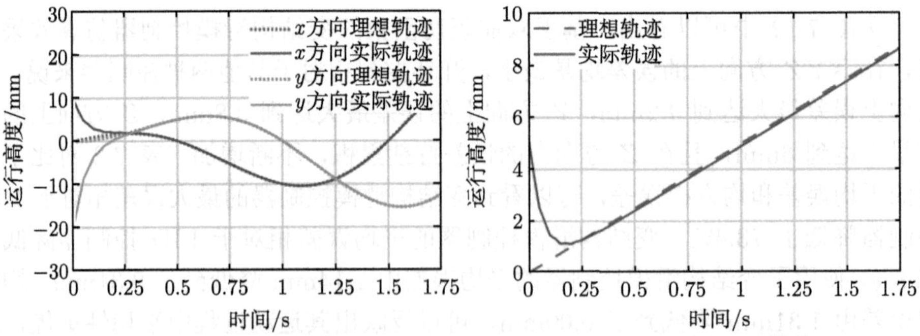

(a) XY 方向跟踪效果　　(b) Z 方向跟踪效果

图 7.14　轨迹跟踪效果

图 7.15(a) 还给出了 Z 方向上的速度跟踪效果，在运行时间为 0.25s 之前，速度发生了较大波动，后面逐渐跟踪上了理想速度，趋于稳定。这是由于在末端执行器的运动初期，绳索刚开始进行驱动，会发生较大的张力波动，速度会有一定的波动。在图 7.15(b) 中可以看到下部的三根驱动绳索运动时的张力变化，在 0~0.5s，绳索张力急剧波动变化，而后趋于稳定，变化曲线顺滑平稳。根据以上数据可知，与开环控制和 PID 控制的仿真结果对比，基于双曲正切函数的变结构滑模控制器在控制精度方面更加精准，使得末端执行器可以平稳地运动并且有着较高的位置精度，足以满足 3D 打印的任务需求。

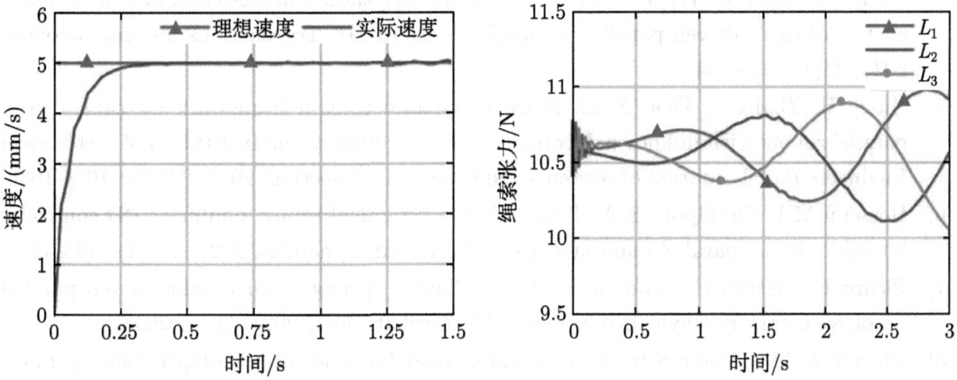

(a) Z 方向速度跟踪效果　　(b)下部驱动绳索张力变化

图 7.15　工作特性变化曲线

7.4 本 章 小 结

本章考虑了绳索张力必然会在运动过程中影响末端执行器的运动精度，基于动力学方程建立了绳索–弹簧之间的映射关系，定义绳索的张力最优适用范围，根据弹簧的受力方向提出了两种索力优化的方法。仿真验证了弹簧多向变力索力优化的方法适用性更加广泛，同时针对下部驱动绳索上的张力进行了合理的分配，减少了运动过程中的抖振现象。在此基础上设计了 PID 控制器、基于双曲正切函数的变结构滑模控制器，仿真分析了两种控制器的优劣，分析得到变结构滑模控制器的控制效果优于传统 PID 控制器，可以减少运动过程中的抖动，提高运动的位置精度，为后续的实验提供了理论依据。

参考文献

[1] Lu Y J, Zhu W B, Ren G X. Feedback control of a cable-driven gough-stewart platform[J]. IEEE Transactions on Robotics, 2006, 22(1): 198-202.

[2] 姚莉君, 李成刚, 张军. ADAMS 与 MATLAB 联合仿真在 3 自由度并联机构控制中的应用 [J]. 机械设计, 2012, 29(5): 31-35.

[3] Gouttefarde M, Lamaury J, Reichert C, et al. A versatile tension distribution algorithm for n-DOF parallel robots driven by n+2 cables[J]. IEEE Transactions on Robotics, 2015, 31(6): 1444-1457.

[4] Jia H Y, Shang W W, Xie F, et al. Second-order sliding-mode-based synchronization control of cable-driven parallel robots[J]. IEEE/ASME Transactions on Mechatronics, 2020, 25(1): 383-394.

[5] Xiong H, Zhang L, Diao X M. A learning-based control framework for cable-driven parallel robots with unknown Jacobians[J]. Proceedings of the Institution of Mechanical Engineers Part I: Journal of Systems and Control Engineering, 2020, 234(9): 1024-1036.

[6] Hosseini M I, Khalilpour S A, Taghirad H D. Practical robust nonlinear PD controller for cable-driven parallel manipulators[J]. Nonlinear Dynamics, 2021, 106(1): 405-424.

[7] Picard E, Plestan F, Tahoumi E, et al. Control strategies for a cable-driven parallel robot with varying payload information[J]. Mechatronics, 2021, 79: 102648.

[8] Chen Y Z, Li J, Wang S H, et al. Dynamic modeling and robust adaptive sliding mode controller for marine cable-driven parallel derusting robot[J]. Applied Sciences, 2022, 12(12): 6137.

[9] Sancak C, Itik M. Out-of-plane vibration suppression and position control of a planar cable-driven robot[J]. IEEE/ASME Transactions on Mechatronics, 2022, 27(3): 1311-1320.

[10] Zhang B, Deng B B, Gao X Y, et al. Design and implementation of fast terminal sliding mode control with synchronization error for cable-driven parallel robots[J]. Mechanism and Machine Theory, 2023, 182: 105228.

[11] Gosselin C, Grenier M. On the determination of the force distribution in overconstrained cable-driven parallel mechanisms[J]. Meccanica, 2011, 46(1): 3-15.

[12] Rasheed T, Long P, Marquez-Gamez D, et al. Tension distribution algorithm for planar mobile cable-driven parallel robots[C]//Gosselin C, Cardou P, Bruckmann T, et al. Cable-Driven Parallel Robots. Cham: Springer, 2018: 268-279.

[13] Geng X Y, Li M, Liu Y F, et al. Analytical tension-distribution computation for cable-driven parallel robots using hypersphere mapping algorithm[J]. Mechanism and Machine Theory, 2020, 145: 103692.

[14] Ueland E, Sauder T, Skjetne R. Optimal force allocation for overconstrained cable-driven parallel robots: Continuously differentiable solutions with assessment of computational efficiency[J]. IEEE Transactions on Robotics, 2021, 37(2): 659-666.

[15] Ameri A, Molaei A, Khosravi M A, et al. Control-based tension distribution scheme for fully constrained cable-driven robots[J]. IEEE Transactions on Industrial Electronics, 2022, 69(11): 11383-11393.

[16] Cao S, Luo Z W, Quan C Q. Real-time tension distribution design for cable-driven parallel robot[J]. Applied Sciences, 2022, 13(1): 10.

第 8 章 刚柔耦合3D打印机器人实验研究

现有用于工业应用的柔索并联机构多为 3 个转动自由度和 3 个移动自由度兼具的 6 自由度柔索机构，然而对于实现 3D 打印的工作而言，末端效应器仅需要平动的 3 个自由度便能很好地实现工作要求，过多的转动自由度反而增加机构的控制难度，影响机构的运行精度。基于此类的自由度要求，刚性并联机构中的 Delta 机构对柔索并联机器人构型的设计具有很大的启示作用。刚性并联 Delta 构型的 3D 打印机如图 8.1 所示，其利用平行的刚性连杆代替刚性并联机构中的传统的单杆连杆，利用机构的优势很好地限制了难以控制的 3 个转动自由度。因其构型的优势，Delta 机构成为刚性并联机器人中应用最为广泛的机器人。

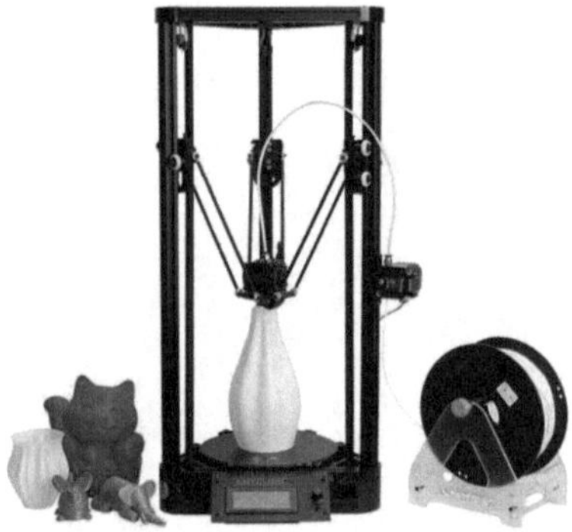

图 8.1　刚性并联 Delta 构型的 3D 打印机

根据刚性并联 Delta 机构所得到的启发，平行柔索的构型在并联柔索机器人中也得到了广泛的研究分析，如图 8.2 所示。Zhang 等 [1] 设计并测试了一种非冗余索驱动并联机器人，命名为 T-Bot。T-Bot 由三对平行索驱动，并由被动弹簧张紧。其制造了一个原型，并在实验验证了大工作空间和可接受的动态性能后，实现了典型的拾放运动。于金山等 [2] 提出了由 8 根绳索驱动的索并联机构，针对绳索并联机构的构型综合问题，定义了出线点和绳索与中心执行器连接点的关联矩阵，在此基础上考虑约束条件综合出了八索并联机构的 18 种有效构型。朱

伟等 [3] 提出了一种 3 自由度绳驱动并联机构，其包含 3 组同组平行、异组交叉结构的绳系支链和 1 组被动弹性支链，基于封闭矢量方法推导了机构运动学方程，基于优化结果设计了试验样机。An 等 [4] 模块化设计了一种高度集成的索驱动模块，包括绕线鼓、伺服电机、力传感器、外部编码器、电磁制动器以及其他设备。使用所提出的模块快速构建了一种具有 8 根缆绳和 6 个自由度的索驱动并联机器人。Goodarzi 等 [5] 考虑了索的非线性振动，对一种新型移动索驱动机器人进行了建模。通过对伊朗科技大学制造的移动索驱动机器人进行一些实验测试，说明将这些机器人中的索作为非线性系统建模可以得到更准确的结果。Zhu 等 [6] 提出了一种 3 自由度索驱动并联机器人，介绍了索的 3 个平行四边形排列和弹性伸缩杆结构的组成。通过实验和仿真验证了柔索驱动并联机器人的可行性。Gueners 等 [7] 提出了一种新的 6 自由度索驱动并联机器人，它由 8 根索完全约束。这种机器人能够进行中等尺寸的 3D 零件打印。Lee 和 Gwak[8] 提出了一种新型的索驱动并联机器人用于 3D 打印建筑施工，柔索驱动并联机器人被设计为只使用 5 根索操作，并应用了一种重力补偿机制，以减少能耗。通过仿真验证证明了所提出的柔索驱动并联机器人和设计方法的有效性。

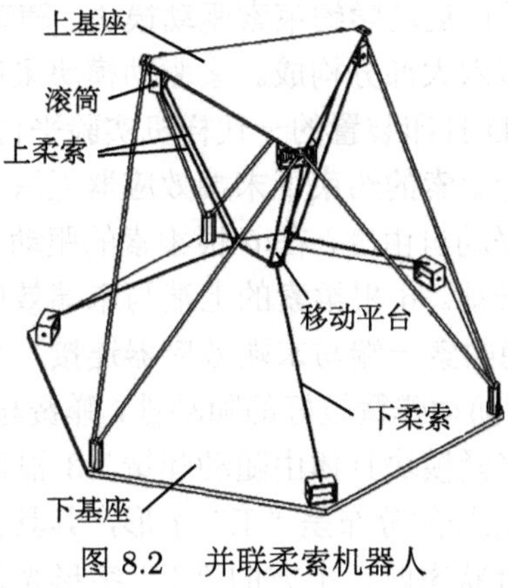

图 8.2 并联柔索机器人

8.1 被动张紧刚柔耦合 3D 打印机器人样机开发

一代样机是被动张紧刚柔耦合 3D 打印机器人，该样机是针对大空间 3D 打印而设计的一种柔索驱动并联 3D 打印系统，索驱动的特点使其能以较低的工程代价来显著地提高 3D 打印装置的打印空间。其采用的是熔融沉积快速成型工艺的扫描加工方式，末端动平台的运动主要分为在每个水平层面上的喷涂运动和竖直方向上的抬刀运动，因此，要满足 3D 打印的功能，末端动平台至少满足具有

3 个平动自由度的要求。同时，为了保证装置在每个分层面上的喷涂精度，末端动平台应消除转动运动，进而保证每层水平涂层的平面度。为满足上述要求，基于平行柔索构型，设计了柔索驱动并联 3D 打印一代样机，其三维模型如图 8.3 所示。

图 8.3　一代样机三维图

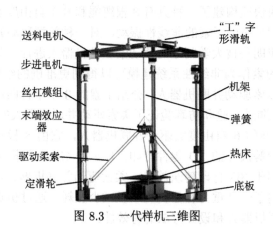

其机械执行系统主要由运动学约束索驱动模块、随动张紧模块、效应器模块、送料模块、热床以及机体六大部分构成。索驱动模块采用了平行柔索组的驱动方式，具体柔索驱动并联 3D 打印装置的一代样机实验平台如图 8.4 所示，根据平行四边形原理，在三组平行柔索的约束下末端效应器无法进行绕坐标轴的转动，因此末端效应器具有 3 个平动自由度，在 6 根柔索的驱动及上端弹簧的约束下实现各自由度方向上的稳定平动。6 根柔索的上端与末端效应器相连，下端绕向定滑轮组的出线孔；3 根调稳柔索一端与末端效应器连接，另一端于末端效应器上端与随动弹簧汇交，为保证随动弹簧较好的随动性，弹簧与上端的"工"字形滑轨构成随动张紧模块。随动张紧模块具体由随动弹簧、3 根直线光杆及光杆上 3 个直线轴承组成，其中 3 根光杆的分布呈"工"字形，其具体结构如图 8.5 所示，在末端效应器处于打印运行状态时，上方的"工"字形光杆使得弹簧时刻保持竖直的状态，从而保证弹簧在为并联柔索机构提供竖直方向拉力的同时不会产生水平方向上的分力，避免了弹簧的水平分力对末端效应器的运行产生扰动。送料模块主要由两个送料滚轮和送料电机组成，如图 8.6 所示，其主要用来进给 3D 打印所需的耗材，耗材主要是由丙烯腈-丁二烯-苯乙烯共聚物 (acrylonitrile butadiene styrene，ABS) 或聚乳酸 (poly lactic acid，PLA) 材料拉制而成的条料，其熔点一般在 170~215℃ 不等。送料模块通过耐高温软管将耗材输送到效应器模块，效应器模块由末端运动平台和高温挤出头组成，高温挤出头将耗材融化，为 3D 打印提供打印材料。

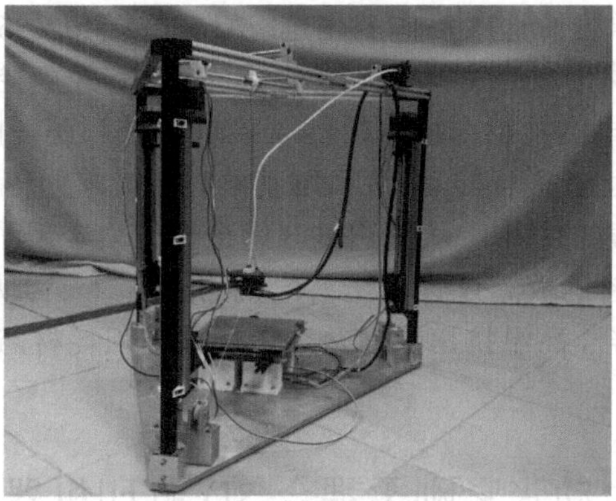

图 8.4 一代样机实验平台

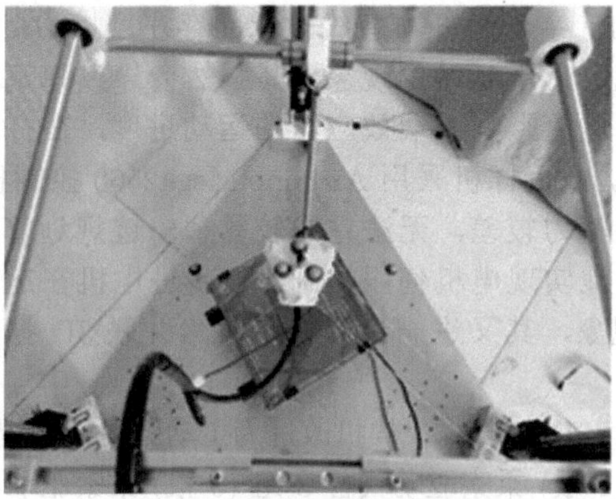

图 8.5 随动张紧模块实物图

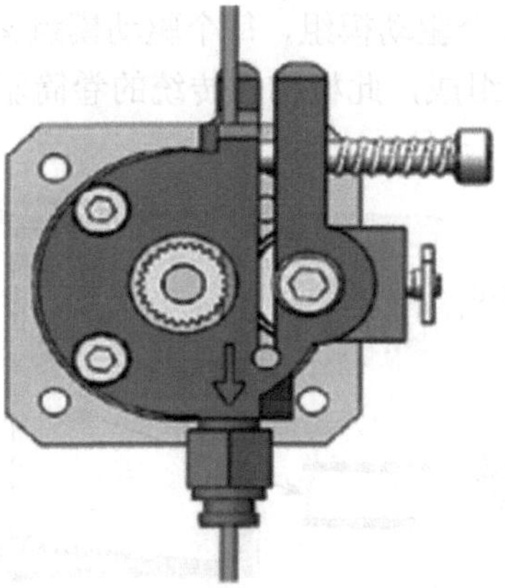

图 8.6 送料模块模型图

3D 打印一代样机的一般工作流程是：Arduino Mega2560 控制板通过固件中的 SD 卡读取模块读取 SD 中储存的 G 代码指令，经由控制板上的 A4988 驱动芯片向各个步进电机发出由控制板读取 G 代码计算而得的脉冲，电机接收脉冲信号后带动滚珠丝杠进行转动，进而驱动丝杠上滑车的移动，进一步地牵引了固接到滑车上的柔索的移动，从而通过 3 组平行柔索实现了末端效应器在三维空间的平动。同时控制板通过计算送料电机的速度，来实现送料速度和末端效应器运行速度的配合，高温挤出头在热床上层层堆积耗材，进而完成 3D 打印的工作。

8.2 改进主动张紧刚柔耦合 3D 打印机器人样机开发

一代样机虽然能实现 3D 打印的工作，但由于其张紧模块采用的是被动张紧模块，上方“工”字形光杆与直线轴承间存在摩擦力，在机构运动的过程中弹簧的跟随难免会出现延时的现象，其必然会导致弹簧产生的水平分力作用于末端效应器，进而影响末端效应器的运动进度，在打印的过程中产生不必要的抖振。同时，一代样机采用 Arduino Mega2560 控制板进行运动学控制，其成本较低，运算能力较差，无法完成较复杂轨迹规划算法的实现，且实时性不足，无法很好地实现电机伺服控制，而步进电机在运行过程中难免会产生抖振和丢步的现象，其又进一步降低了柔索并联 3D 打印一代样机的打印精度。

基于上述考量，3D 打印二代样机改进为主动张紧刚柔耦合 3D 打印机器人，该样机采用 6 组 (12 根) 柔索驱动代替 3 组 (6 根) 柔索驱动，即将“工”字形直线轴承式的被动随动张紧模块改进为并联柔索式的主动随动模块。二代样机的三维模型如图 8.7 所示。二代样机的机械系统可以分为上下对称的两部分，每一部分包含 3 组平行柔索和 3 个驱动模组，每个驱动模组又由一个伺服电机、一个滚珠丝杠和丝杠上滑动平台组成，此机构与传统的卷筒驱动柔索相比能实现更高的

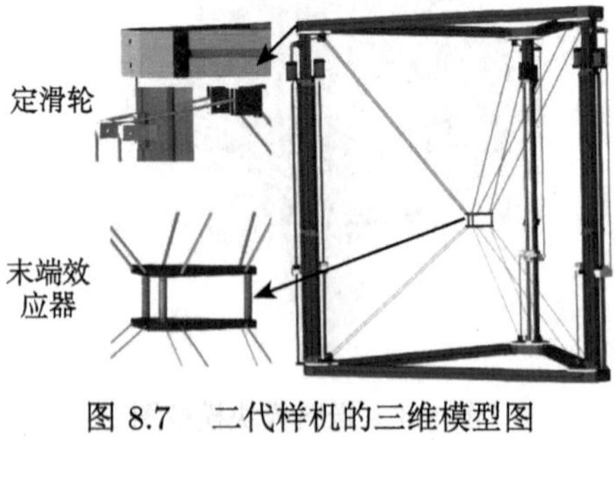

图 8.7 二代样机的三维模型图

传动精度和平稳性。上下两部分通过末端效应器连接到一起，末端效应器由两个运动平台和 3 根弹簧组成，通过机构上下两部分的同步运动来保证效应器中间的 3 根弹簧拉力的恒定，此为各组柔索提供了预紧力，保证了机构的初始定位精度。本机构运动过程中柔索长度不变，相比于使用卷筒驱动的变绳长模式具有更高的传动精度，每根柔索一端固接在直线模组上的滑动平台上，另一端通过定滑轮固接在末端效应器的末端运动平台上，进而实现通过柔索的传动。

8.3 实验数据采集与处理

要想获得末端动平台的运动轨迹数据，就需要采用运动捕捉设备对运动轨迹进行数据采集。传统的运动捕捉设备主要有机械式、声学式和电磁式，这几种采集方式由于设备尺寸、采集延迟、采集精度和环境干扰等问题，基本已被淘汰。

目前使用最多的是惯性和光学运动捕捉方式，但由于惯性捕捉系统会产生误差累积，精度不如光学式，同时本实验对精度的要求较高，因此只能采用光学式。而光学式又分为主动式和被动式两种，由于主动式需要标定点主动发光，这意味着标定点需要配件和线路来供电，限制较大，因此本实验采用被动式运动捕捉系统，采用特殊处理过的标定点，通过红外反射计算位置数据。

1) NK_Cortex 软件标定与数据采集

对于运动捕捉系统，通过相机进行数据采集，需要专用的 NK_Cortex 软件进行采集前的标定工作，然后才能进行数据采集任务。

(1) 将所需数量的相机使用网线连接到交换主机，然后再通过交换主机连接到上位机，实现相机与上位机之间的通信，将拍摄到的画面传输到软件页面，相机画面分布如图 8.8 所示。

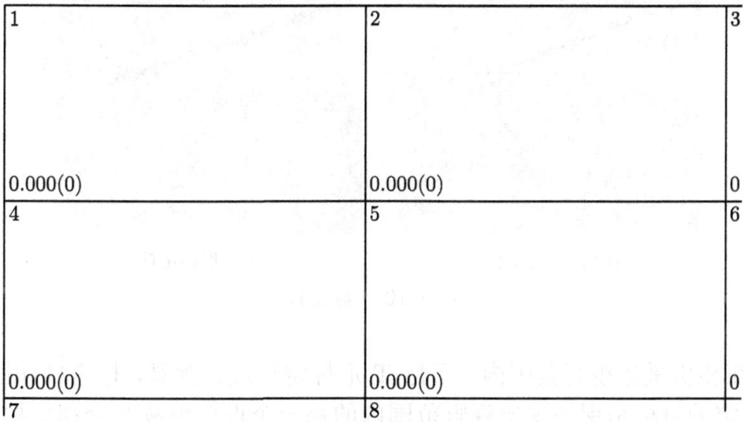

图 8.8　相机画面分布图

(2) 进行基础系统设置。设置相机采集的帧率为 60Hz，即每秒采集 60 帧画面；设置最小使用的镜头数量为 3，至少使用 3 个镜头才能测出空间三维坐标；将标定轴设置为 Z 轴向上，数据单位设置为 mm，如图 8.9 所示，符合常用的坐标设置习惯，也方便数据导出后的数据处理。

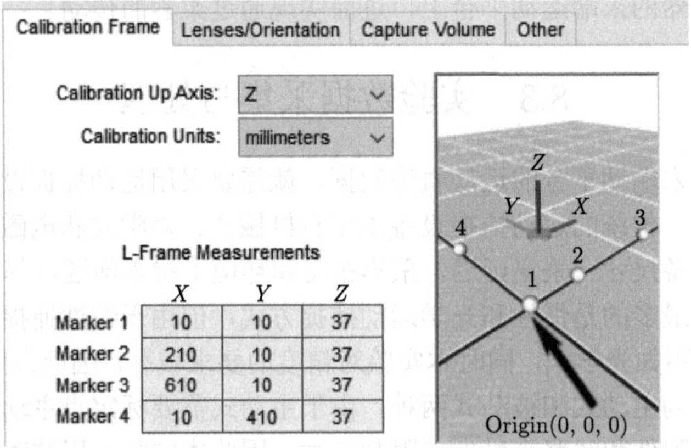

图 8.9　标定轴设置

(3) 将 L 形标定杆放置于需要测定范围的中心位置，标定杆如图 8.10(a) 所示，调节各个相机的焦距，使得标定杆上的全部标定点能够被所有相机识别，同时标定点都能够处于相机画幅的中偏下位置，完成后即可取走。

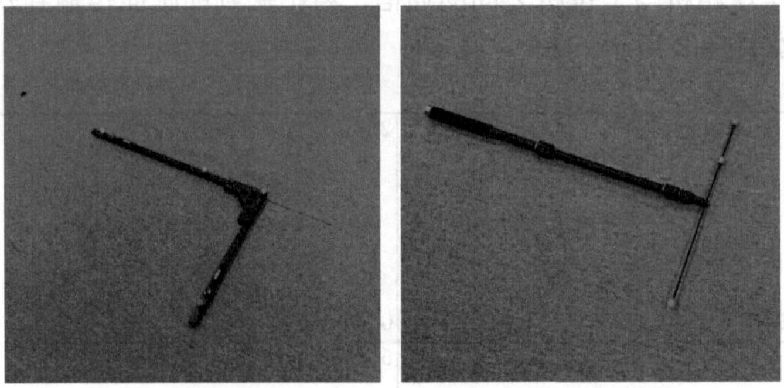

(a) L 形标定杆　　(b) T 形标定杆

图 8.10　标定杆

(4) 在相机采集视野范围内，手持 T 形标定杆进行挥舞，标定杆如图 8.10(b) 所示。标定的目标是保证采集视野范围内的每一个点至少被 3 台相机拍摄到。在完成标定之后，界面如图 8.11 所示，可见除了 2 号与 7 号少数空间未曾检测到标定杆外，其余都已经成功记录到，并且标定杆上标定点的挥舞轨迹也显示在界面中。

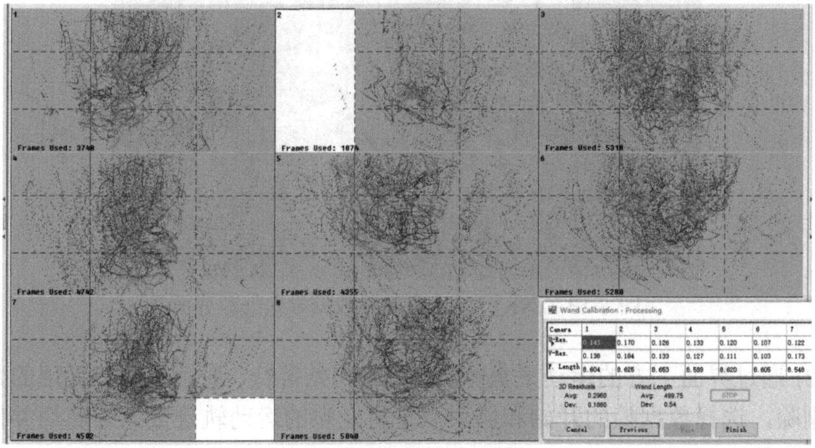

图 8.11 相机标定轨迹图

(5) 标定误差计算。标定杆的长度为 499.755mm，根据第 (4) 步所有相机对此标定杆的长度轨迹的检测识别，以及所有检测识别的轨迹，计算出标定杆在相机系统中的长度数值，与实际长度进行对比，即相机标定成功后的误差。图 8.12 即为误差计算结果表，可以看出计算出的标定杆长度为 499.75mm，即此次运动捕捉系统的误差为 0.005mm。

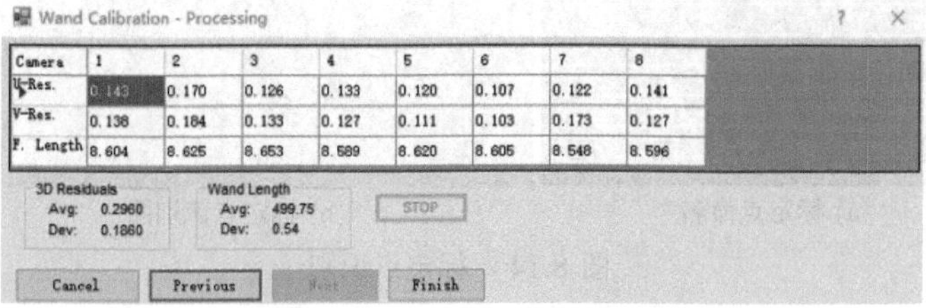

图 8.12 相机标定误差计算

(6) 相机标定完成之后即可进行实验数据的采集。

2) NK_Cortex 软件数据导出处理

在使用运动捕捉系统并通过 NK_Cortex 软件对末端动平台放置的标定点进行数据采集之后，要想得到软件中的位置数据，需要从 NK_Cortex 软件中对采集到的数据进行导出处理。

(1) 首先在数据处理界面将采集到的运动数据.cap 文件导入，导入后的处理界面如图 8.13 所示，可以看到界面中间的白色点分布，这就是数据采集的运动标定点，运动数据导出即为这些标定点的数据导出。

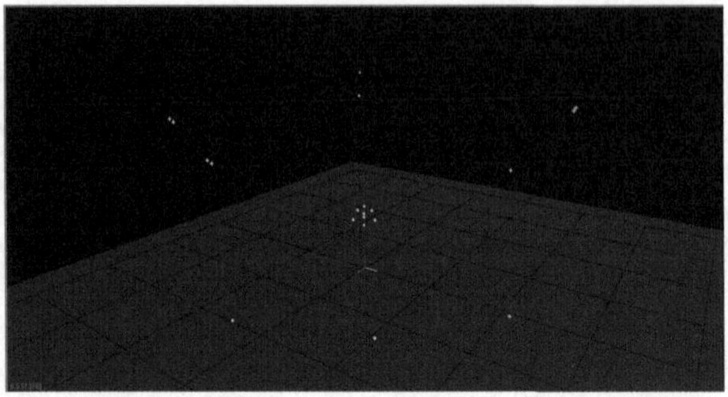

图 8.13　NK_Cortex 软件数据导入处理界面

(2) 通过界面下方的运动采集帧标尺，将初始等待、最后等待等无用的数据帧进行剔除，选择数据帧的开始和结束点，将完整的运动轨迹数据帧剪切并保存进行下一步处理。

(3) 对标定点进行编号并识别。按照机构以及末端动平台标定点位置进行命名分类，如图 8.14(a) 所示；同时按照命名对应的标定点，进行识别可以看到识别完成之后如图 8.14(b) 所示，且标定点颜色与命名颜色一致。

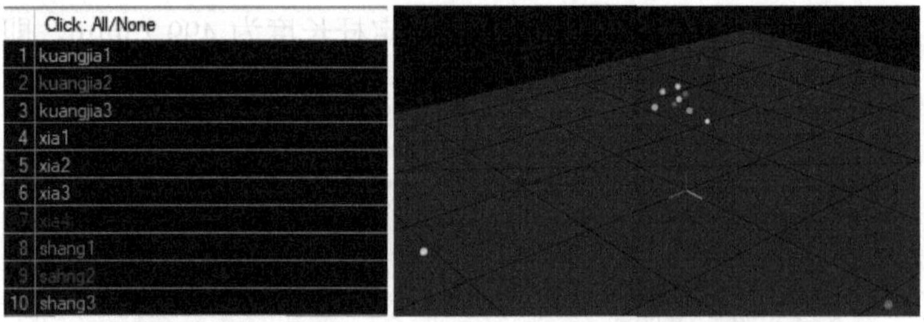

(a) 标定点命名　　(b) 标定点识别图

图 8.14　标定点识别

(4) 对标定点建立连接，强化标定点之间的关联关系。在数据采集过程中，由于一些环境因素，可能在标定点附近存在一些杂点，这些杂点影响标定点在整个数据采集过程中的标定点识别，而通过建立标定点之间的连接，可以降低错误识别的可能性，从而提高数据处理的效率。图 8.15 即对标定点进行连接之后的关联图，图中可见红色直线连接构成框架的底边正三角形，绿色直线连接构成了下末端动平台，橙色直线连接构成上末端动平台。

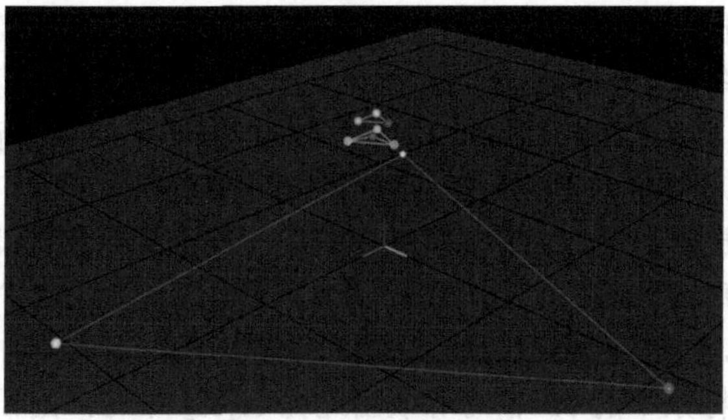

图 8.15 标定点关联图

(5) 以标定点关联所在数据帧为标准，对所有数据帧进行校正，对整个过程中对应的标定点，实现帧与帧之间的连续识别，即可得到标定点连续位置变化曲线图，图 8.16 为一个标定点的 xyz 位置曲线。

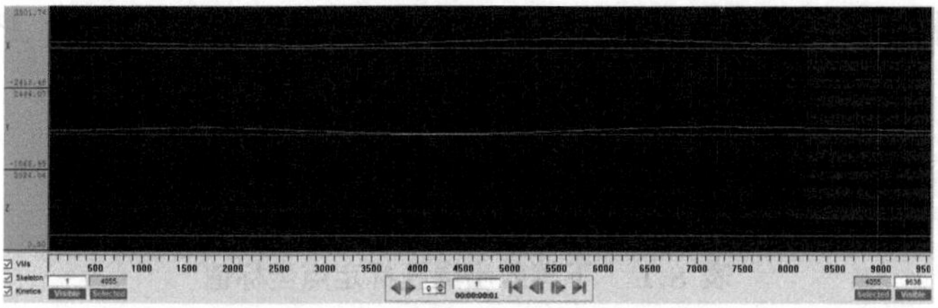

图 8.16 标定点位置曲线图

(6) 处理完毕即可将运动捕捉系统坐标系下的运动数据导出为.ts 格式，可以供下一步的数据后处理。

3) 实验数据后处理

本书采用运动捕捉系统进行实验数据的采集，捕捉系统在采用标定杆进行相机标定之后，就确定了相机自身的相机坐标系 O_S-$X_SY_SZ_S$，因此上述导出的数据都是以相机坐标系为基准的坐标值。而本书在第 2 章中，将机构的全局坐标系 O_A-$X_AY_AZ_A$ 设置在由下面 3 个等效出绳孔构成的正三角形的中心点处，且全局坐标系的 X 轴与等效出绳孔 A_1A_2 平行，正方向为等效出绳孔 A_1 至 A_2 方向。

为了能够获取到正确的全局坐标系下的数据，需要对导出的数据进行数据处理。由于相机标定所采用的 T 形标定杆是平行于地面放置，并且前面相机标定初始设置中将相机坐标系的 Z 方向设置为竖直向上，因此相机坐标系的 Z 轴与机构的全局坐标系平行，相机坐标系的 $X_SO_SY_S$ 面也与机构全局坐标系的 $X_AO_AY_A$ 平行。所以相机坐标系与机构全局坐标系之间的偏差应该来自绕 Z 轴的旋转以及原点坐标的平移。

为了求得相机坐标系与机构全局坐标系之间的旋转角度以及偏移量，本实验在机构下面 3 个等效出绳孔位置放置 3 个标定点，标定点在相机坐标系的坐标为 ${}^{S}A_1$、${}^{S}A_2$ 和 ${}^{S}A_3$，具体相机采集坐标值如表 8.1 所示，这 3 个标定点即构成机构的底边正三角形，通过相机采集此 3 个标定点坐标即可求得相机坐标系相对于机构全局坐标系的旋转角度和偏移量。由于机构全局坐标系原点设置于等效出绳孔构成的等边三角形的中心处，因此将相机坐标系下采集到的 3 个等效出绳孔标定点的坐标求平均，即可得到相机坐标系相对于机构全局坐标系的偏移量 $\boldsymbol{P}'$。同时由于机构全局坐标系下的 X 轴与等效出绳孔 A_1A_2 平行，则根据相机坐标系下采集的等效出绳孔标定点 ${}^{S}A_1$ 和 ${}^{S}A_2$，即可求得相机坐标系下出绳孔标定点 ${}^{S}A_1$ 和 ${}^{S}A_2$ 与 X 轴的夹角，根据此角度即可求得相机坐标系相对于机构全局坐标系的旋转角度 θ 为

$$\theta = \pi + \arctan\left(\frac{y_{{}^{S}A_2} - y_{{}^{S}A_1}}{x_{{}^{S}A_2} - x_{{}^{S}A_1}}\right) \tag{8.1}$$

则将相机坐标系下采集的位置 ${}^{S}\boldsymbol{P}$ 处理为机构全局坐标系下位置 ${}^{A}\boldsymbol{P}$ 的方式为

$${}^{A}\boldsymbol{P} = {}^{A}_{S}\boldsymbol{R}\left({}^{S}\boldsymbol{P} - \boldsymbol{P}'\right) \tag{8.2}$$

表 8.1　下等效出绳孔标定点坐标值

下等效出绳孔标定点	相机采集坐标/mm
${}^{S}A_1$	(1092.9215，−110.3671，99.8780)
${}^{S}A_2$	(178.6039，1096.8121，98.6134)
${}^{S}A_3$	(−409.7758，−295.7114，100.7749)

由公式 (8.1) 可求得坐标旋转矩阵具体值为

$${}^{A}_{S}\boldsymbol{R} = \begin{bmatrix} \cos(-\theta) & -\sin(-\theta) & 0 \\ \sin(-\theta) & \cos(-\theta) & 0 \\ 0 & 0 & 1 \end{bmatrix} = \begin{bmatrix} -0.6038 & 0.7972 & 0 \\ -0.7972 & -0.6038 & 0 \\ 0 & 0 & 1 \end{bmatrix} \tag{8.3}$$

8.4　刚柔耦合 3D 打印机器人标定实验

8.4.1　刚柔耦合 3D 打印机器人运动学标定实验

经过视觉系统标定所得的相机坐标系与并联柔索机构的机器坐标系很难通过人为的摆放达到完全的吻合。因此，若要让采测数据有效地应用到标定计算中，首先应对视觉系统中直接测得的坐标值进行转换。

在本次标定实验中，动态捕捉系统所选用的采测帧率为 60 帧/s，每个位置点的有效采测时间为 3s。视觉系统所测得的码点的坐标值是基于动态捕捉系统自身标定时所确定的相机坐标系，因此建立相机坐标系与机器坐标系的转换关系是将测得的数据得以应用的前提。

设相机坐标系为坐标系 A，机器坐标系为坐标系 B，坐标系 B 的坐标原点在坐标系 A 中的坐标值为 ${}^{A}\boldsymbol{P}_{B_O}$；在进行动态捕捉系统的自身标定时，相对机器坐标系的坐标系 A 已然确定，因此，通过确定 ${}^{A}\boldsymbol{P}_{B_O}$ 以及坐标系 B 中 Y 轴正向在坐标系 A 中的单位向量便可确定两坐标系的转换关系。设柔索并联 3D 打印机的末端效应器上部平面的形心在机器坐标系 B 中的坐标为 (0, 0, 600)，${}^{A}\boldsymbol{P}_{B_O}$ 即由效应器下部平台上预先黏附的 3 个码点为顶点的等边三角形的形心坐标求得；坐标系 B 中 Y 轴正向在坐标系 A 中的单位向量也由初始位置时效应器下部平台上预先黏附的 3 个码点确定，即为某一码点到坐标系 B 的坐标原点的单位方向向量。坐标系 B 中 Y 轴正方向在坐标系 A 中的单位向量确定后，根据右手坐标系的构建原理便可计算出坐标系 A 和坐标系 B 之间的旋转矩阵 ${}^{A}_{B}\boldsymbol{R}$。设空间中某点 P 经由动态捕捉系统测得在坐标系 A 中的位置为 ${}^{A}\boldsymbol{P}$，则其在坐标系 B 中的位置 ${}^{B}\boldsymbol{P}$ 与坐标值 ${}^{A}\boldsymbol{P}$ 可表示为

$$
{}^{B}\boldsymbol{P} = {}^{A}_{B}\boldsymbol{R}^{-1}({}^{A}\boldsymbol{P} - {}^{A}\boldsymbol{P}_{B_O}) \tag{8.4}
$$

式中，${}^{A}_{B}\boldsymbol{R}^{-1}$ 为旋转矩阵 ${}^{A}_{B}\boldsymbol{R}$ 的逆矩阵。

在本次标定实验的数据采测中，测得实验平台基座上 3 个码点 (F_1，F_2，F_3) 在坐标系 A 中的坐标值如表 8.2 所示，表中的数据计算可得 ${}^{A}\boldsymbol{P}_{B_O}$ 的坐标值为 (542.4536, 48.4085, 1023.1651)，旋转矩阵 ${}^{A}_{B}\boldsymbol{R}$ 的具体值如下：

$$
{}^{A}_{B}\boldsymbol{R} = \begin{bmatrix} 0.9894 & -0.1469 & 0 \\ 0.1452 & 0.9892 & 0 \\ 0 & 0 & 1 \end{bmatrix} \tag{8.5}
$$

表 8.2　各码点的坐标值

基座上各码点	各码点的坐标采测值/mm
F_1	(8.3927, 57.1221, 1024.0044)
F_2	(−53.6626, −21.3501, 1022.0050)
F_3	(45.2894, −38.8263, 1023.4860)

在对各柔索出绳孔位置和柔索初始长度进行精确标定之前，首先对其进行初步的测量，以便获得控制系统所需的相对合理的结构参数。在并联柔索 3D 打印

机的机器坐标系下，设末端效应器下部平台形心的纵坐标 $Z = 600\text{mm}$，通过上述坐标系的转换，机器坐标系下测得的各柔索出绳孔的坐标值和柔索初始长度如表 8.3 所示。

表 8.3 结构参数的初测值

结构参数	参数初测值/mm
柔索 $L_{1\text{o}}$ 长度	1076.5321
柔索 $L_{2\text{o}}$ 长度	1072.4562
柔索 $L_{3\text{o}}$ 长度	1071.2587
柔索 $L_{4\text{o}}$ 长度	1310.1248
柔索 $L_{5\text{o}}$ 长度	1315.9564
柔索 $L_{6\text{o}}$ 长度	1308.2534
出绳孔 A_{11} 的坐标	(0.5424, 806.6318, −197.2473)
出绳孔 A_{12} 的坐标	(−701.4527, −405.1455, −201.5674)
出绳孔 A_{13} 的坐标	(702.9332, −403.9726, −204.1265)
出绳孔 $A_{\text{u}1}$ 的坐标	(0.9007, 811.1845, 1586.3357)
出绳孔 $A_{\text{u}2}$ 的坐标	(−708.3754, −408.4279, 1587.4073)
出绳孔 $A_{\text{u}3}$ 的坐标	(701.9585, −407.1817, 1595.1475)

运用第 5 章提出的标定方法对 3D 并联柔索打印装置实验平台进行结构参数的标定，以末端效应器运动位置的坐标值和相对绳长值作为待测量的已知变量，以柔索出绳孔的坐标值和初始绳长作为待标定的定值。针对本装置的结构特点，选用动态捕捉系统对末端效应器运动位置的坐标值和相对绳长值进行同步采测，避免不同性质的测量参数使用不同传感器所带来的异步误差，确保了采测变量的精度。

在进行数据采测之前，首先要在实验平台的确定位置黏附三维动态捕捉系统检测所需的码点，第一处码点位于末端效应器平台上，以其上部 3 个码点为顶点的等边三角形的形心即为等效末端点，第二处码点位于各直线模组的滑块上，运动捕捉系统测得的第二处码点在运动过程中的 Z 坐标值与初始状态下 Z 坐标值的差值即为各柔索的相对绳长变化值。其次将上述初测的绳长初值和出绳孔坐标值输入控制系统中。

在进行数据采测时，通过上位机将末端效应器控制在 $Z = 110\text{mm}$ 平面内，分别运行至上述优选所得到的采样点位置，其间通过动态捕捉系统同步采测实验平台末端效应器各位置的实际坐标值和各组柔索的相对索长变化值。测得各采样点的位置坐标，利用上述方法对采测数据进行坐标转化后，计算得到标定前各采样点各方向的位置误差及构造体积误差，如图 8.17 所示，从图 8.17 中可以看出，对柔索驱动并联 3D 打印装置而言，Z 轴方向上的误差是导致等效末端点构造体积误差过大的主要因素，且 Z 轴方向误差多为负向误差。表 8.4 显示了标定前各采样点的位置误差及构造位置误差的绝对值最大值、最小值和平均值的具体测量结果。

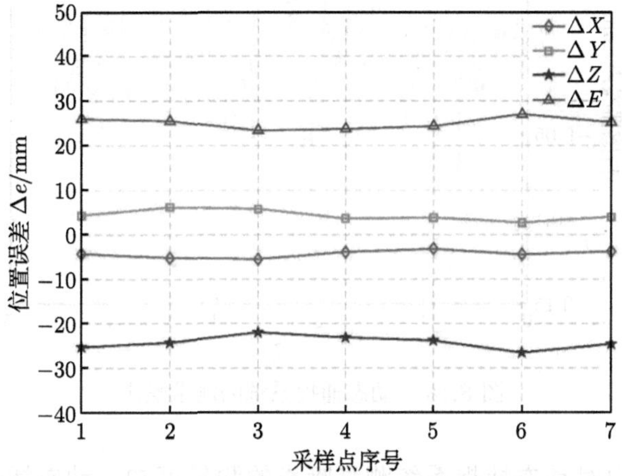

图 8.17　标定前各采样点各方向的位置误差

表 8.4　标定前末端效应器的位置误差分布

项目	Δx	Δy	Δz	ΔE
最大值	$\|-5.5006\|$	6.1548	$\|-26.5620\|$	27.0719
最小值	$\|-3.1813\|$	2.7023	$\|-21.9881\|$	23.3902
平均值	−4.3292	4.3313	−24.2444	25.0509

基于对图 8.17 和表 8.4 中数据的分析可知，在基于初测结构参数的控制中，实验平台各个方向的运行误差均大于 5mm，末端效应器的运行误差反映了柔索并联 3D 打印机的加工可信度，即打印精度，如此量级的运行误差，是不可能良好地完成对工件的打印工作的，因此，为了提高实验平台的打印精度，对实验平台的各结构参数进行拟合标定是必不可少的。

根据上述采测得到的等效末端点在各采样点处的位置误差及各柔索相对长度的变化值，并叠加图 8.18 中所测得的动态捕捉系统的测量噪声，利用第 5 章中所提出的基于索长残差的误差辨识方法，对实验平台的各结构参数进行误差辨识。将辨识得到的各结构参数误差补偿至初测得到的结构参数上，得到新的各结构参数的名义值，利用新的结构参数名义值对柔索驱动并联 3D 打印装置进行运动控制，进行新一轮的等效末端点位置误差及各柔索相对长度的采测，从而进行新一轮的误差辨识，如此循环，直至柔索驱动并联 3D 打印机末端效应器的精度满足预定的阈值，停止循环。

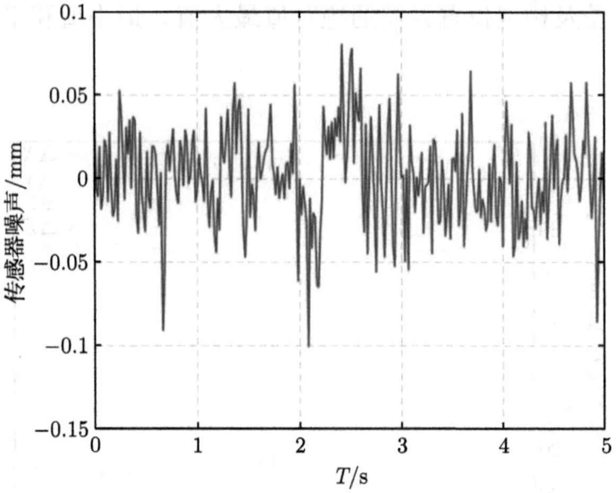

图 8.18　动态捕捉系统的测量噪声

由图 8.18 中对动态捕捉系统测量噪声的测量可知，动态捕捉系统位置测量误差为 $-0.1008\text{mm} \leqslant e_{\text{k}} \leqslant 0.0806\text{mm}$，因此，为尽量减少动态捕捉系统测量噪声对标定的影响，同时考虑柔索驱动并联 3D 打印装置的精度保证，现设阈值 $\xi = 2\text{mm}$，当测得采样点处末端效应器在各方向误差的绝对值达到 $|\delta| \leqslant \xi$，则停止误差辨识循环，完成标定。经过数据的拟合和参数的迭代，标定得到等效末端点各方向位置误差的平均值随辨识次数的变化如图 8.19 所示；完成标定后末端效应器的位置误差分布如表 8.5 所示；机构下、上部运动学参数标定实验结果如表 8.6 和表 8.7 所示。

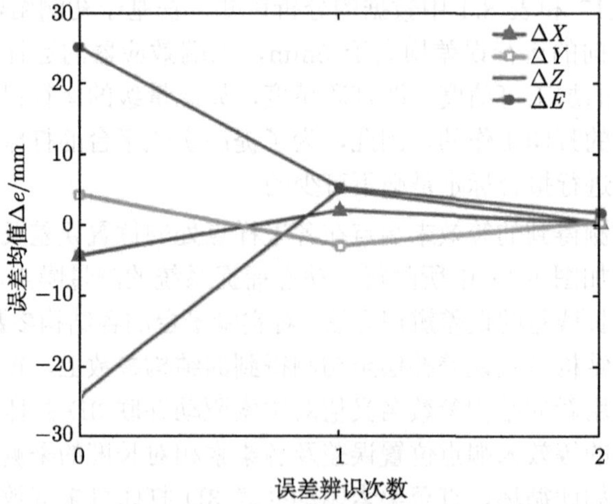

图 8.19　位置误差平均值随辨识次数的变化

表 8.5 标定后末端效应器的位置误差分布

项目	Δx	Δy	Δz	ΔE
最大值	1.2284	1.3768	1.8854	2.422348
最小值	−1.2407	−0.8967	−1.4725	1.046291
平均值	0.3115	0.4258	0.3795	1.7019

表 8.6 机构下部运动学参数标定实验结果

几何误差项	初测值/mm	机构下部运动学参数 误差辨识值 ($i=1,2$)/mm		标定后/mm
		1	2	
x_{l1}	0.5424	−0.2318	−0.1252	0.1854
y_{l1}	806.6318	3.9370	0.1524	810.7212
z_{l1}	−197.2473	−2.9723	−0.0658	−200.2854
x_{l2}	−701.4527	−4.3615	0.7197	−705.0945
y_{l2}	−402.1455	−3.3615	−0.0409	−405.5479
z_{l2}	−201.5674	1.9743	−0.161	−199.7541
x_{l3}	702.9332	2.3205	−0.2754	704.9783
y_{l3}	−402.9726	−2.9445	0.5593	−405.3578
z_{l3}	−204.1265	3.5378	0.3107	−200.2780
L_{1o}	1076.5321	−3.2754	0.6226	1073.8793
L_{2o}	1072.4562	2.5471	−0.8614	1074.1419
L_{3o}	1071.2587	1.9568	0.5819	1073.7974

表 8.7 机构上部运动学参数标定实验结果

几何误差项	初测值/mm	机构上部运动学参数 误差辨识值 ($i=1,2$)/mm		标定后/mm
		1	2	
x_{u1}	0.9007	−0.8712	0.2052	0.2347
y_{u1}	814.1845	−3.5968	0.4263	811.0140
z_{u1}	1586.3357	4.4119	0.0903	1590.8379
x_{u2}	−708.3754	2.8457	0.4879	−705.0418
y_{u2}	−408.4279	4.3968	−0.5205	−404.5516
z_{u2}	1587.4073	1.7365	0.5605	1589.7043
x_{u3}	701.9585	2.5214	0.4722	704.9521
y_{u3}	−407.1817	2.3254	−0.3986	−405.2549
z_{u3}	1595.1475	−4.8547	0.3925	1590.6853
L_{4o}	1310.1248	2.3458	0.7959	1313.2665
L_{5o}	1315.9564	−2.5471	−0.6887	1312.7206
L_{6o}	1308.2534	4.0245	0.4079	1312.6858

由上述实验结果可以看出，柔索驱动并联 3D 打印装置经过标定实验后，末端位置的构造位置误差的均值由 25.0509mm 降低至 1.7019mm，在各个方向的位置误差中，结构参数标定对于 Z 轴方向的运动精度的改善尤为明显，使 Z 轴方向的误差平均值由 −24.2444mm 降低至 0.3795mm，与 X 和 Y 方向的运动误差不同，对熔融沉积型 3D 打印装置而言，Z 方向的运动误差会随打印层数的不断

增加累积在所打印的工件上，通过标定各末端点的位置误差可以看出，本书所提出的标定方法对末端效应器 Z 方向运动精度的改善具有较为显著的作用，进而对柔索驱动并联 3D 打印装置打印精度的改善具有重要的意义。

8.4.2 刚柔耦合 3D 打印机器人自标定实验

冗余柔索并联 3D 打印机构实验样机的结构参数位置如图 8.20 所示。运动控制器软件 TwinCAT NC 用于控制伺服电机的旋转。激光位移传感器 HG-C1050 安装在丝杠螺母一侧，用于测量末端执行器运动过程中，由冗余柔索的长度偏差引起弹簧伸长量的变化。利用 NOKOV 光学三维运动捕捉系统测量运动学自标定前、后末端执行器的实际位置，对比自标定前、后末端执行器的运动精度。本次运动学自标定的实验流程如图 8.21 所示。

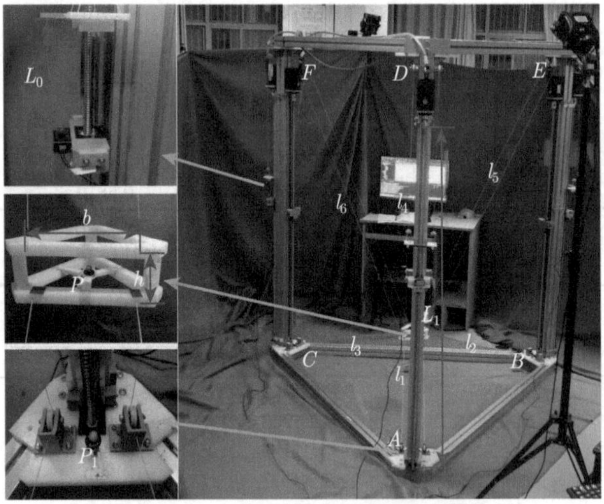

图 8.20 实验样机的结构参数位置

1) 自标定实验前的准备

如图 8.20 所示，在每对下出口孔的中间位置分别放置 3 个码点 P_1、P_2 和 P_3，这 3 个码点的中心设置为机械系统的全局坐标系 $O\text{-}XYZ$ 原点 O。为准确测出末端执行器在工作时的空间位置，在末端执行器偏下部放置一个码点 P，此码点距离末端执行器下接线处的垂直高度为 15.53mm。根据第 5 章的自标定仿真分析，本次运动学自标定实验的运行高度为末端执行器下接线点 A'，B' 和 C' 在全局坐标系 $Z = 100\text{mm}$ 的高度面处。记 A'、B' 和 C' 中心点的运行高度为末端执行器的运行高度，此时码点 P 在全局坐标系中的位置为 $P = (0,\ 0,\ 115.53)\text{mm}$，那么末端执行器的初始位置为 $O_0 = (0,\ 0,\ 100)\text{mm}$。与 8.4.1 节类似，将 6 对柔索等效化处理为 6 根柔索，逆运动学求解末端执行器在初始位置时 6 根柔索的初始长度。实验样机的结构参数和初始位置处运动学参数如表 8.8 所示。

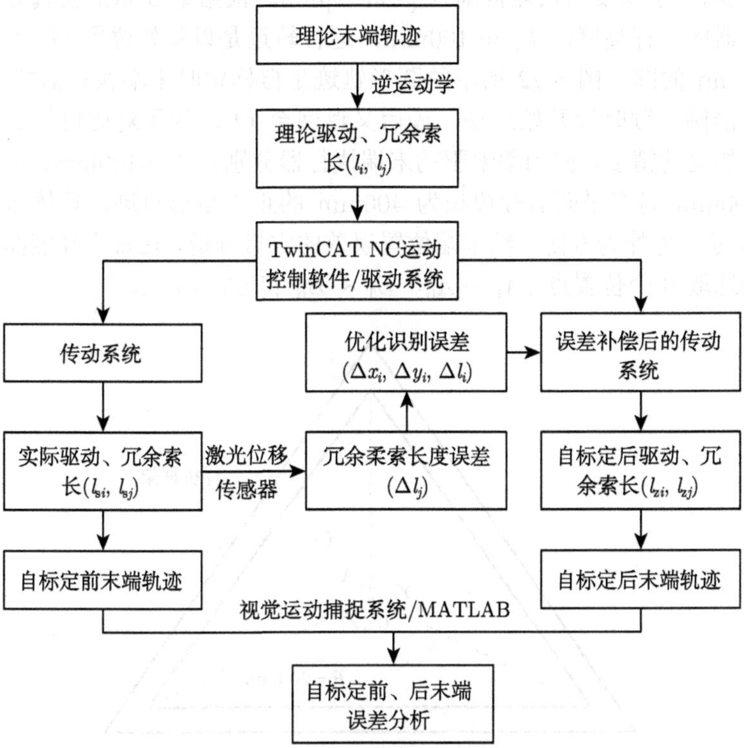

图 8.21 运动学自标定实验流程

表 8.8 实验样机的结构参数和初始位置处运动学参数

结构参数和运动学参数	参数值/mm
平行柔索间距离 b	160
末端执行器上、下接线处高度 h	46
弹簧的初始长度 L_0	35
滚珠丝杠的工作范围 $0 \sim L_1$	0~1800
下出绳孔处的理论位置 A, B, C	(−754.78, −435.77, 0) (0, 871.54, 0) (754.78, −435.77, 0)
上出绳孔处的理论位置 D, E, F	(−754.78, −435.77, 1787.98) (0, 871.54, 1787.98) (754.78, −435.77, 1787.98)
初始位置时理论驱动柔索长度 (l_{01}, l_{02}, l_{03})	817.06
初始位置时理论冗余柔索长度 (l_{04}, l_{05}, l_{06})	1831.31

由误差分析可知，实验样机在装配过程中产生的装配误差和定滑轮接触误差，会造成出绳孔在 X、Y 方向产生位置误差。由人为安装过程中的安装误差，会造

成驱动绳长误差 Δl_1、Δl_2、Δl_3。6 个出口孔在 X 和 Y 方向上的误差范围为 [−2，2]mm，驱动柔索长度的误差范围为 [−2，2]mm。根据第 5 章的仿真分析，选取末端执行器的运行高度面 $h_z = 100\text{mm}$，运行轨迹是以初始位置 O_0 为圆心，半径为 200mm 的圆。图 8.22 所示的圆形轨迹是自标定时末端执行器的运行轨迹，它从 O_1 沿圆周顺时针开始运动，最后又返回至 O_1。为了对比自标定前、后末端执行器的运动精度，控制柔索驱动末端执行器分别在 h_z=100mm、h_z=500mm 和 h_z=900mm 高度平面运行边长为 400mm 的正三角形轨迹，具体运行轨迹如图 8.23 所示。另外为方便后续末端位置误差的定量分析，在每个高度面的轨迹上分别均匀选取 6 个位置点 ($A_1 \sim A_6$、$B_1 \sim B_6$ 和 $C_1 \sim C_6$)。

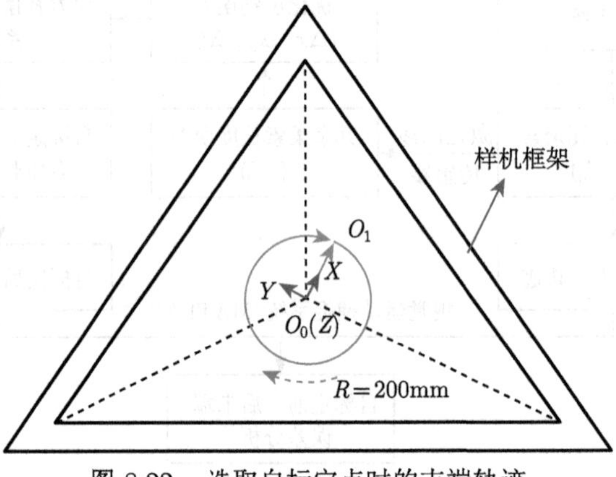

图 8.22　选取自标定点时的末端轨迹

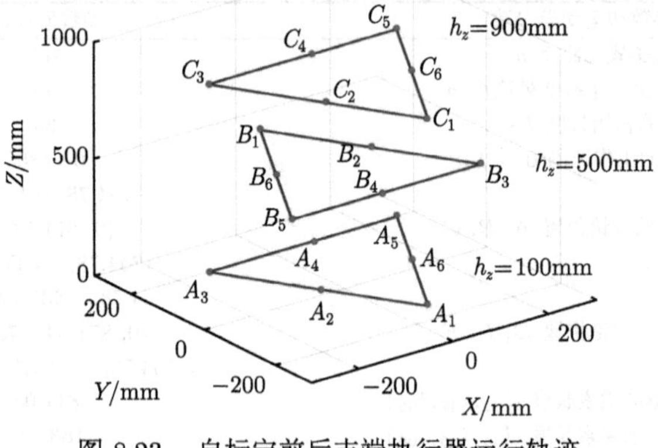

图 8.23　自标定前后末端执行器运行轨迹

本次实验利用 NOKOV 光学动作捕捉系统对末端执行器的运行数据进行采集，运动捕捉系统采集到的码点位置信息是基于相机坐标系的，而相机坐标系的方位是通过镜头调节过程中 L 形标定杆放置的位置确定的，因此很难通过手动调节使相机坐标系和样机的全局坐标系完全重合。为了能将相机采集到的数据具体反映到全局坐标系中，需要将测得的数据值进行坐标间的转化。为了全面无死角地捕捉末端执行器运行轨迹，在实验样机的周围均匀放置八个相机，每个相机的采样帧率为 60 帧/s，可以实时采集末端执行器的运动位置。

设运动捕捉系统的相机坐标系为 A，实验样机机械系统内的全局坐标系为 B，将两坐标系的坐标值进行转换。相机坐标系中的位置转化为全局坐标系共需要两步，首先将坐标系 A 的原点平移至坐标系 B 的原点处，然后将坐标系 A 绕原点旋转与坐标系 B 重合。设 P 点为末端执行器的位置点，坐标转换公式为

$$^{B}\boldsymbol{P} = {}_{B}^{A}\boldsymbol{R}^{-1}({}^{A}\boldsymbol{P} - {}^{A}\boldsymbol{P}_{B_O}) \tag{8.6}$$

式中，$^{A}\boldsymbol{P}$ 为 P 在坐标系 A 中的位置；$^{B}\boldsymbol{P}$ 为 P 在坐标系 B 中的位置；$^{A}\boldsymbol{P}_{B_O}$ 为坐标系 B 的原点 O 在坐标系 A 中的坐标值；${}_{B}^{A}\boldsymbol{R}$ 为坐标系 B 相对于坐标系 A 的旋转矩阵。

3 个码点 P_1、P_2 和 P_3 的中心设置为全局坐标系 B 的原点 O，点 P_1 指向 P_2 的方向为坐标系 BX 轴的正方向。通过运动捕捉系统测得 3 个码点在坐标系 A 中的位置，X、Y 和 Z 方向的值相加并分别求平均得 $^{A}\boldsymbol{P}_{B_O} = (-296.194, -287.669, -191.131)$。根据 P_1、P_2 在相机坐标系中的位置，全局坐标系相对于相机坐标系沿 Z 轴旋转角 $\theta = -32.553°$，将旋转角代入 ${}_{B}^{A}\boldsymbol{R}^{-1}$ 可得

$${}_{B}^{A}\boldsymbol{R}^{-1} = \begin{bmatrix} \cos\theta & \sin\theta & 0 \\ -\sin\theta & \cos\theta & 0 \\ 0 & 0 & 1 \end{bmatrix} = \begin{bmatrix} 0.8429 & -0.5381 & 0 \\ 0.5381 & 0.8429 & 0 \\ 0 & 0 & 1 \end{bmatrix} \tag{8.7}$$

2) 测量与数据处理

将末端执行器置于初始位置 O_0 处，此时三个激光位移传感器测得的弹簧长度设置为 0。先是根据自标定轨迹选择自标定点，利用 TwinCAT3 运动控制软件控制末端执行器沿图 8.22 所示的轨迹运行，柔索长度控制量是根据末端执行器轨迹的逆运动学求解出来的。和第 5 章的自标定仿真位置点的选取类似，在末端执行器运动过程中，选取 P_j 最大的 3 个点作为自标定点。将所选自标定点处的理论驱动柔索长度 l_1、l_2、l_3 和实际冗余实际长度 l'_4、l'_5、l'_6 输入遗传算法多目标优化的目标函数 $F_k(X)$ 中，设置优化参数，经过 500 代的进化，在 Pareto 最优解集中选取目标函数 $F_1(X)$、$F_2(X)$ 和 $F_3(X)$ 最小时对应的运动学参数识别误差。分别计算 3 组中的每个运动学参数优化识别误差的平均值，具体的优化识别误差如表 8.9 所示。

表 8.9　优化识别误差

运动学参数	Δx_1	Δy_1	Δx_2	Δy_2	Δx_3	Δy_3	Δl_1	Δl_2	Δl_3
误差值/mm	1.25	−0.72	0.66	1.50	−1.41	1.24	1.68	1.27	1.07

为对比自标定前、后末端执行器在不同高度面的运行情况，先控制末端执行器分别在 $h_z = 100\text{mm}$、500mm 和 900mm 高度平面运行，运行轨迹如图 8.23 所示。用表 8.9 中的运动学参数优化识别误差对样机结构参数值进行补偿，再次驱动末端执行器沿之前的轨迹运行。通过 NOKOV 视觉运动捕捉系统捕捉自标定前、后末端执行器上的码点 P，经坐标转换和数据处理后，不同高度面自标定前、后的运行轨迹与理论轨迹对比如图 8.24～ 图 8.26 所示。

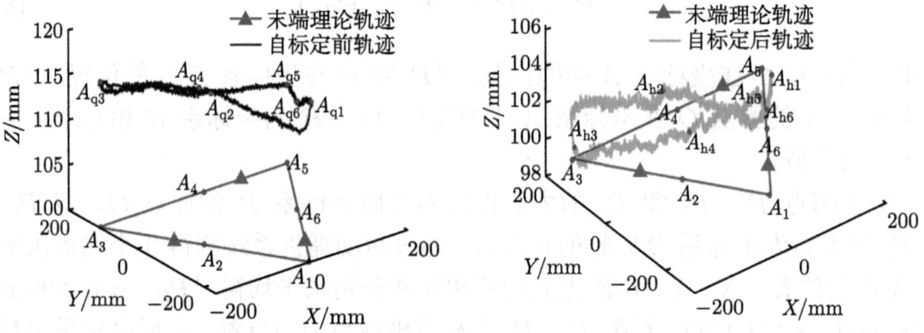

图 8.24　末端理论轨迹与自标定前、后末端轨迹对比 ($h_z = 100\text{mm}$)

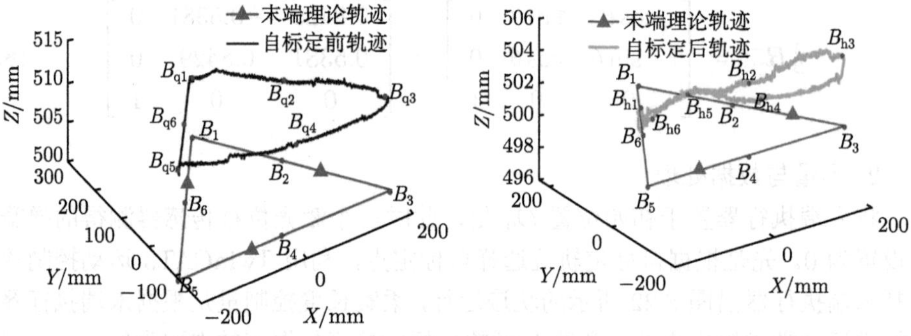

图 8.25　末端理论轨迹与自标定前、后末端轨迹对比 ($h_z = 500\text{mm}$)

为了更具体地对比自标定前、后末端执行器的运行精度变化，如图 8.23 所示，在不同运行高度面均匀取点，运动学自标定前、后每个点的位置分别与理论位置进行比较，分别求每个点不同方向的误差绝对值，并对不同高度面点的误差绝对值求其最大值、最小值和平均值，具体值如表 8.10 所示。由轨迹图和误差绝对值的平均值可知，运动学自标定方法通过误差识别和补偿，可以提高末端执行器在不同空间位置的运动精度，尤其能明显提高末端执行器在 Z 方向的精度值。与自标定前相比，末端执行器在不同高度轨迹点的 Z 方向误差绝对值的平均值，当运行高度为 $h_z = 100\text{mm}$ 时，减少了 71.91%，当运行高度为 $h_z = 500\text{mm}$ 时，减少了 74.51%，当运行高度为 $h_z = 900\text{mm}$ 时，减少了 77.87%。虽然此运动学自标定方法能显著提高末端执行器的运动精度，但自标定后的末端精度仍难以符合大工作空间中 3D 打印精度的要求，为了更进一步提高末端运行精度，后续将对此样机进行基于视觉捕捉系统全闭环反馈的运动控制。

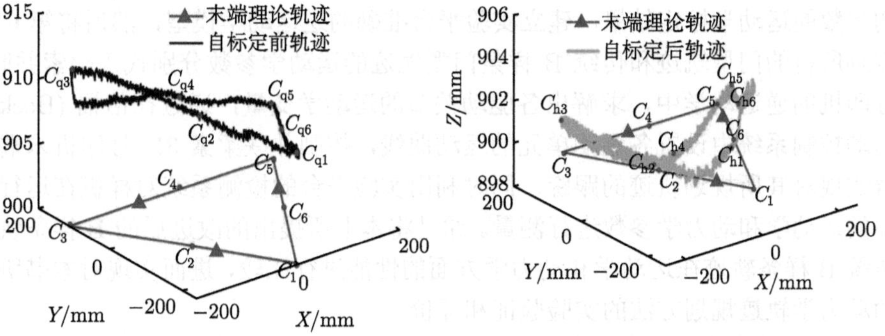

图 8.26　末端理论轨迹与自标定前、后末端轨迹对比 ($h_z = 900\text{mm}$)

表 8.10　自标定前、后不同高度面误差绝对值　(单位：mm)

项目		100mm(A_i)		500mm (B_i)		900mm(C_i)	
		自标定前	自标定后	自标定前	自标定后	自标定前	自标定后
X 轴	最大误差	3.021	2.022	5.227	4.052	2.679	1.619
	最小误差	0.487	0.883	1.479	0.528	0.127	0.165
	$\|\overline{X}\|$	1.813	1.327	3.334	2.741	1.425	0.929
Y 轴	最大误差	3.398	1.482	4.875	5.478	4.327	3.687
	最小误差	0.097	0.049	2.241	1.047	0.084	0.897
	$\|\overline{Y}\|$	2.530	0.880	3.974	3.652	2.759	2.986
Z 轴	最大误差	16.871	5.314	14.749	4.252	11.981	4.058
	最小误差	10.322	1.243	8.284	0.733	5.087	0.054
	$\|\overline{Z}\|$	13.602	3.820	10.861	2.768	7.947	1.759

$$|\overline{X}| = \left(\sum_{i=1}^{6} |X_{A_i}|\right)/6$$

$$|\overline{Y}| = \left(\sum_{i=1}^{6} |Y_{A_i}|\right)/6$$

$$|\overline{Z}| = \left(\sum_{i=1}^{6} |Z_{A_i}|\right)/6 \tag{8.8}$$

式中，$|X_{A_i}|$ 为末端点 A_i 处在 X 方向与理论位置误差的绝对值；$|\overline{X}|$ 为某高度面误差绝对值的平均误差值。

8.5 基于 5 次 B 样条的轨迹规划实验

为了验证第 6 章所提出的动力学轨迹规划方法的有效性，本节在对柔索并联 3D 打印机动力学分析的基础上，通过控制实验平台跟踪所规划的 B 样条末端轨迹，对柔索并联 3D 打印机样机进行了运动学和动力学方面的测试。首先根据各结构参数的运动学标定结果，建立实验平台准确的逆运动学模型，然后将第 6 章中规划所得的门型轨迹和传统 B 样条门型轨迹的运动学参数分别代入柔索并联 3D 打印机的逆运动学中，求解出各驱动关节的运动学变量，通过在倍福 (Beckhoff) 运动控制系统中设置各驱动单元的运动曲线，控制并联柔索 3D 打印机末端效应器实现对其所规划轨迹的跟踪，同时利用实验平台的检测系统对样机在运行过程中的运动学和动力学参数进行测量。通过将本书所提出的改进后的 B 样条轨迹和传统 B 样条轨迹在运动学和动力学方面的性能进行比较，进而实现对本书所提出的动力学轨迹规划方法的实验验证和评价。

图 8.27 为在轨迹跟踪实验的过程中，经检测系统测试所得的末端效应器在分别跟踪改进的 B 样条 B1 轨迹和传统 B 样条 B2 轨迹时，其沿坐标轴 X 方向和 Z 方向的速度曲线，从图 8.27 中可以看出，无论在 X 方向还是 Z 方向，本书改进的 B 样条 B1 轨迹的末端效应器速度峰值的绝对值均小于传统 B 样条轨迹的速度峰值绝对值；而与此同时相应的各驱动柔索的速度变化曲线如图 8.28 所示，从两种轨迹的各驱动柔索曲线中可以看出，B1 轨迹的各驱动柔索的速度峰值比 B2 曲线各驱动柔索的速度峰值小 6.6%~14.4%。如表 8.11 所示为末端效应器和驱动柔索

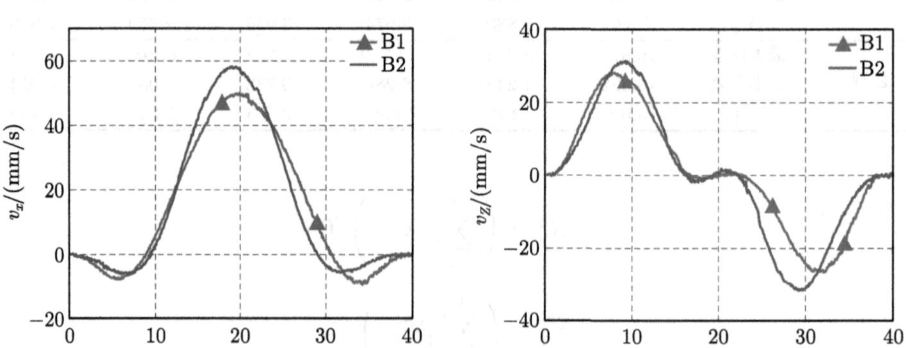

图 8.27 末端效应器沿 X 轴方向和 Z 轴方向的速度变化曲线

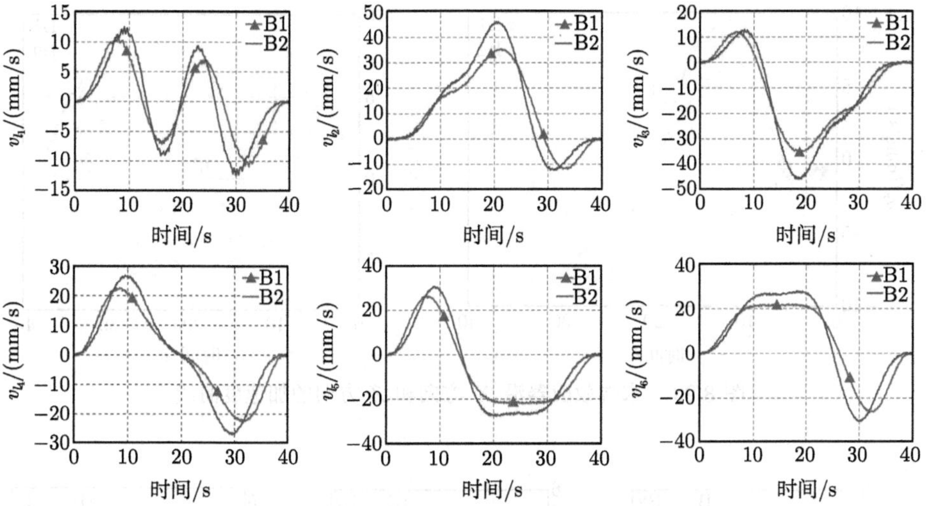

图 8.28 各驱动柔索的速度变化曲线

在各采样点速度的标准差，从表 8.11 中可以看出，B1 轨迹末端效应器和驱动柔索的速度标准差均小于 B2 曲线效应器与驱动柔索的速度标准差。上述结果均与仿真实验中的速度分析一致。

表 8.11 末端效应器和驱动柔索速度的标准差

轨迹	std(v_x)	std(v_z)	std(v_{l_1})	std(v_{l_2})	std(v_{l_3})	std(v_{l_4})	std(v_{l_5})	std(v_{l_6})
B1	20.56	16.21	6.64	16.31	16.29	14.91	17.93	17.94
B2	22.60	17.39	6.83	17.74	17.74	15.39	18.78	18.79

图 8.29 为在轨迹跟踪实验的过程中，经检测系统测试所得的末端效应器在分别跟踪改进的 B 样条 B1 轨迹和传统 B 样条 B2 轨迹时，沿坐标轴 X 方向和 Z 方向的加速度曲线；而与此同时相应的各驱动柔索的加速度曲线如图 8.30 所示，从上述两种轨迹的加速度曲线中可以看出，B1 轨迹的各驱动柔索的加速度峰值比 B2 曲线各驱动柔索的加速度峰值小 11.7%~31.1%。由此表明本书所改进的 B 样条轨迹对轨迹加速度性能的改善程度要大于对速度的改善。表 8.12 为末端效应器和驱动柔索在各采样点加速度的标准差，从表 8.12 中可以看出，B1 轨迹末端效应器和驱动柔索的加速度标准差是 B2 轨迹末端效应器和驱动柔索的加速度标准差的 79.2%~93.7%，根据上述对实验中采集的加速度信息的评价可以很好地验证仿真实验中加速度分析所得出的结果。

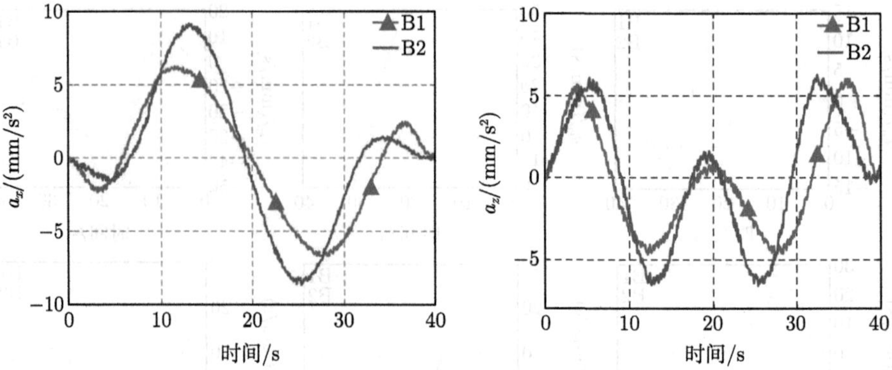

图 8.29　末端效应器沿 X 方向和 Z 方向的加速度曲线

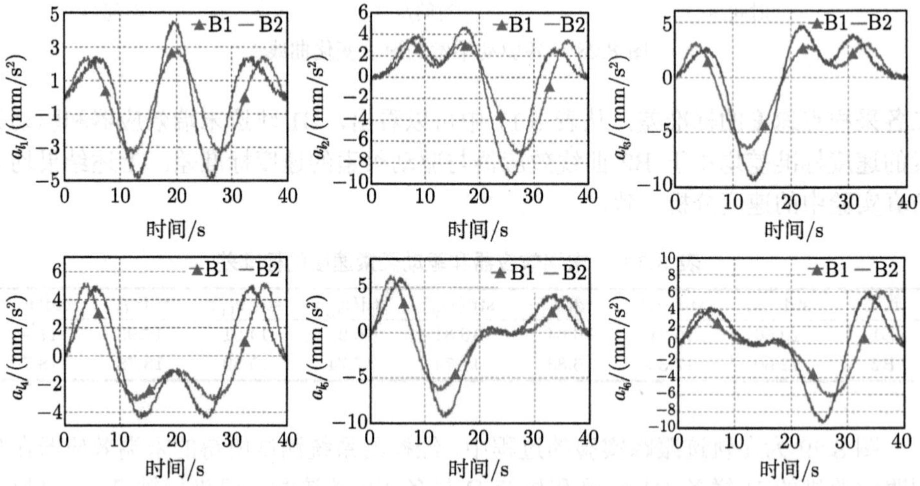

图 8.30　各驱动柔索的加速度曲线

表 8.12　末端效应器和驱动柔索加速度的标准差

轨迹	std(a_x)	std(a_z)	std(a_{l_1})	std(a_{l_2})	std(a_{l_3})	std(a_{l_4})	std(a_{l_5})	std(a_{l_6})
B1	3.78	3.53	2.18	3.22	3.22	2.83	3.51	3.52
B2	4.77	3.90	2.53	3.80	3.81	3.02	3.89	3.89

在跟踪 B1 轨迹和 B2 轨迹的过程中，其各柔索的拉力曲线如图 8.31 所示，从图 8.31 中可以看出，各柔索均满足索力大于 0 的单边力约束条件，初步验证了本书所提出的动力学轨迹规划方法的可行性。由图 8.31 中针对两种末端路径轨迹索力的比较可以看出，B1 轨迹各索力的绝对值的最大值小于对应 B2 路径索力绝对值的最大值，进一步地从表 8.13 中对两种路径索力标准差的比较中可以看出，B1

路径各索力的标准差也均小于 B2 路径各索力的标准差。针对并联柔索机器人来说，索力的变化越小，其驱动传动相对而言便越稳定，同时索力是影响索驱动机器人能耗的重要因素，索力变化和索力的极值越小，其对应机构的能耗也就越低。

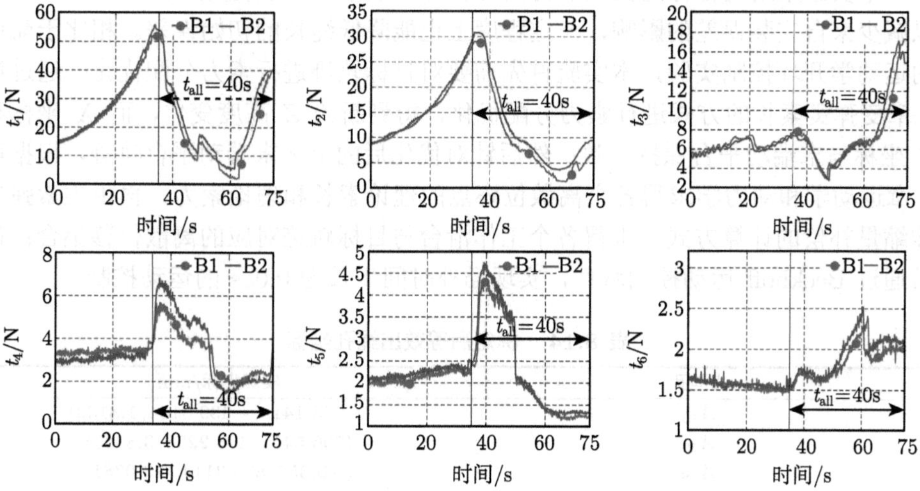

图 8.31　各驱动柔索的拉力曲线

表 8.13　各柔索拉力的标准差

轨迹	std(t_1)	std(t_2)	std(t_3)	std(t_4)	std(t_5)	std(t_6)
B1	12.03	6.77	0.62	0.63	0.52	0.058
B2	12.67	7.13	0.68	1.12	0.59	0.06

上述动力学轨迹规划的实验结果表明无论是速度还是加速度的性能，本书所提出的改进的 B 样条曲线均优于传统的 B 样条曲线，B1 路径较小的速度和加速度标准差也会大大降低因加速度和速度突变而产生的柔索震颤的概率，进而提高机构运行的稳定性。此外较低的索力和索力标准差也使得本书所提出的改进曲线具有较低的能耗，其对于实际的工业生产具有较大的意义。同时通过动力学轨迹规划实验也验证了本书所提出的动力学轨迹规划的方法以及其对应的仿真分析的有效性和可行性。

8.6　索力分配以及精度补偿控制实验

本实验的目的是提高运动学开环控制的精度，采取在第 7 章中所述的索力分配优化减小索力的变化范围，以及对柔索弹性伸缩量进行补偿，从而提高运动学开环控制精度。实验采用半径为 200mm 圆的目标轨迹，圆心位置坐标为 (0，0，

300)，轨迹时间步长为 0.05s，总运动时长为 140s，其中 100s 为圆轨迹运动时长，剩余两个 20s 由从圆心初始位置沿 X 轴正方向到达圆轨迹起始点和圆轨迹结束点沿 X 轴负方向返回圆心位置组成。

本实验采用进行标定实验后得出绳孔坐标数据，坐标数据如表 8.14 所示，可以减少来自安装误差的影响，一定程度上也能降低绳长的初始误差。相比于简单的运动学开环控制实验，本实验首先需要对目标轨迹进行索力分配优化，通过第 7 章变弹簧索长的方式进行索力分配优化，得到新的 Z 高度变化，而 X 坐标和 Y 坐标与末端动平台保持一致；然后针对优化后的上下末端动平台轨迹，根据第 2 章运动学和动力学求得各个离散位姿点的理论索长和理论索力，再由柔索弹性伸缩量补偿的计算方式，求得各个工作滑台与目标轨迹对应的离散位移集合；最后通过 Beckhoff 运动控制软件，实现插补时间步长为 0.05s 的运动控制。

表 8.14　标定后等效出绳孔坐标

出绳孔	实际坐标/mm
A_{1S}	(−758.1418, −439.0134, 1.8133)
A_{2S}	(756.5451, 433.2258, 3.8485)
A_{3S}	(−0.357, 875.3114, −3.0381)
A_{4S}	(−751.1664, −431.7347, 1789.297)
A_{5S}	(757.4936, 437.5378, 1782.5378)
A_{6S}	(−0.666, 868.0515, 1791.5022)

为了体现进行索力分配优化和弹性伸缩量补偿之后位置精度的提升程度，本实验还采用同一目标轨迹，但不进行索力分配优化和柔索弹性伸缩量补偿，与进行补偿优化后的运动控制情况进行对比。为保证优化补偿前后轨迹具有可对比性，将未进行优化补偿轨迹的定弹簧长度设定为 67.4 mm，即优化补偿后轨迹的初始弹簧长度值，使得优化补偿前后轨迹的初始条件一致。优化补偿前由于上下末端动平台是同步运动的，因此直接针对目标轨迹通过第 2 章运动学求得离散位姿点的各个柔索索长值，根据初始索长进一步求得各个工作滑台的相对位移离散集合，最后通过 Beckhoff 运动控制软件，实现插补时间步长为 0.05s 的运动控制。

经过运动捕捉系统数据采集以及数据处理之后，优化补偿前后两次轨迹的运动轨迹图如图 8.32 所示。图 8.32 中整体上可以看出，与理论目标轨迹相比，优化补偿后的末端动平台的运动位置精度高于未进行优化补偿的运动控制轨迹，并且明显后者的运动轨迹产生了倾斜。由图 8.32(b) 可以看到经过索力分配优化之后，原来的上末端动平台的圆目标轨迹变成了高度 Z 不断变化的轨迹。同时对比上下末端动平台的运动轨迹图可以看出，上下末端动平台的轨迹变化趋势具有一致性，尤其是经过优化补偿之后的运动轨迹，理想的下末端动平台应该为目标圆轨迹，但是实际的下末端动平台轨迹一定程度上也受到了经过索力优化分配后的上末端动平台运动轨迹的影响，体现在 Z 方向的高度变化上。

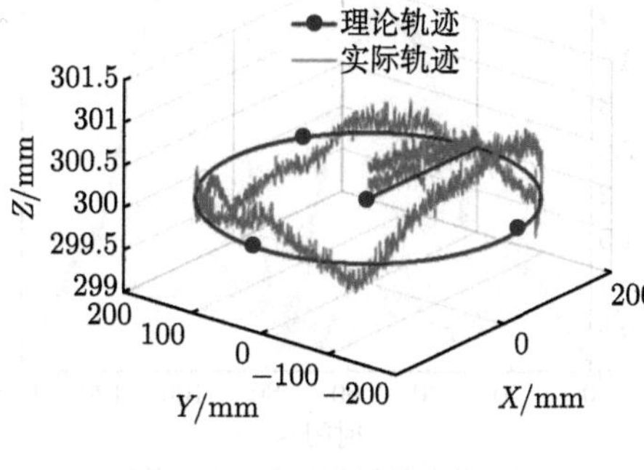

(a) 优化补偿后下末端动平台实际与理论轨迹

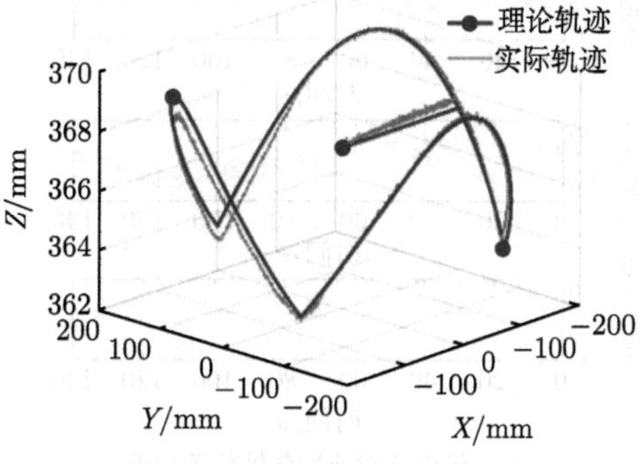

(b) 优化补偿后上末端动平台实际与理论轨迹

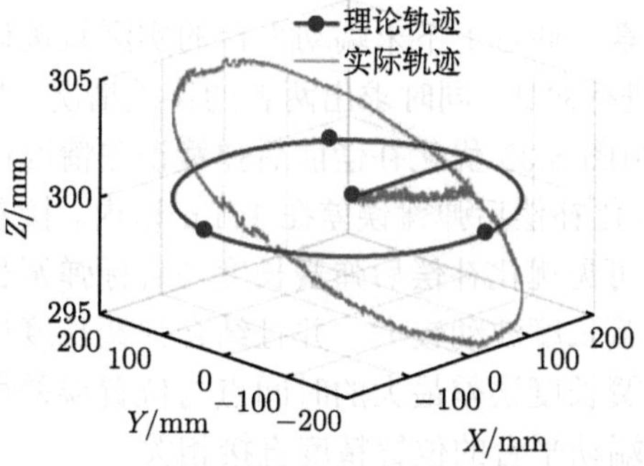

(c) 未优化补偿下末端动平台实际与理论轨迹

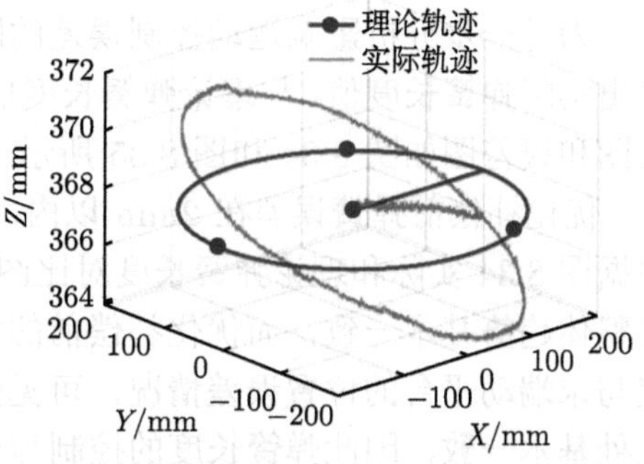

(d) 未优化补偿上末端动平台实际与理论轨迹

图 8.32 优化补偿前后实际和理论轨迹图

在了解优化补偿前后运动轨迹的总体情况后，还需要进一步分析具体的误差情况。对此，根据实际运动轨迹和理论目标轨迹，分别计算各轴的误差值和构造体积误差，误差情况如图 8.33 所示。首先根据图 8.33 (b) 构造体积误差情况，可以看出优化补偿前后总体误差相差较大，由优化补偿前的 5mm 误差降低到了优化补偿后的 1mm 左右，并且两者总体误差趋势有一定相似性，都是在中后段误差相对较大，可以看出运动过程中的累积误差主要在中后段体现，尤其是优化补偿前极为明显。其次根据图 8.33 (a) 各轴位置误差情况，可以看出优化补偿前后的 X 轴和 Y 轴位置误差相差较小，都在 0.5 mm 左右，主要是优化补偿前后 Z 轴的位置误差相差较大，优化补偿前 Z 轴位置误差达到 5 mm 之多，而优化补偿之后降低到 1mm 左右，只有优化补偿前 Z 轴误差的 20%，因此本书的柔索并联 3D 打印机构的位置误差主要来源于 Z 轴的位置误差，经过优化补偿将 Z 轴位置误差降低到原来的 20%。

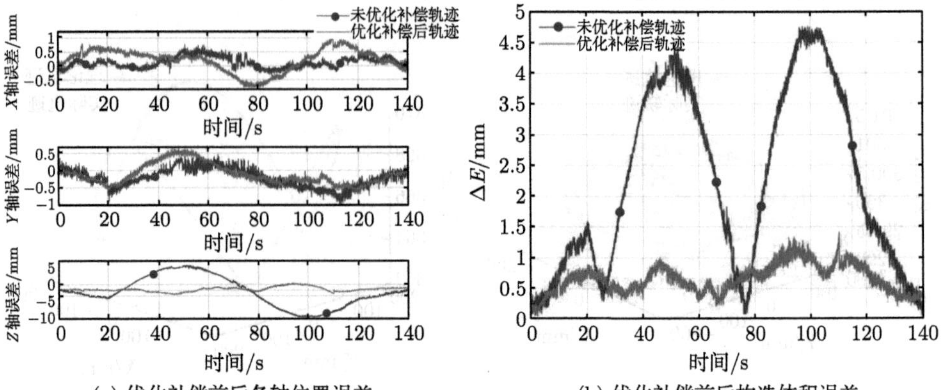

(a) 优化补偿前后各轴位置误差　　(b) 优化补偿前后构造体积误差

图 8.33　优化补偿前后位置误差和构造体积误差图

为进一步分析影响运动控制误差的因素，通过上下末端动平台的实际轨迹计算出实际弹簧长度值，与理论弹簧长度值进行对比，同时求出两者的误差情况，对比图和误差图如图 8.34 和图 8.35 所示。由图 8.35 优化补偿前后弹簧误差情况可知，优化补偿前弹簧误差在 2mm 以内，优化补偿后弹簧误差在 1mm 以内。接着根据图 8.34 实际和理论弹簧长度对比图，可见优化补偿后弹簧长度与目标弹簧长度整体趋势基本一致，而优化补偿前的弹簧长度波动较大。并且结合弹簧长度误差与末端动平台的位置误差情况，可见弹簧长度误差最大的时间点与位置误差最大处基本一致，因此弹簧长度的控制与末端动平台的位置精度直接相关。

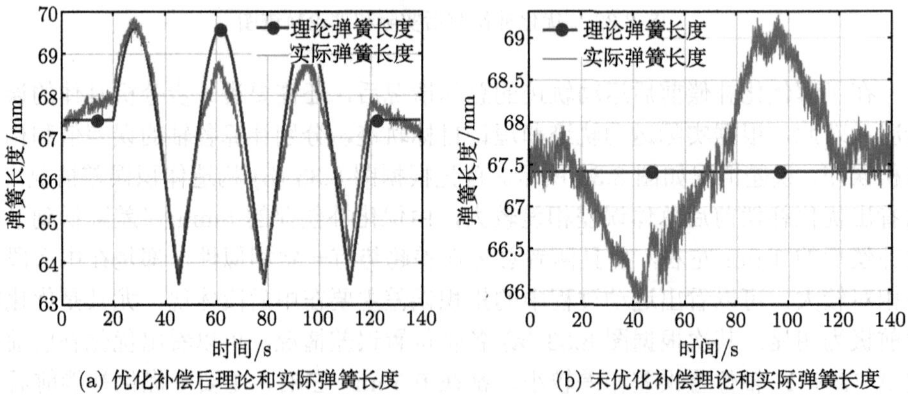

(a) 优化补偿后理论和实际弹簧长度　　(b) 未优化补偿理论和实际弹簧长度

图 8.34　优化补偿前后弹簧长度图

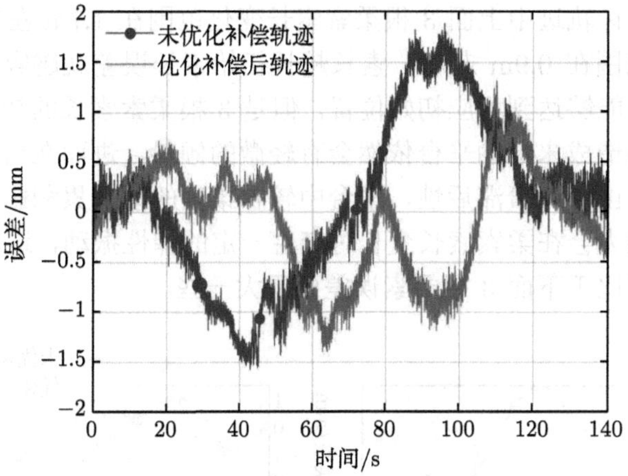

图 8.35 优化补偿前后弹簧误差图

进一步分析优化补偿后的弹簧长度误差和末端动平台位置误差的关系，由图 8.34(a) 可见中后段弹簧误差较大的情况出现在弹簧长度变化较快的时间区间，即弹簧力变化较快，弹簧力变化使得末端动平台的误差相应增大，这说明弹簧力变化所具有的滞后性，与相应所需的柔索变化量之间存在偏差，从而导致末端动平台在此时间区间容易产生抖动，从而误差增大，因此本运动控制的动态特性还有待进一步提高。

除了弹簧长度误差对末端动平台位置精度的影响外，柔索索长的变化也直接影响平台的位置精度，因此对各个柔索索长的误差进行计算，绘制的优化补偿前后各柔索索长误差图如图 8.36 所示。从图 8.36 中可以看出，整体上优化补偿前后下末端动平台的索长误差较小，上末端动平台的索长误差较大；对比优化补偿前后索长误差情况可以看出，优化补偿后的下末端动平台 3 根柔索索长误差基本是优化补偿前误差的 50%，而优化补偿后上末端动平台的柔索 l_4 和 l_6 相比，优化补偿前误差只有较少程度的减少，但优化补偿后上末端动平台柔索 l_5 达到优化补偿前误差的 25%。因此优化补偿后柔索长度误差降低较为明显，并且优化补偿前柔索索长的较大误差，使得末端动平台整体发生倾斜，进而导致运动轨迹整体倾斜；经过优化补偿，柔索的索长误差得到控制，极大降低了运动轨迹的倾斜程度。

进一步分析优化补偿后的索长误差对末端动平台误差的影响，首先优化补偿后柔索的最大 2mm 误差体现在末端动平台只有 1mm 左右，这是上下末端动平台之间采用弹簧连接所带来的效果，对于上末端动平台较大的柔索误差，只要下末端动平台的柔索误差较小，中间的弹簧长度便会随着误差自动伸缩，对应上末端动平台的位置也会产生一定的变化，而下末端动平台依旧能够保证不错的位置精度。其次该目标轨迹中上面 3 根柔索索长变化范围在 1.7m 左右，而下面 3 根柔索索长变化范围在 0.9m 左右，索长越长初始索长误差就越容易大，初始末端位置一定程度上能够达到相应初始位置，但是 3 根柔索索长的初始长度难以全部精准控制，从而造成末端动平台依然会有轻微的倾斜，进而在后续运动中产生累积误差，同时，由于弹簧滞后性，平台中较长柔索的误差累积影响更大，还有出绳孔等处的摩擦力会在柔索索长变长时产生一定的弹性振动，这就导致上面 3 根柔索索长误差相比于下面 3 根柔索误差要更大一些。

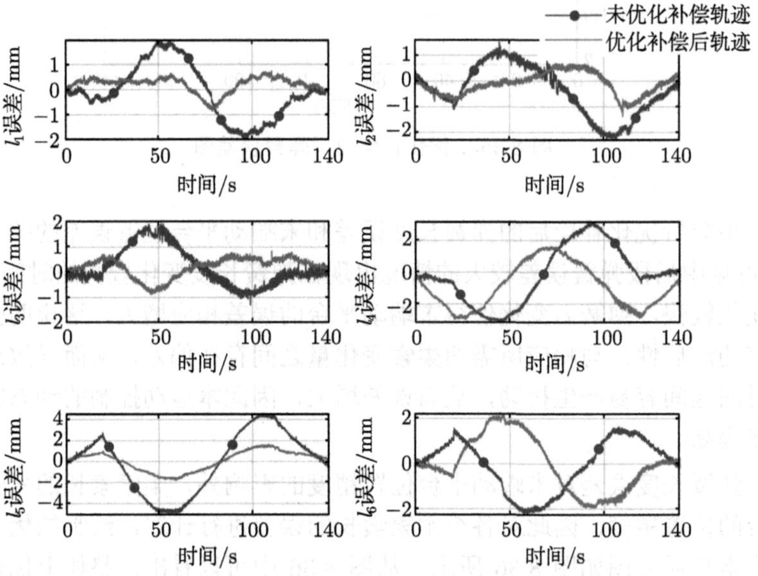

图 8.36　优化补偿前后各柔索索长误差图

综上所述，本机构运动学控制误差主要体现在 Z 方向高度上，这是因为上下柔索的索长误差会使得弹簧的长度自动改变。采用索力分配和柔索伸缩量补偿的运动学控制总体可以较大提高末端动平台的柔索长度控制精度，进而提高末端动平台的位置精度，将误差控制在 1mm 左右，在大尺寸的柔索并联 3D 打印机构上，这一误差范围能够满足打印需求。但单纯的运动学控制也暴露出一些动态特性和稳定性不足，需要进一步对索力实现精准控制，同时也需要将柔索索长加入反馈控制，降低运动中的误差累积。

8.7　刚柔耦合 3D 打印机器人视觉反馈控制实验

冗余柔索并联 3D 打印机构不仅需要末端执行器能平稳运行，还需保持较高的打印精度，末端执行器的运动精度是保证打印工件满足外部结构性能要求的基础。为了使此冗余柔索并联 3D 打印机构能够满足工作性能的需求，在本节对实验样机进行基于视觉运动捕捉系统的全闭环反馈控制实验。本次实验是在运动学自标定实验完成后进行的，全闭环反馈控制实验的流程如图 8.37 所示。

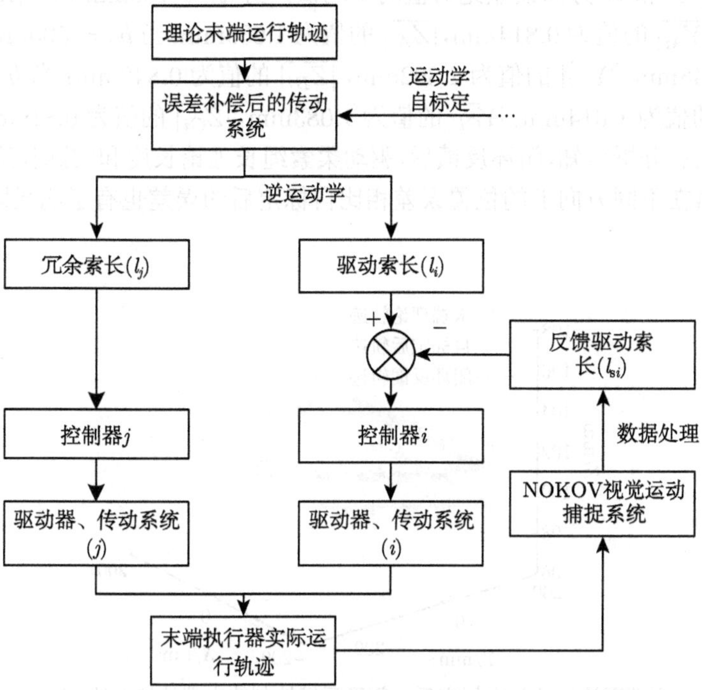

图 8.37 全闭环反馈控制实验流程

(1) 运动学自标定实验结束后，完成对运动学参数误差 Δx_i、Δy_i 和 Δl_i 的误差识别和补偿，建立新的运动学模型，并基于逆运动学求得理论冗余、驱动柔索长度 l_i、$l_j(i=1,2,3$，$j=4,5,6)$ 的变化。

(2) 通过系统辨识确定单个驱动柔索传动系统的传递函数，并进行 PID 参数的调节，确定每个驱动柔索控制器的 K_{P}, K_{I}, K_{D} 参数值。

(3) 利用 NOKOV 视觉运动捕捉系统识别自标定后末端执行器运行轨迹，并将逆运动学求解得到的驱动索长 l_{si} 作为反馈量。

(4) 将 l_{si} 和 l_i 的误差值作为控制器的输入，6 对柔索协同控制末端执行器运行。再次利用 NOKOV 视觉运动捕捉系统得到闭环运动控制的运行轨迹，并与自标定后的轨迹对比分析。

再次运行如图 8.23 所示的轨迹，利用视觉捕捉系统得到末端执行器实时运动数据。并通过数据转换和处理，将末端执行器的运行情况与自标定后的运行情况做对比，不同的运行高度平面，运动学自标定后和闭环反馈控制的末端轨迹对比如

图 8.38~ 图 8.40 所示，闭环反馈控制的实际驱动索长和理论驱动索长变化对比如图 8.41~ 图 8.43 所示。为具体体现闭环反馈实验的实验效果，在每个高度轨迹上分别均匀选取 6 个位置点 $A_1 \sim A_6$、$B_1 \sim B_6$ 和 $C_1 \sim C_6$。对每个高度上选取的点求 X、Y 和 Z 方向误差绝对值的平均值，当 $h_z = 100\text{mm}$ 时，$|\overline{X_{Ai}}|$ 的值为 1.107mm，$|\overline{Y_{Ai}}|$ 的值为 0.814mm，$|\overline{Z_{Ai}}|$ 的值为 1.639mm；当 $h_z = 500mm$ 时，$|\overline{X_{Bi}}|$ 的值为 2.148mm，$|\overline{Y_{Bi}}|$ 的值为 2.892mm，$|\overline{Z_{Bi}}|$ 的值为 0.842mm；当 $h_z = 900\text{mm}$ 时，$|\overline{X_{Ci}}|$ 的值为 1.014mm，$|\overline{Y_{Ci}}|$ 的值为 1.083mm，$|\overline{Z_{Ci}}|$ 的值为 0.819mm。通过以上实验对比和分析可知，闭环反馈后，驱动柔索绳长理论长度和实际长度基本相同，末端执行器在不同方向上的位置误差相比自标定后的误差也有了明显降低。因此，

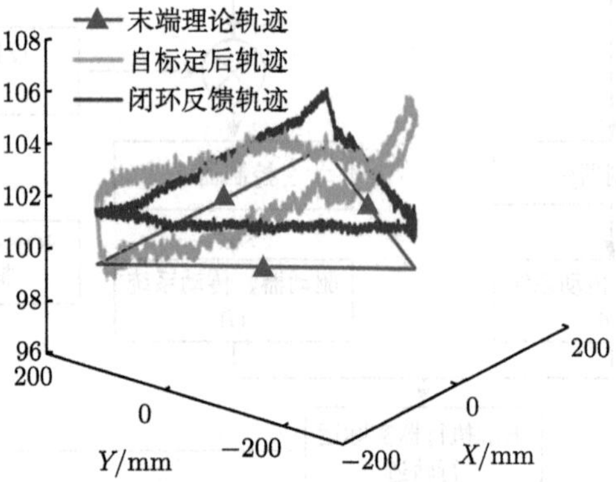

图 8.38 末端理论轨迹与自标定后、闭环反馈控制的末端轨迹对比 ($h_z = 100\text{mm}$)

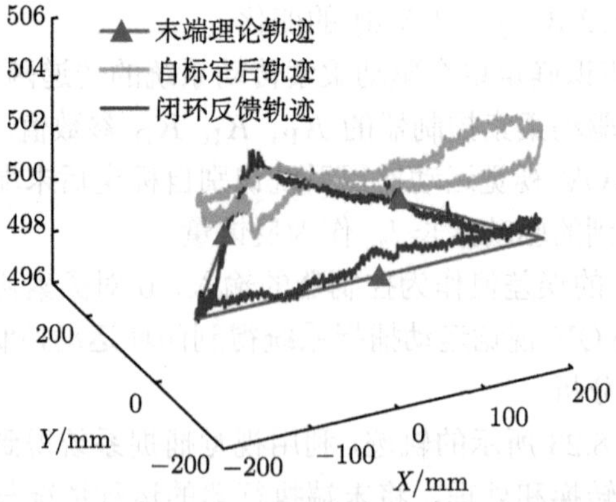

图 8.39 末端理论轨迹与自标定后、闭环反馈控制的末端轨迹对比 ($h_z = 500\text{mm}$)

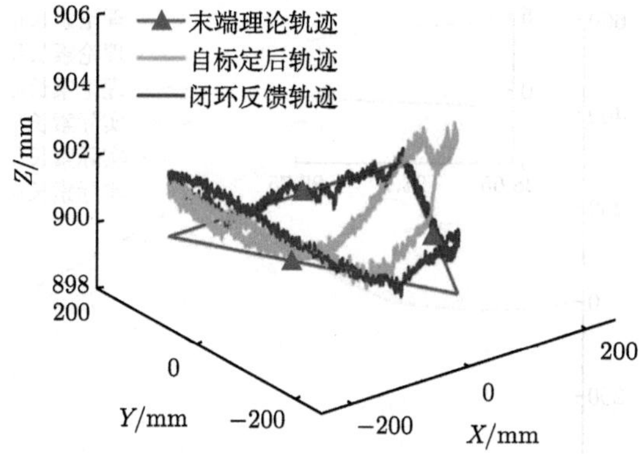

图 8.40　末端理论轨迹与自标定后、闭环反馈控制的末端轨迹对比 ($h_z = 900\text{mm}$)

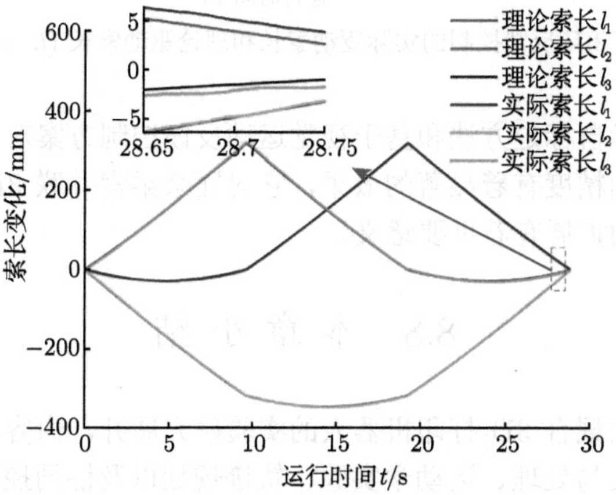

图 8.41　闭环反馈控制的实际驱动索长和理论驱动索长 ($h_z = 100\text{mm}$)

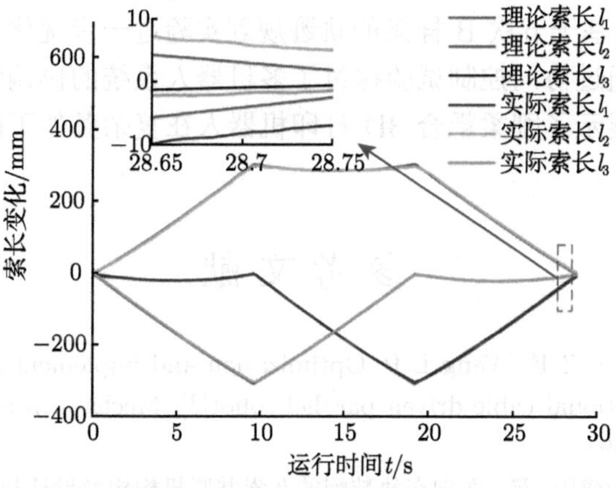

图 8.42　闭环反馈控制的实际驱动索长和理论驱动索长 ($h_z = 500\text{mm}$)

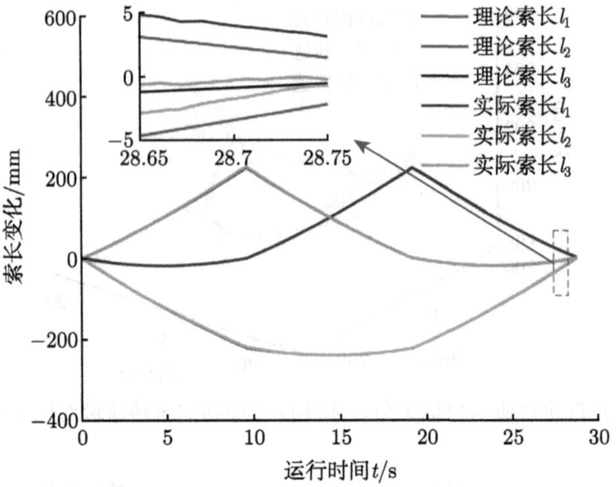

图 8.43　闭环反馈控制的实际驱动索长和理论驱动索长 ($h_z = 900$mm)

本书提出的运动学自标定方法和基于视觉运动反馈控制方案对提高末端执行器在工作空间中的运动精度有着显著的效果，它对冗余柔索并联 3D 打印机构打印精度的改善和应用的扩展有着重要意义。

8.8　本 章 小 结

本章围绕刚柔耦合 3D 打印机器人的实验研究展开，内容涵盖了机器人样机的开发、数据采集与处理、运动学实验、轨迹规划以及协同控制试验。首先，介绍了被动和主动张紧机制下的样机开发，分别提升了机器人在不同工作条件下的机械性能和灵活性。其次，通过运动学标定和目标定位实验验证了机器人的运动精度和定位能力。基于五次 B 样条的轨迹规划实验进一步优化了机器人的路径跟踪性能。最后，通过协同控制试验探讨了多机器人系统的协调性和稳定性。整体上，本章系统地展示了刚柔耦合 3D 打印机器人在复杂条件下的性能表现及其应用潜力。

参 考 文 献

[1] Zhang Z K, Shao Z F, Wang L P. Optimization and implementation of a high-speed 3-DOFs translational cable-driven parallel robot[J]. Mechanism and Machine Theory, 2020, 145: 103693.

[2] 于金山, 李潇, 陶建国, 等. 面向在轨装配的八索并联机构构型设计与工作空间分析 [J]. 机械工程学报, 2021, 57(21): 1-10.

[3] 朱伟, 时宽祥, 王烨, 等. 三平移刚柔混合并联机构优化设计与动力学分析 [J]. 农业机械学报, 2021, 52(12): 417-425.

[4] An H, Zhang Y Q, Yuan H, et al. Design control and performance of a cable-driving module with external encoder and force sensor for cable-driven parallel robots[J]. Journal of Mechanisms and Robotics, 2022, 14(1): 014502.

[5] Goodarzi R, Korayem M H, Tourajizadeh H, et al. Nonlinear dynamic modeling of a mobile spatial cable-driven robot with flexible cables[J]. Nonlinear Dynamics, 2022, 108(4): 3219-3245.

[6] Zhu W, Liu J H, Shi K X, et al. Optimization design and dynamic stability analysis of 3-DOF cable-driven parallel robot with an elastic telescopic rod[J]. Journal of Mechanical Science and Technology, 2022, 36(9): 4735-4746.

[7] Gueners D, Chanal H, Bouzgarrou B C. Design and implementation of a cable-driven parallel robot for additive manufacturing applications[J]. Mechatronics, 2022, 86: 102874.

[8] Lee C H, Gwak K W. Design of a novel cable-driven parallel robot for 3D printing building construction[J]. The International Journal of Advanced Manufacturing Technology, 2022, 123(11): 4353-4366.

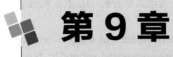

第 9 章 大空间刚柔耦合机器人应用

刚柔耦合机器人具备高速度、高负载以及更好的灵巧性，是新一代机器人的显著特征和优势。国务院发布的《中国制造 2025》明确提出重点突破高档数控机床、增材制造等前沿技术和装备，组织研发具有深度感知、智慧决策、自动执行功能的高档数控机床、工业机器人、增材制造装备等智能制造装备以及智能化生产线。本章将结合相关案例的数值分析和实验，包括刚柔耦合 3D 打印机器人在建筑领域的应用、刚柔耦合腰部康复机器人应用，以及大空间多机协作吊装柔索并联构型装备的应用，帮助读者从理论和实践两方面掌握书中的主要观点。

9.1 刚柔耦合 3D 打印机器人在建筑领域的应用

9.1.1 刚柔耦合 3D 打印机器人的整体结构

本次实验样机主要是由硬件和软件两大部分构成，图 9.1 为绳驱动刚柔耦合 3D 陶土打印机器人的整体结构图。

硬件部分主要由机械结构、运动控制硬件、陶土打印喷头、三维动作捕捉相机组成，软件部分主要由 TwinCAT3 运动控制软件、Arduino、NOKOV 红外光学三维动作捕捉系统组成。机械结构由外到内是正三棱柱的铝合金框架、滚珠丝杠的工作滑台、定滑轮、拉力传感器。正三棱柱的铝合金框架是由截面 60mm×60mm 的型材组建而成，其边长为 1500mm，高度为 1790mm。工作滑台的总行程为 1750mm，选用的滚珠丝杠导程为 4mm，直径为 12mm。机构上半部分 3T 构型的 3 根绳索通过定滑轮由工作滑台连接到末端执行器上，机构下半部分 3R3T 构型的 3 组平行绳索同样通过定滑轮由工作滑台连接到末端执行器上，在工作滑台的连接处还连接了微型高精度拉力传感器，拉力传感器的量程为 0~100N，灵敏度为 1~1.5mV/V。所有绳索选用 12 编大马力聚乙烯 (polyethylene，PE) 线，绳索直径为 0.8mm，可以承受 100N 以下的拉力。陶土打印喷头选用 2mm 直径的喷嘴，使用空压机通过聚氨酯 (polyurethane，PU) 气管连接在料筒上进行陶土的输送。选用额定功率为 600W，排气量为 40L/min，排气压力为 0.8MPa 的静音空压机，PU 气管尺寸为 10mm×6mm，料筒的直径为 80mm，长度为 500mm，可以存放大约 3kg 的陶土。绳驱动刚柔耦合 3D 陶土打印机器人的详细结构参数如表 9.1 所示。

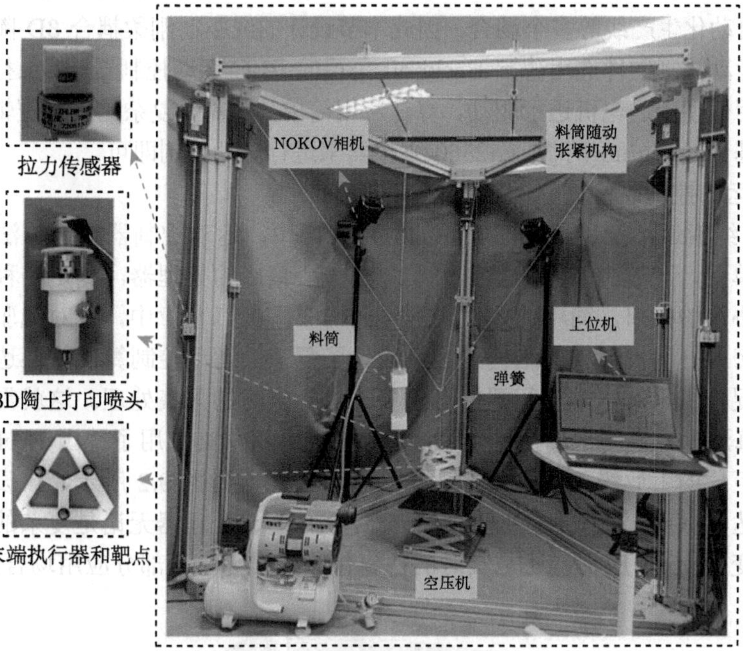

图 9.1 实验样机整体结构图

表 9.1 实验样机结构参数

结构参数	参数值
机构框架高度/mm	1790
机构下部边长/mm	1500
弹簧初始长度/mm	100
平行间绳索距离/mm	160
工作滑台的最大工作距离/mm	1750
拉力传感器量程/N	0～100
3D 陶土打印喷头质量/g	950
3D 陶土打印喷嘴直径/mm	2
初始位置时驱动绳索长度/mm	962.50
初始位置时预紧绳索长度/mm	1735.30

运动控制硬件主要分为绳索运动控制硬件和陶土打印喷头运动控制硬件。为了满足高精度打印任务的要求，同时需要求解复杂的算法公式，需选用核心算力较为强大的个人计算机 (personal computer，PC) 控制器。目前市面上的主流可编程逻辑控制器 (programmable logic controller，PLC) 制造商有德国西门子 (SIEMENS)、

日本三菱电机 (Mitsubishi Electric)、瑞士 ABB、德国倍福 (Beckhoff) 等国际厂商。Beckhoff 是基于 PC 的自动化技术的先驱者之一，将工业 PC 和 TwinCAT 自动化软件相结合，基于 EtherCAT 实时以太网技术，应用在风力发电、新能源汽车换电、自动化生产线等多个场合。因此本节设计的绳驱动刚柔耦合 3D 陶土打印机器人的运动控制硬件选用德国 Beckhoff 公司的 PLC 运动控制器。陶土打印喷头由于是选用微型步进电机进行驱动，算法应用简单，不需要复杂的数学逻辑运算，因此选用基于 Arduino 的 Mega2560 主控器来进行运动控制即可。

1) 运动控制硬件

(1) 绳索运动控制器。在实际的应用生产中，运动控制器作为算法核心处理的控制单元，一般由实时的操作系统、多核心集成的处理器，满足多种控制网络及通信协议的接口，简单的人机交互界面构成。在第 8 章中，针对绳驱动刚柔耦合 3D 陶土打印机器人的结构特性，设计了复杂的运动控制算法，还选用了三维动作捕捉相机来对末端执行器的运动姿态进行实时的采集处理。这就需要处理性能好、算法算力强的运动控制器来满足条件，本次最终选用了德国 Beckhoff 公司的控制柜式的工业级 PC，其型号为 C6650-0050，如图 9.2 所示，该设备选用了主频高达 3.4GHz 的 Intel 处理器 Core i7-6700，该处理器无论是复杂的点到点控制，多变的 HMI 应用，还是实时的往复传输数据等，大部分应用场合都能胜任。

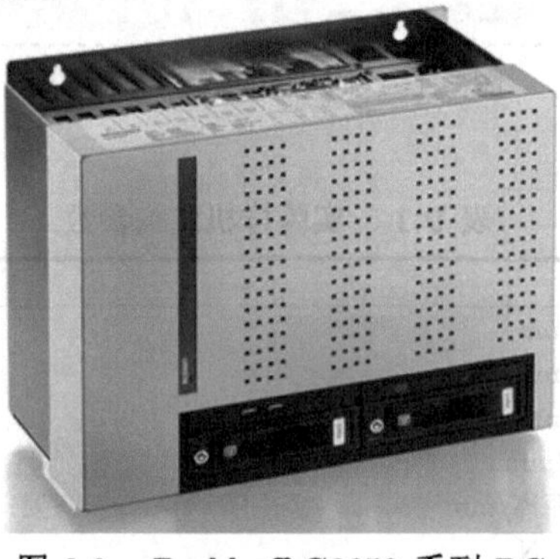

图 9.2 Beckhoff-C6650 系列 PC

(2) 伺服驱动系统。对于一套完整的运动控制系统来说，伺服驱动器是自动化设备中不可或缺的组件，广泛应用于工业机器人、数控加工中心等运动控制领域。本节设计的机构上半部分 3T 构型需要 3 个伺服电机进行驱动，下半部分 3R3T 构型同样需要 3 个伺服电机进行驱动，一共需 6 个伺服电机驱动，考虑到实际应用的经济性，选用了德国 Beckhoff 公司的配套伺服驱动器和伺服电机，如图 9.3 所示。伺服驱动器为双通道版本的 AX5201 驱动器，一个驱动器可以连接两台伺服电机，大大降低了实验成本。伺服驱动器内包含插入式电源和连接模块连接电源、直流链路和 24V 直流控制电压，可以提供 2×1.5∼2×6A 的不同电流强度，这两个单独的通道，其额定电流可适用于各自连接的电机，还包含了级联结构的控制回路，支持快速反馈和高精度的定位任务。伺服电机同样选用了德国 Beckhoff 公司的 AM8031 电机，这款伺服电机在工作中的额定转速可以达到 3000r/min，最大扭矩为 1.35N·m。同时在一些对于动态和性能要求较高的场合中，有位置控制模式、速度控制模式、转矩控制模式三种工作模式来满足不同的任务需求，还可以自由地选择在 100∼480V 交流电压范围内使用。

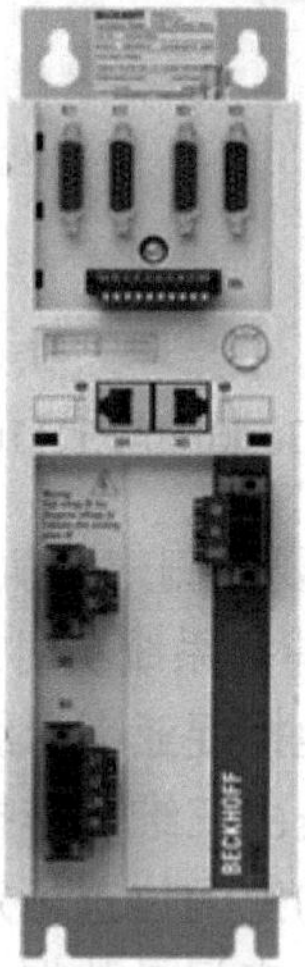

图 9.3 Beckhoff-AX5201 伺服驱动器

(3) 信号采集系统。为了保证实验的平稳性及运动精度，必须采用全闭环的运动控制系统，来实时精准地获取运动过程中绳索的运动特性，如绳索的长度变化、绳索上的张力变化等。因此在实验中采用了微型膜盒式的拉力传感器，拉力传感器的量程为 0∼10kg，可以处理对应 0∼10V 范围内的电压信号，在满足实验要求的基础上，灵敏度为 1∼1.5mV/V。拉力传感器通过德国 Beckhoff 公司的 EL3064 数字模拟量采集模块接收后进行电信号数据转换处理。EL3064 数字模拟量采集模块通过德国 Beckhoff 公司的 EtherCAT 耦合器进行供电连接，使用 EtherCAT 协议和德国 Beckhoff 公司的设备，可以充分发挥 EtherCAT 的优势，它能提供快速、高效、精确的工业以太网通信，从而使得工业自动化和控制系统的性能与效率不断提升。这里选用德国 Beckhoff 公司的 EK1100 耦合器，如图 9.4 所示，将 EK1100 耦合器与 EtherCAT 端子模块连接，耦合器是一种网络设备，用于在不同类型的网络媒介之间进行数据转换。在这种情况下，耦合器可以将从以太网 100BASE-TX(一种以太网标准) 发送的报文转换为 E-bus 信号表示，以实现两者之间的互联互通。

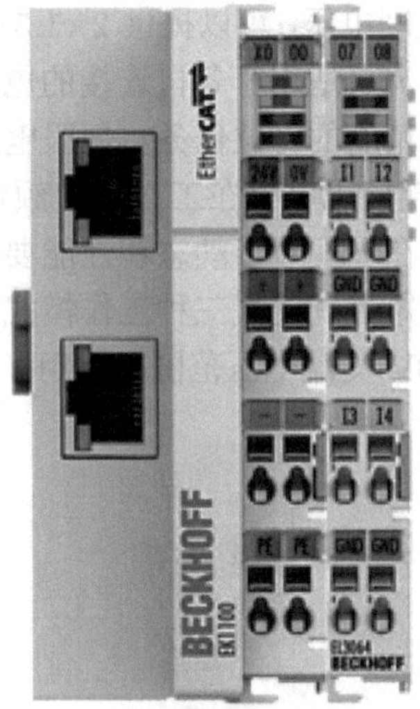

图 9.4 Beckhoff-EK1100 耦合器

在实际的 3D 打印实验中，需要检测末端执行器每时刻的位置变化，因此采用了 NOKOV(度量) 光学三维动作捕捉系统实时地捕捉运动数据。它采用了高精度的红外镜头，可以在运动中精准地捕捉亚毫米级别精度的三维坐标。NOKOV(度量) 光学三维动作捕捉系统主要是由三维动作捕捉镜头、光学标定组件、反光标识 Marker 点等组成，通过预定的空间位置标定得到实际空间位置变化矩阵，然后通过反光 Marker 点的运动变化来记录数据，得到相应的工作特性。本次实验使用了 Mars 系列中的镜头 Mars1.3H，分辨率为 1280×1024，最低的采样延迟为 4ms，高达 1300 万次像素，足以满足搭建样机的使用。图 9.5 是 NOKOV(度量) 光学三维动作捕捉系统的基本使用流程。

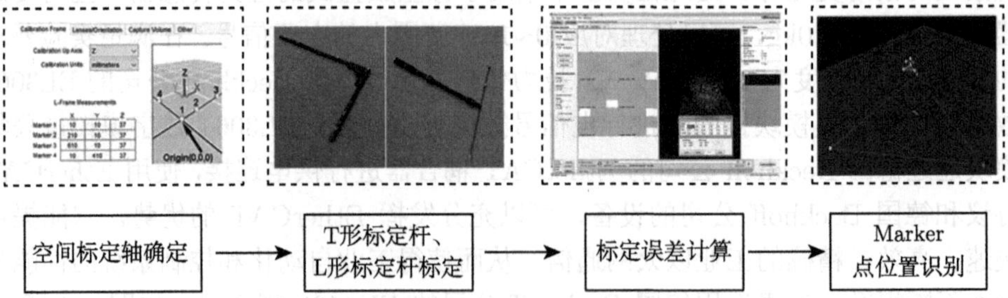

图 9.5 NOKOV(度量) 光学三维动作捕捉系统的基本使用流程

(4) 3D 陶土打印喷头运动控制硬件。由于设计的 3D 陶土打印喷头为微型末端执行器，在实验过程中只需控制螺杆旋转的运动，同时为了保证陶土在打印过程中挤出的流畅性和稳定性，实验中选用了减速比为 1:57 的无刷步进减速电机进行驱动，重量仅仅只有 75g，其型号为驰海电机有限公司的 CHS-GM25-25BY。步进电机的驱动控制板采用 Arduino Mega2560 主控板 (图 9.6)，Arduino 是一个非常便捷灵活、简单易上手的开源电子原型平台，适用于步进电机的运动控制。考虑到实验的经济性，在主控板 Arduino Mega2560 上搭载 Ramps1.4 扩展板，最后将 A4988 驱动芯片组建在 Ramps1.4 扩展板上，A4988 是一种集成了转换器和过流保护功能的 DMOS 微步驱动器模块，具有小巧轻便、易于操作的特点，在 DIY3D 打印机上应用广泛。这样就搭建成了一套完整的无刷步进减速电机运动控制硬件系统。

图 9.6 3D 陶土打印喷头主控板

2) 运动控制软件

绳索运动控制软件。在绳索运动控制硬件的选型中，伺服驱动器、伺服电机、数据采集模块等全部使用了德国 Beckhoff 公司的产品，因此配套使用了此公司开发的 TwinCAT3 软件。TwinCAT3 软件是 Beckhoff 运动控制系统的核心部分，它可以将基于 PC 的系统转变为一个具备多个可编程逻辑控制器 (PLC)、数控 (numerical control，NC)、计算机数控 (computerized numerical control，CNC) 和机器人的实时操作系统。TwinCAT3 是一个模块化、差异化管理的运动控制软件，在运行时支持 C++ 和 MATLAB/Simulink 的实时读写，还带有 I/O 拓扑的双向数据转换，保障了实验运行的实时稳定性。

本节的实验使用了 TwinCAT3 中的 FIFO 功能块以及 TE1410 模块。TwinCAT NC FIFO 功能块是 TwinCAT NC 中的一个堆栈区。堆栈区的特点是传输数据时先进先出，当给定位置时，它会按照数据的顺序依次发送给每个 NC 轴。这个 FIFO 功能块最大可以同时满足 16 个轴同时进行，保证本实验的稳定性，如图 9.7 所示。FIFO 的优点是允许自定义两个数据之间的间隔序列，也就是指可以很方便地在 NC 周期内进行插值处理，使得运动轨迹更加平滑，但是 FIFO 功能块在实际应用中的灵活性不足，不支持在线修改运动的位置点，也不能重复传输数据，只能手动重新导入，不够便捷。因此，选择 FIFO 功能块作为本机构开环实验的选项。表 9.2 中给出了 FIFO 功能块中所用到的一些变量。

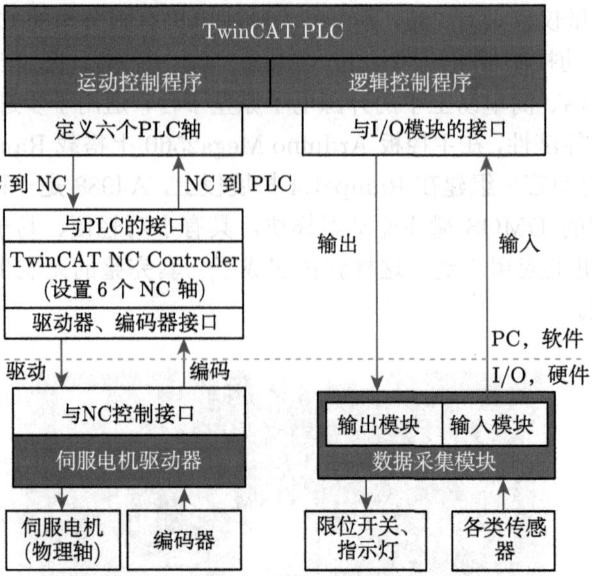

图 9.7 TwinCAT3 运动控制系统

表 9.2 FIFO 中的变量

FIFO 中的变量	变量作用
MAIN.read-do	读取生成的 XML 位置数据
MAIN.FIFO-write-do	将位置数据写入通道中
MAIN.integrate-do	将 NC 轴放置到 FIFO 通道中
MAIN.FiFo-GroupDisintegrate.bExecute	解散 FIFO 中定义的 NC 轴
MAIN.FiFo-SetChannelOverride.bExecute	设置 FIFO 通道的速率
MAIN.FiFo-GetDimension.iNoOfAxes	显示 FIFO 通道中所绑定的轴数
MAIN.FiFo-GetDimension.iNoOfFifoEntries	显示 FIFO 通道单轴的位置数据量

TwinCAT 中的 TE1410 模块是用于 MATLAB/Simulink 的和控制器进行交互的接口，它支持在 MATLAB 和 TwinCAT 运行时以及 Simulink 和 TwinCAT 运行时进行交换数据。它在 Simulink 中定义了 TwinCAT 指定的输入输出功能块，相对于使用 Simulink 提供的标准的输入输出端口而言，使用 Beckhoff 提供的 TwinCAT 指定输入输出模块会有如下好处。

(1) 可以直接在子系统中定义 TcCOM 的输入和输出信号，而不再需要先将信号从子系统中传输到上层系统。

(2) 在使用 Beckhoff 提供的 Simulink 输入输出模块时，可以直接在模块参数上设置其链接和映射，这样在实例化 TcCOM 组件时，变量就自动链接到相关的 I/O 模块或者其他 TcCOM 组件了。因此 TE1410 模块可以在线修改监控传输的数据，联合之前 Simulink 中设计的运动控制器，可以作为实验的闭环反馈控制系统选项。为了实验的便捷性，在 TwinCAT3 中设计了简单的人机界面 (human-machine interface，HMI) 来进行数据的监控和分析，如图 9.8 所示。

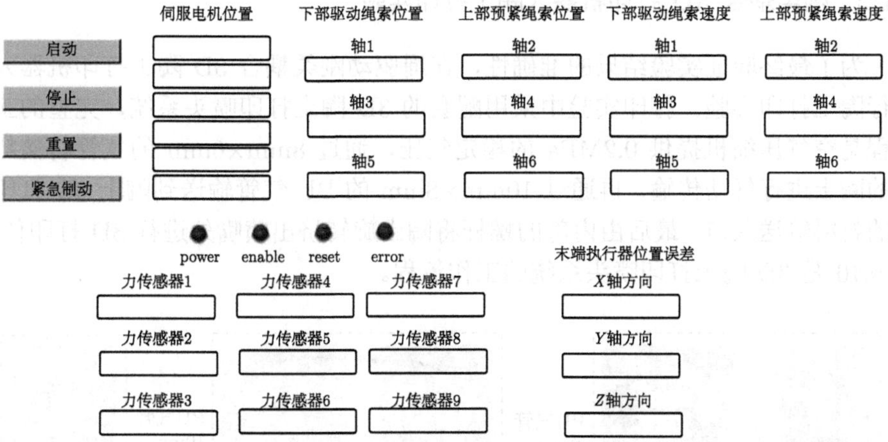

图 9.8　上位机控制人机界面

3) 3D 陶土打印喷头运动控制软件

3D 陶土打印喷头的运动控制是基于 Arduino 的 Mega2560 主控板进行核心控制，Arduino IDE 需要烧录相对应的系统固件来适配机器。市面上针对 3D 打印的开源固件有 Sprinter、Dlion、Marlin 等，其中 Marlin2.0 固件是目前功能最为完善的系统，它结合了之前 Sprinter 以及 Dlion 的特点进行针对性的修补。因此本实验选用 Marlin2.0 固件作为 3D 陶土打印喷头的运动控制软件，进行完整的 3D 打印任务还需要配套使用 3D 打印切片软件 Ultimaker Cura、上位机软件 Printrun。Ultimaker Cura 是 3D 陶土打印喷头硬件、Arduino IDE 软件无缝衔接的桥梁，它可以将目标三维模型进行分层切片，然后进行轨迹规划，最后把运动轨迹自动转化成 G 代码指令，如图 9.9 所示。Printrun 是一个 3D 打印机的控制端宿主

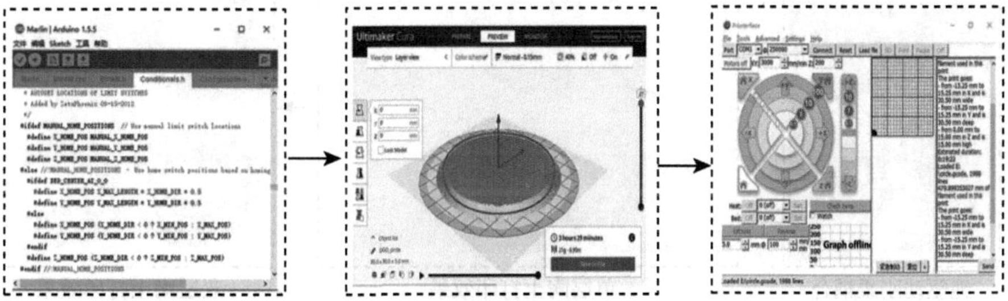

Marlin2.0控制固件　Cura切片软件　Printrun控制软件

图 9.9　3D 陶土打印喷头控制器

程序，可以将接收 Ultimaker Cura 切片软件生成的 G 代码指令，然后通过 Mega2560 主控板进行解析处理传输给步进电机。

9.1.2 刚柔耦合 3D 打印机器人陶土打印实验

为了最终验证实验结果的准确性，在绳驱动刚柔耦合 3D 陶土打印机器人上进行陶土打印实验。打印实验中采用配套的 3D 陶土打印喷头系统，完整的工作流程是空气压缩机提供 0.2MPa 的稳定气压，通过 8mm×6mm 的气管将储料筒中的陶土进行气动传输，再通过 10mm×8mm 的 PU 气管输送到陶土 3D 打印喷头的材料输送入口，最后由内部的螺杆将陶土旋转挤出喷嘴外进行 3D 打印任务。图 9.10 是 3D 陶土打印喷头系统的工作流程。

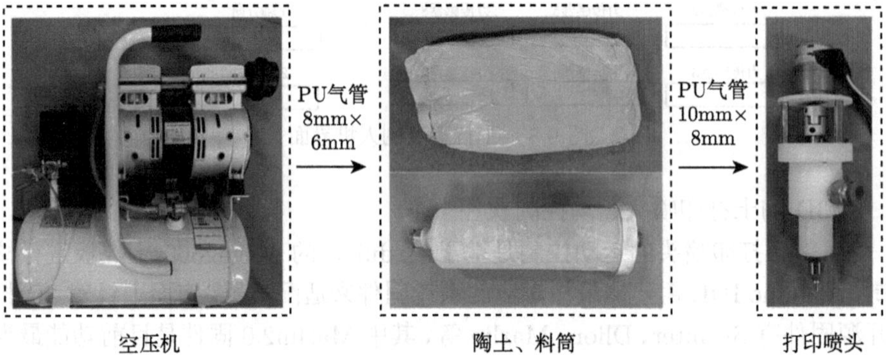

图 9.10　3D 陶土打印喷头系统工作流程

在 $H = 100\text{mm}$ 的高度平面进行打印实验，采用的打印喷嘴直径为 d=2.5mm，实验打印样例为圆形和三角形。图 9.11 为实际打印效果，其打印出的陶土线径均匀一致，表面顺滑充实，没有出现气泡缺陷的现象。

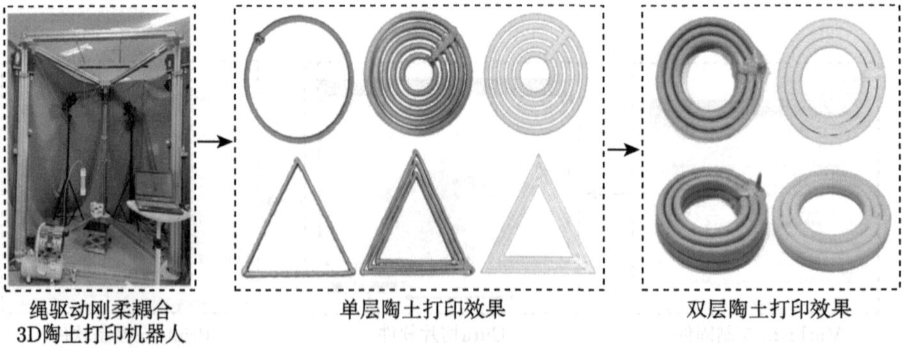

图 9.11　3D 陶土打印实例

按照陶土打印的样例尺寸，打印了普通 PLA 材料的样例进行对比。通过对比普通 PLA 材料的打印效果，可以看出打印出的实际样例轮廓尺度大小一致，起点与终点打印位置完美吻合，虽然在打印的初始位置会有少量的陶土材料堆积，不过在现实的建筑打印时，也会出现同样的现象，并不会影响实际的打印效果。陶土打印出的圆形实例中，同样没有发生明显的半径变化，线径保持均匀一致。单层打印实验完毕后，继续进行了双层打印实验，可以看出双层填充的圆形实例，两层之间的距离间隔相对统一，线径保持完整，没有出现堆积塌陷的现象，实际的打印效果完好。最后，如图 9.12 所示，进行了多层打印实验，结果表明挤出材料直径均匀，表面光滑，无气泡缺陷，实际样本的轮廓尺寸一致性好，打印的起始位置和结束位置完全匹配。半径无显著波动，层间厚度均匀，无材料堆积或不足的现象，层间结合紧密，底层填充无明显间隙。

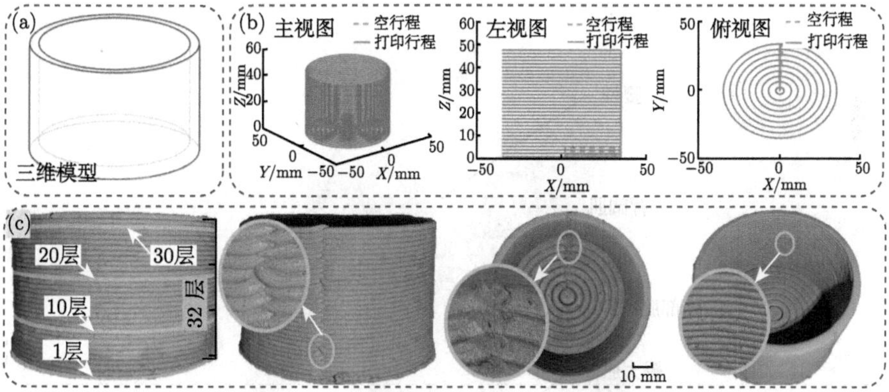

图 9.12　多层模型 3D 陶土打印实例

9.2　刚柔耦合腰部康复机器人应用

中风是老年人的常见病和多发病之一，患者常伴随腰部运动功能损伤的症状。大量医学研究表明，由于人体大脑的可塑性，面向任务的重复运动可提高运动功能障碍患者的肌肉力量和协调性 [1-3]。康复机器人能够辅助康复医师开展科学有效的康复训练，帮助患者恢复运动机能，弥补因治疗师数量和经验不足导致的康复训练效果不佳的情况。刚性机器人精度高、响应快，柔性机器人灵活度高、柔顺性好，刚柔耦合机器人兼具两者的优点，为康复医疗领域装备的发展提供了新的途径。

9.2.1　面向患者需求的腰部康复实验平台构建

1) 腰部功能及运动分析

生理解剖学上腰的定义是指，第一腰椎 L1 到第五腰椎 L5 间的椎间盘、椎管、椎体等腰椎结构，以及其周围的组织结构和肌肉群。腰椎共五段，在人脊柱中位，上连胸椎，下接骶骨；腰椎间盘为相邻腰椎间的椭圆形软骨弹性纤维垫，起着连接及支持腰椎的作用。腰腹部肌肉为人体核心肌肉，对人体的运动起着至关重要的作用，主要包括骶棘肌、腹直肌、腹外斜肌和腹内斜肌等肌肉，人体腰部肌肉简图如图 9.13 所示。人体腰部躯干周围肌肉群维持着脊柱的外在平衡，椎间盘的内压力与韧带的张力维持着脊柱的内在平衡。倘若人体腰部躯干周围肌肉群的肌力正常，而内在平衡失稳，人体尚能维持正常的生活；倘若人体腰部肌肉群的肌力减退，会出现局部疼痛，影响正常生活，因此脊柱手术恢复期及骨折等患者由于长期卧床不起，腰部肌肉群会出现萎缩或肌无力等，严重影响患者的恢复，会带来腰痛等新的症状 [4,5]。

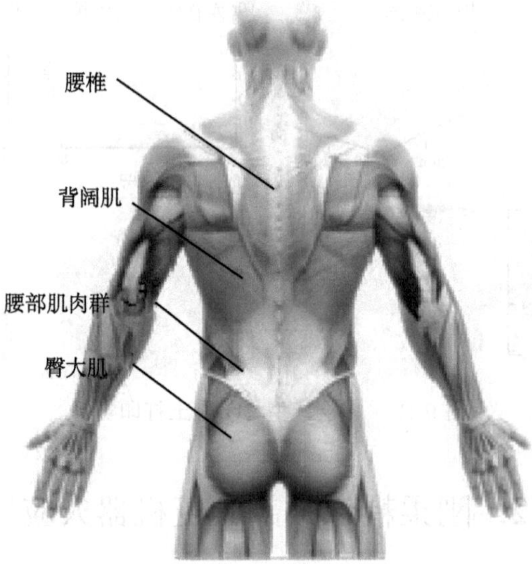

图 9.13 人体腰部肌肉简图

腰部疾病主要分为两类：一类是腰椎结构病变，如腰椎间盘突出、腰椎增生等问题；另一类是腰部肌肉群病变，如腰肌劳损、急性腰扭伤等问题。非先天性的腰痛病主要为腰椎退行性和下腰部炎症及损伤，这些腰部疾病的产生是因为腰部的稳定性遭到了破坏。专家认为，腰椎是人体脊椎可以活动的最低部位，人体脊椎中腰椎的受力最大。统计数据显示，下背部病痛患者远多于脊椎其他部位的病痛患者，而导致患者背部疼痛的主要原因是背部韧带和周边软组织的长期过度拉伸。由此可以看出，腰椎的稳定和腰部肌肉群的健康是腰部健康的关键，相应地，腰部康复锻炼可以从两方面进行：增强患者腰椎的稳定性和恢复患者腰腹肌的肌力。锻炼腰部核心肌力可以缓解临床症状，改善腰椎功能，提高患者的日常生活运动能力，因此，腰部康复机器人需要对患者腰部的肌肉群进行锻炼，帮助患者恢复腰腹肌的肌力，同时，对患者腰椎的稳定性产生一定的积极作用。

解剖学中定义了人体运动的基本面和基本坐标轴，如图 9.14 所示。其中，冠状面、矢状面、水平面为人体基本切面，相互垂直，分别为人体左右方向、前后方向、上下方向的垂直切面，将人体分为前后、左右、上下几部分；而冠状轴、矢状轴、垂直轴为基本面的交线，两两垂直，构成人体空间坐标系。人体腰关节是为了分析腰部运动而人为虚拟出的关节，能够实现绕冠状轴、矢状轴和垂直轴的三轴转动，即腰椎进行前后屈伸、左右侧弯和旋转运动，因此，可将虚拟的人体腰关节视为球铰结构。腰部底部与骨盆相连接，骨盆伴随腰部脊柱运动，当腰部脊柱前后屈伸时，骨盆伴随前后倾斜；腰部脊柱左右侧屈时，骨盆伴随左右侧倾；腰部脊柱旋转时，骨盆伴随旋转，即骨盆与腰部脊柱的运动方向相同。因此，根据此规律，本节所设计的刚柔耦合腰部康复机器人在下肢外骨骼的辅助作用下，采用柔索驱动运动平台带动患者下肢运动，从而实现腰部的 3 自由度的转动运动，达到对患者腰部进行康复训练的效果。

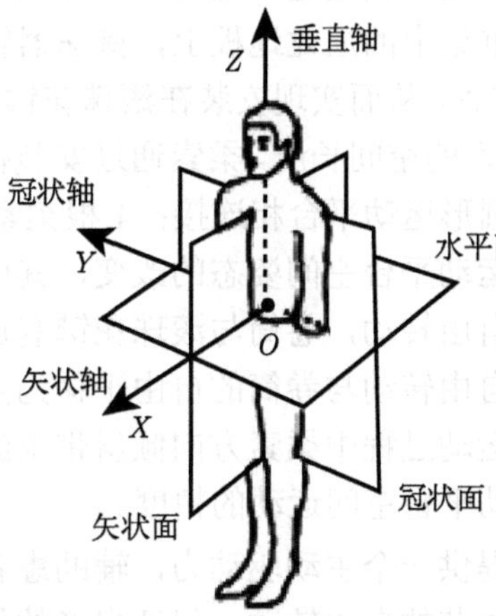

图 9.14 人体运动基本坐标系

2) 康复机器人实验平台搭建

本节所设计的刚柔耦合腰部康复机器人主要由柔索驱动运动平台、下肢外骨骼辅助机构和上身悬吊固定机构三部分组成，如图 9.15(a) 所示。其中，上身悬吊固定机构主要用来固定患者的上身，平衡患者上身的重力，减少康复训练中患者上身的重力对患者腰部肌肉群的挤压作用，同时，利用患者下肢重力的作用对患者腰椎产生牵引效果，能够达到缓解压迫、放松患者腰部肌肉群的效果。患者腰部康复训练是在下肢外骨骼辅助机构辅助患者下肢膝关节转动的情况下，柔索驱动运动平台带动患者下肢及骨盆做空间三维转动，从而实现腰部绕三坐标轴的转动康复训练，达到患者腰部肌肉群的康复训练效果。

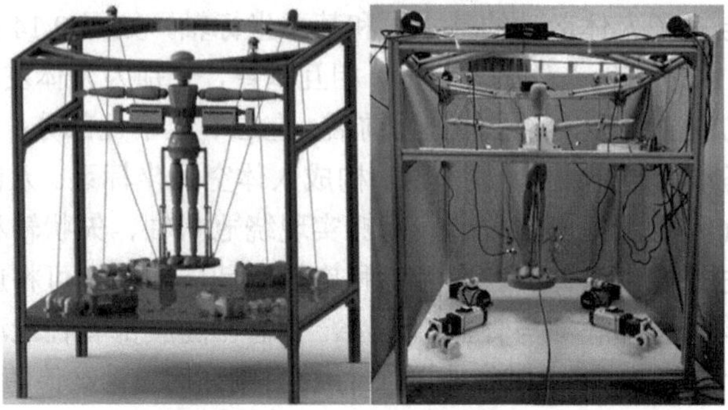

(a) 三维模型　　(b) 实验平台

图 9.15　刚柔耦合腰部康复机器人

柔索驱动运动平台机构由四组相同的交流伺服电机、减速器、卷筒机构和运动平台组成。交流伺服电机输出轴通过平键与二级行星齿轮减速器的输入孔配合装配，安装在铝合金型材框架上的尼龙地板上，减速器输出轴通过一对锥齿轮传动，将力矩传递到滚珠花键轴，从而实现安装在滚珠花键上的卷筒的转动；卷筒转动，带动柔索缠绕，改变柔索的空间长度，柔索通过安装在型材顶端的滑轮改变方向，末端通过关节轴承与圆形运动平台相连接；4 根柔索均布在运动平台的边缘，通过长度的变化共同实现运动平台空间姿态的改变，其中，定滑轮安装在菱形轴承上，能够绕轴承的轴向自由转动，卷筒与滚珠花键套过盈配合，可沿滚珠花键轴向自由移动，定滑轮的自由转动与卷筒的自由平移为两个被动自由度，增加此被动自由度主要用来消除运动过程中柔索方向倾斜带来的附加切向力的影响，实现柔索自动对心，提高运动平台空间运动的精度。

下肢外骨骼辅助机构提供一个主动驱动力，辅助患者下肢膝关节的转动，同时不限制患者髋关节及踝关节的自由转动，保证患者的舒适性。下肢外骨骼辅助机构包括左、右腿外骨骼辅助机构两部分，其中左、右腿模块机械结构相同，均由大腿调节模块、小腿调节模块、膝关节转动模块及弹性带组成。在下肢外骨骼辅助机构中，顶端通过弹性腰带穿戴在患者骨盆上，弹性腰带与大腿调节模块的顶端活动连接，而小腿调节模块的底端固定安装在运动平台上，膝关节转动模块两端分别与大、小腿调节模块固定连接，使得下肢外骨骼机构成为一个整体，同时，在大、小腿调节模块对应位置上安装有弹性带，以便患者腿部的穿戴。

小腿调节模块由气动人工肌肉驱动，气动人工肌肉与弹簧串联，通过柔索传动实现小腿调节模块高度的调节，可满足腿部高度差异的患者群体的使用要求。具体来说，小腿调节模块由上、下两部分支撑板组成，上半部分固定支撑板与下半部分固定支撑板采用可分离式伸缩杆与套筒方式配合装配，保证调节过程上、下半部分支撑板始终接触；气动人工肌肉底端安装在运动平台上，顶端与柔索连接，在小腿调节模块顶端与挡板之间安装弹性系数较大的弹簧，柔索另一端穿过挡板孔及弹簧中心，固定连接在小腿调节模块的顶端，利用柔索传递气动人工肌肉收缩力，使得弹簧被压缩，从而实现小腿调节模块的高度变化；因为气动人工肌肉只能提供单向的收缩力，所以采用弹簧进行辅助回程。设计中，采用了气动人工肌肉、柔索、弹簧联合驱动的方式，既满足了机构对支撑力的需求，又使机构具有很强的柔顺性，保证了患者在康复训练中下肢的安全及舒适性。大腿调节模块与小腿调节模块的尺寸不同，但结构原理相同，不再赘述。

为了减少下肢外骨骼辅助机构的驱动方式，节约成本，膝关节转动模块采用气动人工肌肉和弹簧并联共同驱动同步带轮的方式，提供运动动力，辅助膝关节的转动。具体来说，气动人工肌肉和弹簧底端安装在运动平台上，顶端分别与同步带的两端固定连接，同步带轮安装在大腿调节模块底端与小腿调节模块顶端的转动关节轴的一端，气动人工肌肉收缩产生的主动力与弹簧形变产生的被动力共同驱动同步带轮带动转动关节轴旋转，从而带动小腿调节模块和大腿调节模块的转动，实现辅助患者膝关节转动的目的。

本节中，刚柔耦合腰部康复机器人实验平台以铝合金型材框架为基础，尼龙底板作为支撑搭建，滚珠花键支座、电机支座和卷筒等非标件均采用 3D 打印，柔索转向机构中的定滑轮采用带 U 槽包胶塑料的尼龙轴承代替，其自转性能好，与柔索产生滚动摩擦，摩擦阻力小。康复训练过程采用关节人偶代替腰部康复患者进行康复机器人功能验证，对关节人偶的腰关节进行处理，安装球铰代替患者腰关节进行康复训练。刚柔耦合腰部康复机器人实验平台如图 9.15(b) 所示。

9.2.2 刚柔耦合腰部康复机器人运动学分析

实际康复训练中，柔索的有效工作长度有限，柔索的质量小，自重和自身张力相对较小，可忽略不计。对康复机器人运动安全的要求相对于运动精度而言更为重要，因此，为了简化理论模型，本节进行如下假设。

(1) 柔索的变形忽略不计。

(2) 柔索为只能提供拉力而不能承受压力的力源。

(3) 柔索与末端执行器理想连接，且与滑轮间无摩擦。

1) 腰部康复机器人运动学分析

为建立刚柔耦合腰部康复机器人运动学模型，根据假设条件将柔索简化成无质量的可伸缩杆件；根据人体下肢踝关节、膝关节及髋关节骨骼结构，将踝关节及髋关节等效成球铰副，膝关节等效成转动副，结合下肢外骨骼辅助机构的运动特性，将患者下肢简化成五连杆机构；将固定患者上身的悬吊固定机构简化成机架，患者腰部脊柱运动等效成球铰副。图 9.16 为有效范围内的刚柔耦合腰部康复机器人机构简图，其中，球铰副 W、H、D 分别为患者的腰部脊柱关节、髋关节和踝关节，转动副 K 为患者的下肢膝关节；λ 为患者下肢膝关节转动的角度；l_0、l_1 和 l_2 分别为患者骨盆高度及大小腿的长度；柔索 45° 均布在运动平台的外圆，r 为运动平台的半径，A_i 和 B_i 分别为柔索与定滑轮的切点和柔索与运动平台的连接点；h 和 a 分别为柔索支架的有效高度和有效间距。

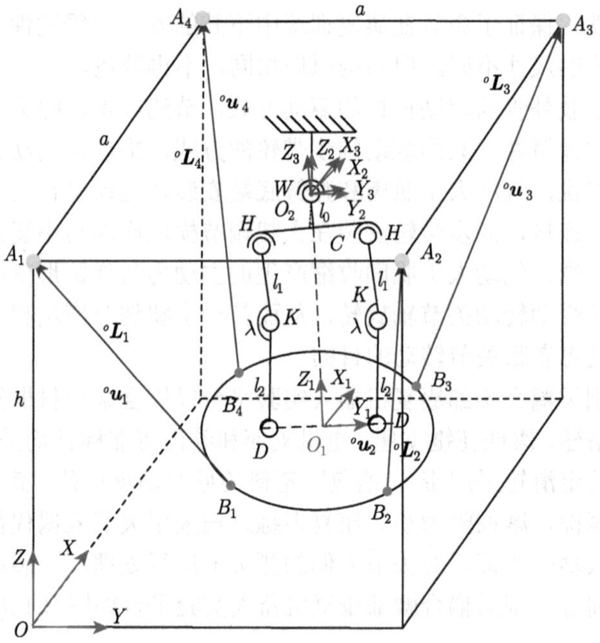

图 9.16　刚柔耦合腰部康复机器人机构简图

腰部康复训练过程，是通过柔索的长度变化改变运动平台的空间位姿，带动患者下肢运动，实现患者腰部关节的转动康复训练，同时，下肢外骨骼机构辅助患者下肢膝关节的转动。本节建立了 4 个空间坐标系，全局坐标系 $O\text{-}xyz$ 坐标原点固结于等效柔索框架 A_1 下方的尼龙底板上；动坐标系 $O_1\text{-}x_1y_1z_1$ 坐标原点固结于运动平台质心，随运动平台运动；辅助静坐标系 $O_2\text{-}x_2y_2z_2$ 坐标原点固结于腰部简化的球铰中心，固定在简化的机架上；辅助动坐标系 $O_3\text{-}x_3y_3z_3$ 坐标原点固结于腰部简化的球铰中心，随患者下肢的转动而运动。在康复训练初始位置时 4 个坐标系各坐标轴的初始方向对应相同。

采用广义坐标 $\boldsymbol{C}_{O'} = [P_x\ P_y\ P_z\ \psi\ \theta\ \phi]^{\mathrm{T}}$ 表示运动平台的空间位姿，其中，$[P_x\ P_y\ P_z]^{\mathrm{T}}$ 为动坐标系坐标原点 O_1 的笛卡儿坐标；$[\psi\ \theta\ \phi]^{\mathrm{T}}$ 为动平台的欧拉角；

则动坐标系 O_1-$x_1y_1z_1$ 相对于全局坐标系 O-xyz 的齐次变换矩阵可表示为

$$
{}_{O_1}^{O}\boldsymbol{R}=\begin{bmatrix}\cos\psi\cos\theta & \cos\psi\sin\theta\sin\phi-\sin\psi\cos\phi & \cos\psi\sin\theta\cos\phi+\sin\psi\sin\phi & \boldsymbol{P}_x \\ \sin\psi\cos\theta & \sin\psi\sin\theta\sin\phi+\cos\psi\cos\phi & \sin\psi\sin\theta\cos\phi-\cos\psi\sin\phi & \boldsymbol{P}_y \\ -\sin\theta & \cos\theta\sin\phi & \cos\theta\cos\phi & \boldsymbol{P}_z \\ 0 & 0 & 0 & 1\end{bmatrix} \tag{9.1}
$$

辅助静坐标系 O_2-$x_2y_2z_2$ 相对于全局坐标系 O-xyz 的齐次变换矩阵可表示为

$$
{}_{O_2}^{O}\boldsymbol{R}=\begin{bmatrix}1 & 0 & 0 & W_x \\ 0 & 1 & 0 & W_y \\ 0 & 0 & 1 & W_z \\ 0 & 0 & 0 & 1\end{bmatrix} \tag{9.2}
$$

式中，$[W_x\ W_y\ W_z\ 1]'$ 为腰部关节中心 W 点的全局坐标。

腰部康复训练中，患者腰部转动角度分别为 α、β、γ，即下肢中心线 O_2O_1 绕坐标轴 Z_2 轴、X_2 轴、Y_2 轴的转动角度，则辅助动坐标系 O_2-$x_3y_3z_3$ 相对于辅助静坐标系 O_2-$x_2y_2z_2$ 的齐次坐标变换矩阵可表示为

$$
{}_{O_2'}^{O_2}\boldsymbol{R}=\begin{bmatrix}\cos\alpha\cos\beta & \cos\alpha\sin\beta\sin\gamma-\sin\alpha\cos\gamma & \cos\alpha\sin\beta\cos\gamma+\sin\alpha\sin\gamma & 0 \\ \sin\alpha\cos\beta & \sin\alpha\sin\beta\sin\gamma+\cos\alpha\cos\gamma & \sin\alpha\sin\beta\cos\gamma-\cos\alpha\sin\gamma & 0 \\ -\sin\beta & \cos\beta\sin\gamma & \cos\beta\cos\gamma & 0 \\ 0 & 0 & 0 & 1\end{bmatrix} \tag{9.3}
$$

患者腰部关节中心点 O_2 到运动平台中心点 O_1 的距离可表示为

$$
\|O_2O_1\|=l_0+\sqrt{l_1^2+l_2^2-2l_1l_2\cos\lambda} \tag{9.4}
$$

康复训练任一时刻运动平台与机构的几何关系如图 9.17 所示。根据全局坐标系下矢量封闭原理，各柔索的长度矢量可表示为

$$
\boldsymbol{L}_i=\boldsymbol{B}_i\boldsymbol{A}_i=\boldsymbol{OA}_i-\boldsymbol{OO}_2+{}_{O_1}^{O}\boldsymbol{R}\cdot(\boldsymbol{O}_1\boldsymbol{O}_2-\boldsymbol{O}_1\boldsymbol{B}_i) \tag{9.5}
$$

式中，$i=1,2,3,4$。

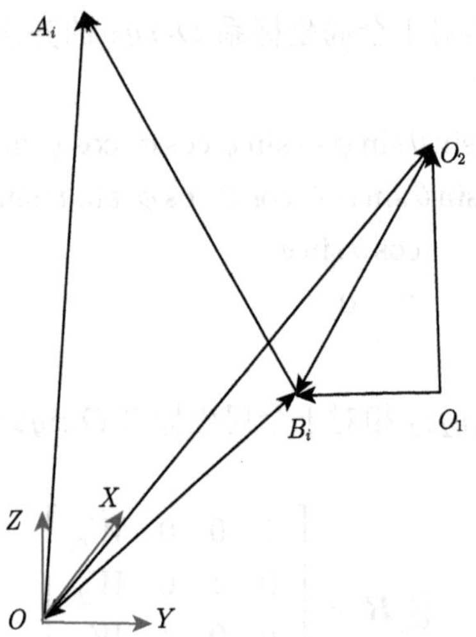

图 9.17　机构矢量示意图

第 i 根柔索的长度可表示为

$$L_i = (\boldsymbol{L}_i^{\mathrm{T}} \cdot \boldsymbol{L}_i)^{1/2} \tag{9.6}$$

患者下肢运动与运动平台的运动存在运动耦合关系，可表示为

$$\boldsymbol{P}'_{O_1} = {}^{O_2}_{O'_2}\boldsymbol{R} \cdot \boldsymbol{P}_{O_1} \tag{9.7}$$

式中，$\boldsymbol{P}'_{O_1} = [x_{O_1}\ y_{O_1}\ z_{O_1}\ 1]'$ 和 $\boldsymbol{P}_{O_1} = [0\ 0\ -\|\boldsymbol{O}_2\boldsymbol{O}_1\|\ 1]'$ 分别为运动平台坐标原点 O' 在辅助静坐标系 O_2-$x_2y_2z_2$ 中的动坐标和初始坐标。其中，$\|\boldsymbol{O}_2\boldsymbol{O}_1\|$ 是关于膝关节转角 λ 的函数。

由上述分析，康复机器人柔索空间执行机构的运动速度与运动平台的运动速度之间的线性关系可表示为

$$\dot{\boldsymbol{L}}_i = \boldsymbol{J} \cdot \dot{\boldsymbol{s}} \tag{9.8}$$

式中，$\dot{\boldsymbol{L}}_i = \begin{bmatrix}\dot{L}_1\ \dot{L}_2\ \dot{L}_3\ \dot{L}_4\end{bmatrix}^{\mathrm{T}}$ 为执行机构的运动速度；$\dot{\boldsymbol{s}} = [\boldsymbol{v}_1\ \boldsymbol{w}_1]^{\mathrm{T}} = [\dot{P}_x\ \dot{P}_y\ \dot{P}_z\ \dot{\psi}\ \dot{\theta}\ \dot{\phi}]^{\mathrm{T}}$ 为运动平台的速度和角速度矢量；$\boldsymbol{J} = \begin{bmatrix}\dfrac{\partial l_i}{\partial x} & \dfrac{\partial l_i}{\partial y} & \dfrac{\partial l_i}{\partial z} & \dfrac{\partial l_i}{\partial \psi} & \dfrac{\partial l_i}{\partial \theta} & \dfrac{\partial l_i}{\partial \phi}\end{bmatrix}$ 为 4×6 的雅可比矩阵。

2) 腰部康复机器人动力学分析

刚柔耦合腰部康复机器人针对患者进行腰部康复训练，在训练过程中，患者下肢在下肢外骨骼机构的辅助作用下与运动平台相互作用，存在人-机器人相互作

用力，建立腰部康复机器人动力学模型时需要将患者下肢考虑进来，与腰部康复机器人共同建立动力学模型。本节采用拉格朗日法对患者下肢和运动平台整体进行分析，建立动力学模型。

图 9.18 为患者下肢膝关节转动角度为 λ 时，患者骨盆质心 $P_{\rm L}$、下肢大腿质心 $U_{\rm L}$、$U_{\rm R}$ 及小腿质心 $L_{\rm L}$、$L_{\rm R}$ 在辅助动坐标系 O_3-$x_3y_3z_3$ 下的几何关系。由此，各质心在辅助动坐标系 O_3-$x_3y_3z_3$ 下的坐标可表示为

$$
\begin{aligned}
&\boldsymbol{P}_{\rm L}=\begin{bmatrix} 0 & 0 & l_0/2 & 1 \end{bmatrix}^{\rm T}\\
&\boldsymbol{U}_{\rm L}=\begin{bmatrix} -[R_0-k_1l_1\cos(\lambda_1/2)] & 0 & -[l_0+k_1l_1\sin(\lambda_1/2)] & 1 \end{bmatrix}^{\rm T}\\
&\boldsymbol{U}_{\rm R}=\begin{bmatrix} +[R_0+k_1l_1\cos(\lambda_1/2)] & 0 & -[l_0+k_1l_1\sin(\lambda_1/2)] & 1 \end{bmatrix}^{\rm T}\\
&\boldsymbol{L}_{\rm L}=\begin{bmatrix} -[R_0-k_2l_2\cos(\lambda_2/2)] & 0 & -[l_0+(l_1+l_2)\sin(\lambda_2/2)-k_2l_2\sin(\lambda_2/2)] & 1 \end{bmatrix}^{\rm T}\\
&\boldsymbol{L}_{\rm R}=\begin{bmatrix} +[R_0+k_2l_2\cos(\lambda_2/2)] & 0 & -[l_0+(l_1+l_2)\sin(\lambda_2/2)-k_2l_2\sin(\lambda_2/2)] & 1 \end{bmatrix}^{\rm T}
\end{aligned}
\tag{9.9}
$$

式中，R_0 为患者骨盆的半径；k_1、k_2 分别为患者大腿质心到髋关节质心高度占大腿总长的百分比和患者小腿质心到踝关节质心高度占小腿总长的百分比；λ_1、λ_2 分别为下肢大腿、小腿相对于膝关节的转动角度，且有 $\lambda=\lambda_1+\lambda_2$，通过余弦定理可求得。

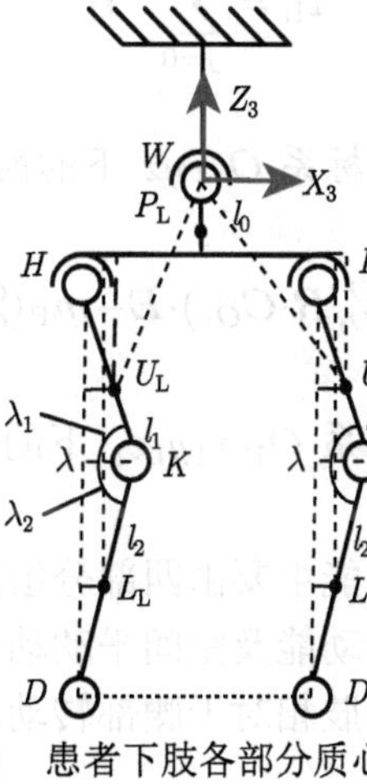

图 9.18　患者下肢各部分质心几何关系

下肢各部分相对于其质心的惯性张量可表示为

$$\boldsymbol{I}_{\mathrm{L}_j}=\begin{bmatrix}\dfrac{m_{\mathrm{L}_j}}{12}(3R_j^2+l_j^2) & 0 & 0 & 0\\ 0 & \dfrac{m_{\mathrm{L}_j}}{12}(3R_j^2+l_j^2) & 0 & 0\\ 0 & 0 & \dfrac{m_{\mathrm{L}_j}}{2}R_j^2 & 0\\ 0 & 0 & 0 & 1\end{bmatrix}\tag{9.10}$$

式中，$\boldsymbol{I}_{\mathrm{L}_j}(j=0,1,2,3,4)$ 分别为患者骨盆、下肢左右大腿、小腿的惯性张量；m_j、$R_j(j=0,1,2,3,4)$ 分别为患者骨盆、下肢左右大腿、小腿的质量和半径。

采用平移轴定理，可求得下肢各部分在辅助动坐标系 O_3-$x_3y_3z_3$ 下的惯性张量，通过坐标系平移原理转换到全局坐标系 O-xyz 下，可表示为

$$\begin{aligned}{}^{O}\boldsymbol{I}_{\mathrm{L}_j}=&\boldsymbol{I}_{\mathrm{L}_j}+m_j({}^{O}_{O_2}\boldsymbol{R}\cdot{}^{O_2}_{O_2'}\boldsymbol{R}\cdot\boldsymbol{P}_{\mathrm{L}_j})^{\mathrm{T}}\cdot({}^{O}_{O_2}\boldsymbol{R}\cdot{}^{O_2}_{O_2'}\boldsymbol{R}\cdot\boldsymbol{P}_{\mathrm{L}_j})\cdot\boldsymbol{E}\\&-m_j({}^{O}_{O_2}\boldsymbol{R}\cdot{}^{O_2}_{O_2'}\boldsymbol{R}\cdot\boldsymbol{P}_{\mathrm{L}_j})\cdot({}^{O}_{O_2}\boldsymbol{R}\cdot{}^{O_2}_{O_2'}\boldsymbol{R}\cdot\boldsymbol{P}_{\mathrm{L}_j})^{\mathrm{T}}\end{aligned}\tag{9.11}$$

式中，$\boldsymbol{P}_{\mathrm{L}_j}(j=0,1,2,3,4)$ 分别为患者骨盆及左右大小腿质心在辅助动坐标系 O_3-$x_3y_3z_3$ 下的坐标矢量 P_{L}、U_{L}、U_{R}、L_{L} 和 L_{R}。

将式 (9.9) 和式 (9.10) 代入式 (9.11)，采用叠加原理，可得到患者下肢在全局坐标系 O-xyz 下的惯性张量为

$${}^{O}\boldsymbol{I}_{\mathrm{L}}=\sum_{j=0}^{4}{}^{O}\boldsymbol{I}_{\mathrm{L}_j}\tag{9.12}$$

类似地，运动平台在全局坐标系 O-xyz 下的惯性张量可表示为

$${}^{O}\boldsymbol{I}_{O_1}=\boldsymbol{I}_{O_1}+m_{\mathrm{P}}({}^{O}_{O_1}\boldsymbol{R}\cdot\boldsymbol{C}_{O_1})^{\mathrm{T}}\cdot({}^{O}_{O_1}\boldsymbol{R}\cdot\boldsymbol{C}_{O_1})\cdot\boldsymbol{E}-m_{\mathrm{P}}({}^{O}_{O_1}\boldsymbol{R}\cdot\boldsymbol{C}_{O_1})\cdot({}^{O}_{O_1}\boldsymbol{R}\cdot\boldsymbol{C}_{O_1})^{\mathrm{T}}\tag{9.13}$$

式中，$\boldsymbol{I}_{O_1}$ 为运动平台在动坐标系 O_1-$x_1y_1z_1$ 下的惯性张量；m_{P} 为运动平台的质量。

康复训练过程中，系统的动能主要由四部分组成，即患者下肢的转动动能与空间平动动能、运动平台的转动动能及空间平动动能。其中，下肢的转动动能包括柔索驱动运动平台带动患者下肢相对于腰部转动产生的动能及下肢外骨骼机构辅助患者下肢转动产生的动能。

康复训练过程中，柔索驱动运动平台带动患者下肢相对于腰部转动产生的动能可表示为

$$T_{21}=\frac{1}{2}\boldsymbol{w}_{\mathrm{P}}^{\mathrm{T}}{}^{O}\boldsymbol{I}_{\mathrm{L}}\boldsymbol{w}_{\mathrm{P}} \tag{9.14}$$

式中，$\boldsymbol{w}_{\mathrm{P}}=[\boldsymbol{w}_1\ 1]$，为运动平台及患者下肢空间转动角速度的齐次表达式。

下肢外骨骼机构辅助患者膝关节转动过程中，患者大腿及小腿部分相对其质心的转动动能可表示为

$$T_{22}=\frac{1}{2}(\boldsymbol{w}_{U_{\mathrm{L}}}^{\mathrm{T}}\ {}^{O}\boldsymbol{I}_{L_1}\boldsymbol{w}_{U_{\mathrm{L}}}+w_{U_{\mathrm{R}}}^{\mathrm{T}}\ {}^{O}\boldsymbol{I}_{L_2}\boldsymbol{w}_{U_{\mathrm{R}}}+\boldsymbol{w}_{L_{\mathrm{L}}}^{\mathrm{T}}\ {}^{O}\boldsymbol{I}_{L_3}\boldsymbol{w}_{L_{\mathrm{L}}}+\boldsymbol{w}_{L_{\mathrm{R}}}^{\mathrm{T}}\ {}^{O}\boldsymbol{I}_{L_4}\boldsymbol{w}_{L_{\mathrm{R}}}) \tag{9.15}$$

式中，$\boldsymbol{w}_{U_{\mathrm{L}}}=\boldsymbol{w}_{U_{\mathrm{R}}}=\begin{bmatrix}0 & \mathrm{d}\lambda_1 & 0 & 1\end{bmatrix}^{\mathrm{T}}$ 分别为患者大腿相对于大腿质心 U_{L}、U_{R} 的转动角速度；$\boldsymbol{w}_{L_{\mathrm{L}}}=\boldsymbol{w}_{L_{\mathrm{R}}}=\begin{bmatrix}0 & \mathrm{d}\lambda_2 & 0 & 1\end{bmatrix}^{\mathrm{T}}$ 分别为患者小腿相对于小腿质心 L_{L}、L_{R} 的转动角速度。

柔索驱动运动平台的转动动能可表示为

$$T_1=\frac{1}{2}\boldsymbol{w}_{\mathrm{P}}^{\mathrm{T}}{}^{O}\boldsymbol{I}_{O_1}\boldsymbol{w}_{\mathrm{P}} \tag{9.16}$$

下肢外骨骼机构辅助患者膝关节转动过程中，患者大腿及小腿部分相对其质心的平移动能可表示为

$$T_{v2}=\frac{1}{2}\sum_{j=1}^{4}m_j\frac{\mathrm{d}({}^{O}_{O_2}\boldsymbol{R}\cdot{}^{O_2}_{O_2'}\boldsymbol{R}\cdot\boldsymbol{P}_{L_j})^{\mathrm{T}}}{\mathrm{d}t}\cdot\frac{\mathrm{d}({}^{O}_{O_2}\boldsymbol{R}\cdot{}^{O_2}_{O_2'}\boldsymbol{R}\cdot\boldsymbol{P}_{L_j})}{\mathrm{d}t} \tag{9.17}$$

柔索驱动运动平台的空间平动动能可表示为

$$T_{v_1}=\frac{1}{2}m_{\mathrm{P}}\boldsymbol{v}_{\mathrm{P}}^{\mathrm{T}}\boldsymbol{v}_{\mathrm{P}} \tag{9.18}$$

式中，$\boldsymbol{v}_{\mathrm{P}}=[\boldsymbol{v}_1\ 1]$，为运动平台空间平移速度的齐次表达式。

患者下肢各部分的重力势能可表示为

$$P_2=-\sum_{j=0}^{4}m_j\boldsymbol{g}^{\mathrm{T}}({}^{O}_{O_2}\boldsymbol{R}\cdot{}^{O_2}_{O_2'}\boldsymbol{R}\cdot\boldsymbol{P}_{L_j}) \tag{9.19}$$

式中，$\boldsymbol{g}=[0\ 0\ \ -g]^{\mathrm{T}}$，为重力加速度矢量。

患者运动平台的重力势能可表示为

$$P_1=-m_{\mathrm{P}}\boldsymbol{g}^{\mathrm{T}}({}^{O}_{O_1}\boldsymbol{R}\cdot\boldsymbol{P}_{\mathrm{P}}) \tag{9.20}$$

式中，$\boldsymbol{P}_{\mathrm{P}}=[0\ 0\ 0\ 1]^{\mathrm{T}}$，为运动平台质心在动坐标系 $O_1\text{-}x_1y_1z_1$ 下的径矢。

将式 (9.14)~ 式 (9.20) 系统各部分的动能及势能代入式 (9.21)，可获得刚柔耦合腰部康复机器人系统的拉格朗日动力学方程。

$$L=T-P \tag{9.21}$$

式中，L 为康复机器人系统的拉格朗日算子；$T=T_1+T_{21}+T_{22}+T_{v1}+T_{v2}$，为康复机器人系统的总动能；$P=P_1+P_2$，为康复机器人系统的总势能。

假设作用在腰部康复机器人系统上的广义力为

$$\boldsymbol{F}=[F_x\ F_y\ F_z\ M_x\ M_y\ M_z]^{\mathrm{T}}=[f_1\ f_2\ f_3\ f_4\ f_5\ f_6]^{\mathrm{T}} \tag{9.22}$$

选取广义坐标 q_1、q_2、q_3、q_4、q_5、q_6，对应代表运动平台空间位姿的变量 P_x、P_y、P_z、ψ、θ、ϕ，将式 (9.21)、式 (9.22) 代入式 (9.23)，可得腰部康复机器人系统的拉格朗日动力学方程。

$$\frac{\mathrm{d}}{\mathrm{d}t}\frac{\partial L}{\partial \dot{q}_i}-\frac{\partial L}{\partial q_i}=f_i \tag{9.23}$$

式中，$i=1,2,3,4,5,6$。

通过腰部康复机器人系统的拉格朗日动力学方程可求得作用在系统上的广义力 $\boldsymbol{F}$，同时作用在腰部康复机器人系统上的广义力与腰部康复机器人系统的雅可比矩阵及 4 根驱动柔索的拉力存在以下关系：

$$\boldsymbol{u}=(\boldsymbol{J}^{\mathrm{T}})^{+}\boldsymbol{F} \tag{9.24}$$

式中，$\boldsymbol{u}=[u_1\ u_2\ u_3\ u_4]^{\mathrm{T}}$，为 4 根驱动柔索的拉力矢量；$(\boldsymbol{J}^{\mathrm{T}})^{+}=\boldsymbol{J}(\boldsymbol{J}^{\mathrm{T}}\boldsymbol{J})^{-1}$，为腰部康复机器人系统的雅可比矩阵 $\boldsymbol{J}^{\mathrm{T}}$ 的伪逆矩阵。

将式 (9.8) 求得的系统雅可比矩阵及式 (9.22) 求得的作用在系统上的广义力 $\boldsymbol{F}$ 代入式 (9.24)，可求得驱动柔索的拉力 $\boldsymbol{u}$。由于柔索是软体驱动机构，在运动过程只能提供沿柔索方向的拉力，不能提供相应方向上的压力，因此，康复训练过程需保证柔索上的拉力为正，即满足 $u_i=\|\boldsymbol{u}_i\|>0$。

9.2.3　轨迹规划技术在腰部康复领域的应用

结合第 6 章内容，基于 5 次 B 样条曲线开展腰部运动轨迹规划，本节所规划的腰部中心点转动运动轨迹具体形式如图 9.19 所示。该轨迹在水平面内的投影包括两段直线轨迹及一段椭圆轨迹，其中含有 7 个具有确定坐标值的特征点。A_1 和 A_7 分别为轨迹的起始点和终止点，且 A_1 和 A_7、A_2 和 A_6 分别重合；点 $A_{2(6)}$、

A_3、A_4 和 A_5 分别为椭圆的端点。所有经过点的集合关于 A_1A_2 对称，各点序列可表示为

$$\begin{gathered}A_1(0,0,0), A_2(a_x,0,h_1), A_3(0,a_y,h_2),\\ A_4(-a_x,0,h_1), A_5(0,-a_y,h_2),\\ A_6(a_x,0,h_1), A_7(0,0,0)\end{gathered} \tag{9.25}$$

式中，a_x 和 a_y 分别为椭圆短轴及长轴上的端点的极值；h_1 和 h_2 分别为转动到对应端点处时的 Z 轴坐标值。

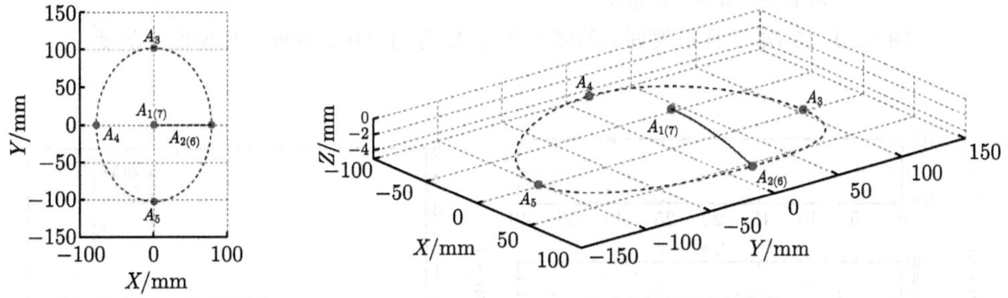

(a) 路径在水平面内的投影　　(b) 三维空间内的运动路径

图 9.19　给定的笛卡儿坐标系中的腰部中心点转动运动轨迹

$A_1 \sim A_7$ 为轨迹的经过点，在初始与结束点位置附近分别设置虚拟经过点，5 次 B 样条函数节点向量可表示为

$$U = \{0,0,0,0,0,0,\tau_1,\cdots,\tau_7,1,1,1,1,1,1\} \tag{9.26}$$

式中，$\tau_1 = 0.125k_a$，$\tau_2 = 0.25k_b$，$\tau_3 = 0.375$，$\tau_4 = 0.5$，$\tau_5 = 0.625$，$\tau_6 = 1-0.25k_b$，$\tau_7 = 1-0.125k_a$，k_a 和 k_b 为 5 次 B 样条曲线的两个节点系数，且为保证节点向量非递减，有 $0 < k_b \leqslant 1$，$0.5 \leqslant k_b \leqslant 1.5$。

设定 $k_a = k_b = 1$，此时节点向量为均匀分布，5 次 B 样条曲线规划后的腰部运动轨迹在 X、Y、Z 方向上的位移、速度、加速度及跃度曲线分别如图 9.20~ 图 9.22 所示，图中虚线部分为规划前的腰部运动轨迹，实线部分为规划后的腰部运动轨迹。

由图 9.20~ 图 9.22 可知，在 X、Y 及 Z 方向上，经 5 次 B 样条曲线规划后的腰部运动轨迹在 $A_{2(6)}$ 点处实现了位移、速度、加速度及跃度曲线的平滑过渡，其能够保证其轨迹两端加速度及跃度自零开始并保证其柔顺性，大大减少了在运动转折点处突变带来的振动及冲击等问题，避免康复训练过程对人体下肢产生二次伤害，所规划后的腰部运动轨迹经过 $A_{2(6)}$ 点。

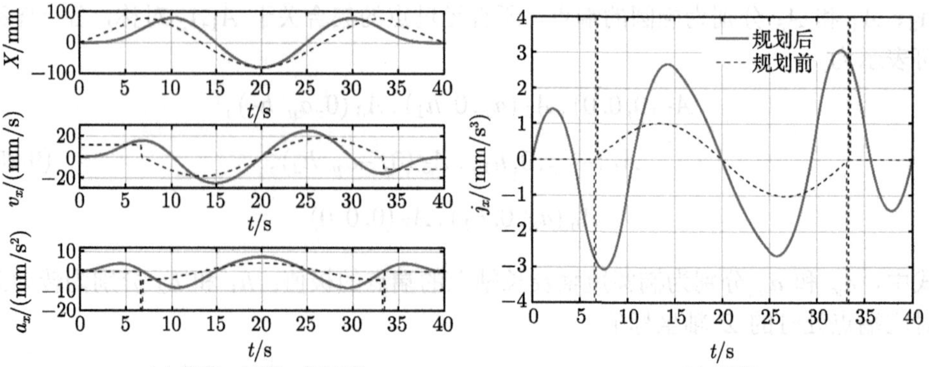

(a) 位移、速度、加速度　　　　(b) 跃度

图 9.20　5 次 B 样条规划后的腰部轨迹 X 方向位移、速度、加速度及跃度

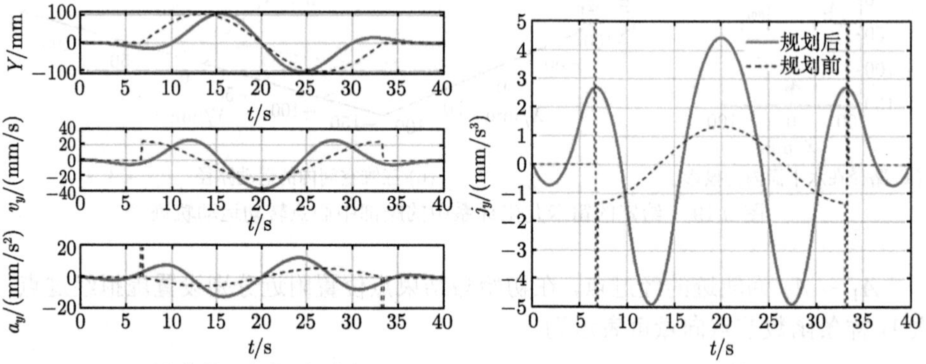

(a) 位移、速度、加速度　　　　(b) 跃度

图 9.21　5 次 B 样条规划后的腰部轨迹 Y 方向位移、速度、加速度及跃度

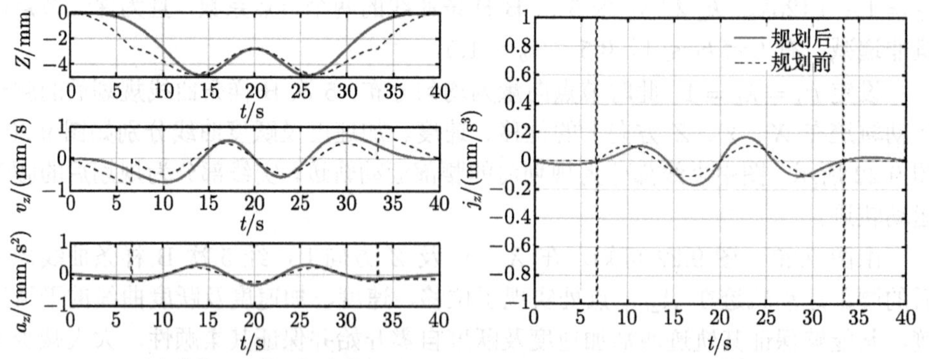

(a) 位移、速度、加速度　　　　(b) 跃度

图 9.22　5 次 B 样条规划后的腰部轨迹 Z 方向位移、速度、加速度及跃度

康复机器人的安全性及有效性是需要重点研究的问题，即康复机器人需要在保证人体安全的前提下完成康复训练轨迹。本节中，结合实际康复需求，以下肢舒适度评价指标 $h_{\max}$ 和腰部舒适度评价指标 $\alpha_{\max}$ 为约束，以柔顺性评价指标 $j_{\max}$ 为优化目标，可获得基于康复评价指标的腰部运动轨迹平滑性最优解，此时，k_a 取 0.32，k_b 取 0.8。优化前后的腰部运动轨迹及其在 X、Y、Z 方向的跃度如图 9.23 所示，虚线部分为优化前的腰部运动轨迹，实线部分为优化后的腰部运动轨迹。优化后的腰部运动轨迹在 X、Y、Z 方向的跃度峰值均有一定程度的减小，优化后的腰部运动轨迹跃度的标准差小于优化前的结果。优化后的腰部运动轨迹康复评价指标处于合理范围内，能够保证腰部运动的安全性与可行性。对于刚柔耦合腰部康复机器人，其康复训练轨迹与腰部运动轨迹类似，规划方法一致，本书中所提供的轨迹规划技术可用于康复机器人康复训练轨迹的选取与规划。

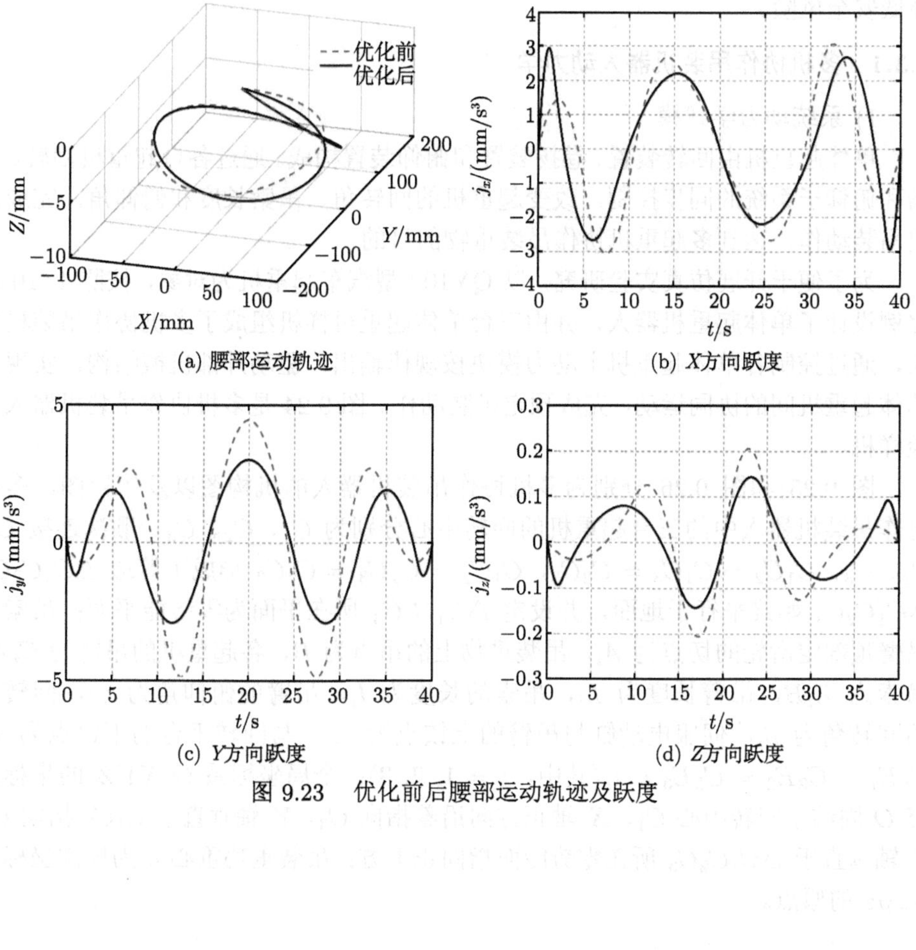

(a) 腰部运动轨迹　(b) X方向跃度

(c) Y方向跃度　(d) Z方向跃度

图 9.23　优化前后腰部运动轨迹及跃度

9.3　大空间多机协作吊装柔索并联构型装备的应用

起重吊装装备是实现物料搬运机械化的重要工具，如梁式起重机、缆索起重机、履带起重机等，广泛应用于码头、仓库等工程场合 [6-8]。随着工程任务日趋繁重艰巨，起重吊装技术和吊装装备性能面临着越来越严峻的考验。单体起重机吊装动作单一，无法实现如翻转、旋转、平放、竖立等复杂吊装动作，两台甚至多台起重机协作吊装作业，构成了典型的柔索驱动并联构型装备，能够更灵活地调整布局以适应不同的作业场地和吊装作业任务 [9-11]。对比刚性连杆机构，索并联机构具有重负载和低惯量、大工作跨度、低成本等优点，在加工制造、天文观测、重物吊装 [12,13] 等领域获得广泛应用。

动力学建模和无碰撞路径规划问题是多起重机联合吊装作业安全性和稳定性的关键。对多机协作吊装机器人动力学特性的研究可以有效避免吊装事故的发生，降低安全风险。

9.3.1　多机协作吊装机器人动力学

1) 系统动力学建模

单体起重机由回转装置、卷扬装置和俯仰装置构成。通过各台起重机回转、卷扬和俯仰子系统的同步控制，改变起重机的回转角、吊索长度和俯仰角，完成预定吊装动作，达到多起重机协作吊装重物的目的。

为了便于开展仿真实验研究，以 QY100 型汽车起重机为对象，按照 1:10 的比例设计了单体起重机器人，并由三台单体起重机样机组成了多机协作吊装机器人，通过控制各单体起重机上动力模块按规律输出，驱动外部机械结构，实现各单体起重机间的协同运动，完成预定吊装动作。图 9.24 是多机协作吊装机器人实验样机。

图 9.25 和图 9.26 分别为多机协作吊装机器人的机构图以及俯视图，多机协作吊装机器人中的三台起重机的回转中心分别为 C_1、C_2、C_3，顺次连接 C_1、C_2、C_3，$C_1C_2 = C_1C_3 = C_2C_3$，$C_1C_2 = C_1C_3 = C_2C_3$ 形成了等边 $\triangle C_1C_2C_3$，$\triangle C_1C_2C_3$ 始终平行于地面，并设定 $\triangle C_1C_2C_3$ 所在平面为零势能平面；吊索与吊臂顶部定滑轮的切点为 A_i，吊装重物上的吊点为 B，各起重机的吊臂为 C_iA_i，吊索为 A_iB，吊臂长度为 L_i，吊索的长度为 l_i，吊臂的俯仰角为 α_i，回转台的回转角为 β_i，伺服电动缸与吊臂的上铰点为 E_i，与回转平台的下铰点为 F_i，$C_1E_1 = C_2E_2 = C_3E_3 = l_s$(其中，$i = 1, 2, 3$)；全局坐标系 $O\text{-}XYZ$ 的坐标原点 O 固结于回转中心 C_1，X 轴正方向沿着指向 C_3，Y 轴垂直于 C_1C_3 指向 C_2，Z 轴垂直于 $\triangle C_1C_2C_3$ 所在零势能面指向正上方；吊装重物重心 o 为局部坐标系 $o\text{-}xyz$ 的原点。

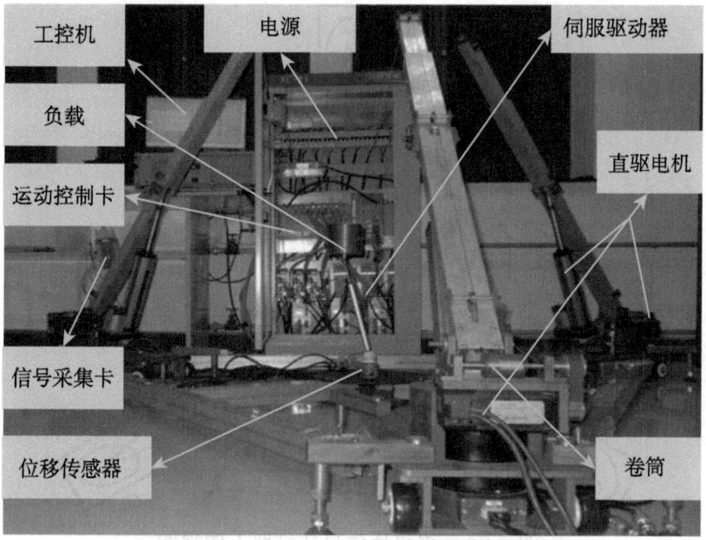

图 9.24 多机协作吊装机器人实验样机

多机协作吊装机器人是一个 9 输入 3 输出的冗余驱动系统，存在无限组输入能够实现重物的运动要求，可以通过添加特定的约束条件来缩小系统解的范围，得到有限的可利用的解，如最短行程、最小功率或力等。如图 9.25 所示，考虑到多机协作吊装的实际工况，在不改变机构构型和活动度的基础上引入两个约束。

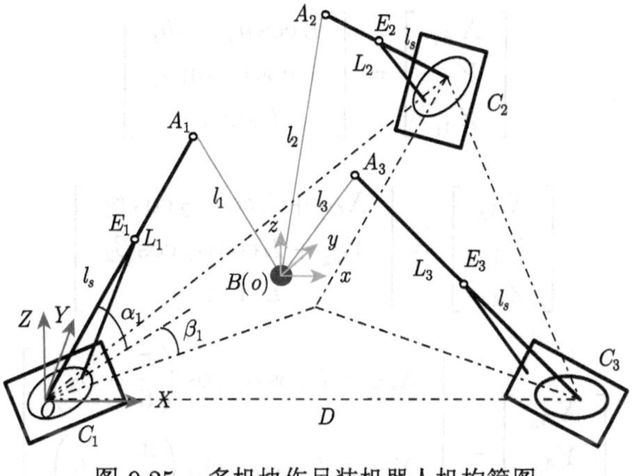

图 9.25 多机协作吊装机器人机构简图

(1) 为避免吊臂过长导致倾覆力矩过大以及突变，变幅机构主要用于空载条件下变幅到合适幅度，在吊装过程中俯仰角度不再变化。

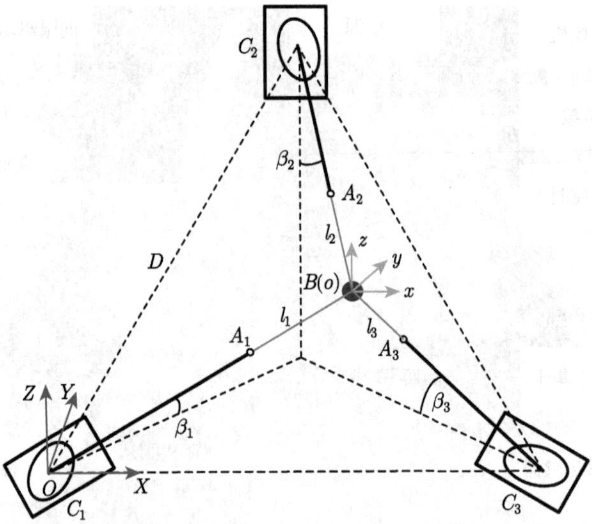

图 9.26　多机协作吊装机器人俯视图

(2) 钢丝绳在起重机吊臂顶点处的作用力可以分解为沿起重机吊臂方向的轴向分力，垂直于起重机吊臂的法向分力和侧向分力。其中，侧向分力会导致起重机侧翻，为尽量减小或避免该分力，假设吊装重物地面投影为 3 条吊臂投影的交点。

在机构运动学以及上述两个约束条件下，可以得到唯一的运动学解析解并有效避免倾覆和侧翻。

吊臂顶点 A_1、A_2、A_3 的坐标分别为

$$\begin{bmatrix} X_{A_1} \\ Y_{A_1} \\ Z_{A_1} \end{bmatrix} = \begin{bmatrix} L\cos a_1 \cos b_1 \\ L\cos a_1 \sin b_1 \\ L\sin a_1 \end{bmatrix} \tag{9.27}$$

$$\begin{bmatrix} X_{A_2} \\ Y_{A_2} \\ Z_{A_2} \end{bmatrix} = \begin{bmatrix} X_{C_2} + L\cos\alpha_2 \cos\beta_2 \\ Y_{C_2} + L\cos\alpha_2 \cos\beta_2 \\ L\sin\alpha_2 \end{bmatrix} \tag{9.28}$$

$$\begin{bmatrix} X_{A_3} \\ Y_{A_3} \\ Z_{A_3} \end{bmatrix} = \begin{bmatrix} X_{C_3} + L\cos\alpha_3 \cos\left(\dfrac{\pi}{6} - \beta_3\right) \\ X_{C_3} + L\cos\alpha_3 \sin\left(\dfrac{\pi}{6} - \beta_3\right) \\ L\sin\alpha_3 \end{bmatrix} \tag{9.29}$$

吊索长度 l_i $(i = 1, 2, 3)$ 和吊臂回转角分别为

$$l_i^2 = (X - X_{A_i})^2 + (Y - Y_{A_i})^2 + (Z - Z_{A_i})^2 \tag{9.30}$$

$$\begin{bmatrix} \beta_1 \\ \beta_2 \\ \beta_3 \end{bmatrix} = \begin{bmatrix} \arctan \dfrac{Y - Y_{C_1}}{X - X_{C_1}} - \dfrac{\pi}{6} \\ \arctan \dfrac{X - X_{C_2}}{Y_{C_2} - Y} \\ \arctan \dfrac{Y - Y_{C_3}}{X - X_{C_3}} + \dfrac{\pi}{6} \end{bmatrix} \tag{9.31}$$

对吊装重物位置坐标求偏导，可得吊装重物的速度矩阵：

$$\begin{bmatrix} \sum\limits_{i=1}^{3} \left(\dfrac{\partial X}{\partial l_i} l_i' + \dfrac{\partial X}{\partial \boldsymbol{\beta}_i} \boldsymbol{\beta}_i' \right) \\ \sum\limits_{i=1}^{3} \left(\dfrac{\partial Y}{\partial l_i} l_i' + \dfrac{\partial Y}{\partial \boldsymbol{\beta}_i} \boldsymbol{\beta}_i' \right) \\ \sum\limits_{i=1}^{3} \left(\dfrac{\partial Z}{\partial l_i} l_i' + \dfrac{\partial Z}{\partial \boldsymbol{\beta}_i} \boldsymbol{\beta}_i' \right) \end{bmatrix} = \begin{bmatrix} \sum\limits_{i=1}^{6} \dfrac{\partial X}{\partial q_i} q_i' \\ \sum\limits_{i=1}^{6} \dfrac{\partial Y}{\partial q_i} q_i' \\ \sum\limits_{i=1}^{6} \dfrac{\partial Z}{\partial q_i} q_i' \end{bmatrix} \tag{9.32}$$

吊装重物 m 的动能表达式为

$$K_m = \frac{1}{2} m_B \left(V_X^2 + V_Y^2 + V_Z^2 \right) = \sum_{i=1}^{6} \frac{q_i' S_i}{2} \tag{9.33}$$

$$S_i = m_B \left(\frac{\partial X}{\partial q_i} V_X + \frac{\partial Y}{\partial q_i} V_Y + \frac{\partial Z}{\partial q_i} V_Z \right), \quad i = 1, 2, 3, \cdots, 6 \tag{9.34}$$

被吊装重物的重力势能 U_m 为

$$U_m = m_B g Z \tag{9.35}$$

建立吊装重物的拉格朗日动力学方程为

$$\frac{\partial}{\partial t} \left(\frac{\partial K_m}{\partial q'} \right) - \frac{\partial K_m}{\partial q} = \tau_m + \frac{\partial U_m}{\partial q} \tag{9.36}$$

起重机的吊臂和回转台可视为一个组合体，其同样具有动能和势能，组合体的势能主要由吊臂自重产生，由于回转台处于零势能面内，忽略回转台的势能；组合体的动能主要源自吊臂的俯仰运动和组合体的回转运动。组合体动能用符号 K_{LR} 表示为

$$K_{\mathrm{LR}}=\frac{1}{2}\sum_{i=1}^{3}\left(\overline{J}_i\dot{\beta}_i^2+\widetilde{J}_i\dot{\alpha}_i^2\right) \tag{9.37}$$

$$\overline{J}_i=\frac{1}{3}(m_{\mathrm{L}}+m_{\mathrm{R}})L^2(1-\sin^2\alpha_i),\quad i=1,2,3 \tag{9.38}$$

吊臂和回转台构成的组合体质量为 $m_{\mathrm{L}}+m_{\mathrm{R}}$，$\dot{\beta}_i$ 表示第 i 台起重机的回转角速度，组合体的回转转动惯量为 $\overline{J}_i$，吊臂的俯仰运动转动惯量为 J_i，实际吊装作业中吊臂俯仰角设置为常量，吊臂俯仰运动不产生动能，仅需考虑组合体回转运动产生的动能。由于将吊臂假定为形状规则的匀质刚性杆体，吊臂重心与吊臂中心重合，吊臂中心的全局坐标为

$$\begin{bmatrix} X_{L_i} \\ Y_{L_i} \\ Z_{L_i} \end{bmatrix}=\begin{bmatrix} \dfrac{X_{A_i}+X_{C_i}}{2} \\ \dfrac{Y_{A_i}+Y_{C_i}}{2} \\ \dfrac{Z_{A_i}+Z_{C_i}}{2} \end{bmatrix},\quad i=1,2,3 \tag{9.39}$$

多机协作吊装机器人吊臂的重力势能可表示为

$$U_{\mathrm{L}}=\sum_{i=1}^{3}(m_{\mathrm{L}}gZ_{L_i}) \tag{9.40}$$

建立组合体的拉格朗日动力学方程：

$$\frac{\partial}{\partial t}\left(\frac{\partial K_{\mathrm{LR}}}{\partial q''}-\frac{\partial K_{\mathrm{LR}}}{\partial q}=\boldsymbol{\tau}_{\mathrm{LR}}+\frac{\partial U_{\mathrm{L}}}{\partial q}\right) \tag{9.41}$$

$$\boldsymbol{\tau}_{\mathrm{LR}}=M_{\mathrm{LR}}\ddot{\boldsymbol{q}}+C_{\mathrm{LR}}\dot{\boldsymbol{q}}+(m_{\mathrm{L}}+m_{\mathrm{R}})\,g \tag{9.42}$$

$$M_{\mathrm{LR}ij}=\frac{\partial}{\partial q_j}\left(\frac{\partial K_{\mathrm{LR}}}{\partial q_i'}\right),\quad i=1,2,\cdots,6;j=1,2,3 \tag{9.43}$$

$$C_{\mathrm{LR}ij}=\frac{\partial}{\partial q_j}\left(\frac{\partial K_{\mathrm{LR}}}{\partial q_i'}\right)+\frac{\partial\eta_j}{2\partial q_i},\quad i=1,2,\cdots,6;j=1,2,3 \tag{9.44}$$

$$\eta_i = \sum_{n=1}^{3} \frac{\bar{J}_L}{L^2 - Z_{An}^2} \dot{\boldsymbol{\beta}}_i, \quad i = 1, 2, 3 \tag{9.45}$$

可得系统整体拉格朗日动力学方程标准形式：

$$\boldsymbol{\tau} = \frac{\partial}{\partial t}\left(\frac{\partial K}{\partial q'}\right) - \frac{\partial K}{\partial q} + \frac{\partial U}{\partial q} = M\ddot{\boldsymbol{q}} + C\dot{\boldsymbol{q}} + G \tag{9.46}$$

$$\boldsymbol{\tau} = [\tau_1, \tau_2, \tau_3, \tau_4, \tau_5, \tau_6]^{\mathrm{T}} \tag{9.47}$$

$$M = M_m + M_{\mathrm{LR}} \tag{9.48}$$

$$C = C_m + C_{\mathrm{LR}} \tag{9.49}$$

$$G = (m_{\mathrm{B}} + m_{\mathrm{L}} + m_{\mathrm{R}})\, g \tag{9.50}$$

2) 动力学数值仿真

多机器人系统的动力学模型与运动学模型已经建立，但其正确性、合理性和科学性需在特定吊装路径下仿真模拟出动力学和运动学参数变化，根据仿真结果对动力学模型与运动学模型是否合理做出初步验证判断，多机协作吊装机器人的机构仿真参数如表 9.3 所示。

表 9.3 多机协作吊装机器人的机构仿真参数

机构参数	参数值
吊装重物质量 $m_{\mathrm{B}}/\mathrm{kg}$	5000
吊臂质量 $m_{\mathrm{L}}/\mathrm{kg}$	1000
回转台质量 $m_{\mathrm{R}}/\mathrm{kg}$	2000
起重机回转中心距离 D/m	20
起重机吊臂长度 L_i/m	12.4
吊臂俯仰角 $\alpha_l/(^\circ)$	76

仿真吊装路径是一条半径渐变垂直上升的阿基米德螺旋线，路径参数方程为

$$\begin{cases} X_s = \dfrac{D}{2} + r\cos(\omega_0 \pi t) \\ Y_s = \dfrac{\sqrt{3}}{6}D + r\sin(\omega_0 \pi t), \quad 0 \leqslant t \leqslant 16\mathrm{s} \\ Z_s = \omega t + Z_k \\ r = \omega t \end{cases} \tag{9.51}$$

式中，$\omega=1/8, Z_{\mathrm{k}}=3, \omega_0=3/8$。协作吊装作业时，图 9.27～ 图 9.29 分别为吊索长度、钢索拉力以及回转角变化曲线。

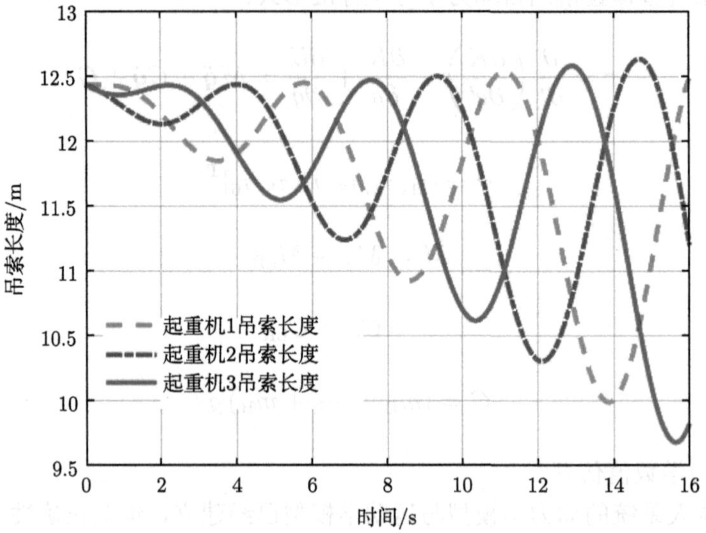

图 9.27　吊索长度变化曲线

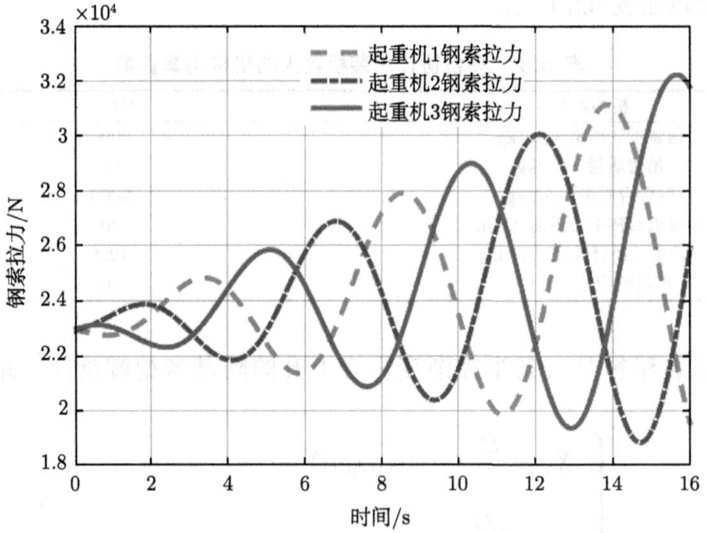

图 9.28　钢索拉力变化曲线

仿真结果显示，吊索长度、钢索拉力和回转角以一定的规律周期性连续变化，柔顺平滑，无明显突变，初步验证了动力学模型和运动学模型的合理性。

各台起重机的钢索与竖直方向的夹角逐渐增大，钢索拉力变大，起重机 1 的钢索拉力最大，可达 3.115×10^4N(13.86s)，起重机 3 的钢索拉力最小，为 1.902×10^4 N(14.73s)。

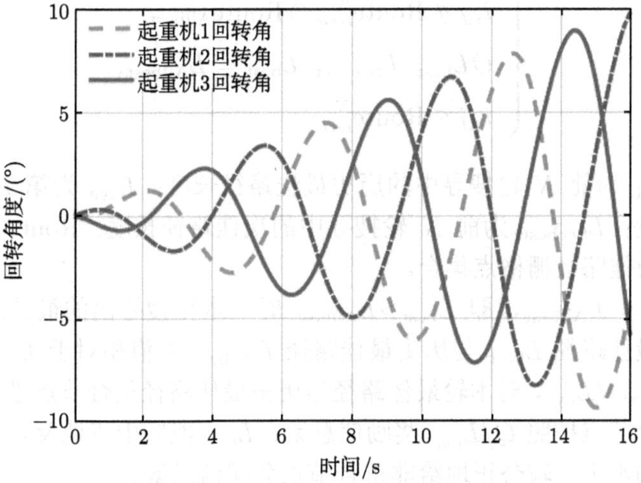

图 9.29 回转角变化曲线

9.3.2 改进蚁群算法

20 世纪 90 年代，意大利学者 Dorigo 等从蚁群觅食时的行为表现出的群体智能现象中受到启发，提出了蚁群算法 (ant colony algorithm，ACA)，在移动机器人路径规划领域获得广泛应用。然而蚁群算法具有易陷入局部最优、死锁状态，搜索结果质量差，收敛速度慢，搜索时间长等问题。起重机吊装作业对于作业效率、吊装路径质量的要求较高，传统蚁群算法已无法满足起重机吊装路径规划的需求，因此，需针对传统蚁群算法做出优化改进。

传统蚁群算法中，第 N 轮蚂蚁搜寻结束后，对 m 只蚂蚁行经路径上的信息素进行全局更新后，再对本轮中最短路径上的信息素进行局部更新增强操作，第 N 轮中搜寻出的最短路径可能仅为本轮最佳，并非前 N 轮最佳，若仍对该路径上各节点无差别地采用常规方法进行局部信息素更新，难以拉开最佳、次佳和其余路径间各节点上的信息素浓度差，削弱“正反馈”机制作用效果，对后续蚂蚁选择路径产生不良干扰，影响最佳路径质量，拖慢收敛速度。为了弥补常规局部信息素更新方式的缺陷，现提出一种基于最佳-次佳路径长度的信息素分阶更新策略，根据路径长度对该路径节点上的信息素采用对应策略的更新方式。改进后的局部信息素更新策略为

$$\Delta\boldsymbol{\kappa}_{ij}^{N-\text{best}}(t)=\begin{cases}Q(L_{\text{best}}-L_{\text{Allbest}})/L_{\text{ave}}, L_{\text{best}}\neq L_{\text{Allbest}},\\ i,j\in \text{Route}_{\text{best}}^{N}\cap \text{Route}_{\text{Allbest}};\\ Q/L_{\text{ave}}, L_{\text{best}}\neq L_{\text{Allbest}},\\ i,j\notin \text{Route}_{\text{best}}^{N}\cap \text{Route}_{\text{Allbest}};\\ QL_{\text{best}}/L_{\text{Secbest}}, L_{\text{best}}=L_{\text{Allbest}},\\ i,j\in \text{Route}_{\text{best}}^{N}\end{cases} \tag{9.52}$$

式中，L_{Allbest} 为前 N 轮搜寻中的历史最佳路径长度；L_{ave} 为第 N 轮搜寻中路径的平均长度；L_{Secbest} 为前 N 轮搜寻中的次佳路径长度；$\text{Route}_{\text{Allbest}}$ 为前 N 轮搜寻中的最佳路径栅格点集合。

当 $L_{\text{best}}\neq L_{\text{Allbest}}$，即 $L_{\text{best}}>L_{\text{Allbest}}$ 时，本轮搜寻出的最佳路径并非历史最佳，根据最佳路径 L_{best} 与历史最佳路径 L_{Allbest} 差值相对于 L_{ave} 的偏离程度 $(L_{\text{best}}-L_{\text{Allbest}})/L_{\text{ave}}$，对本轮最佳路径与历史最佳路径重合节点进行信息素奖励分配，非重合节点按照 Q/L_{ave} 奖励信息素。L_{ave} 能较中肯地反映本轮搜寻出路径质量的平均水平，较公正地给非重合节点分配信息素。

当 $L_{\text{best}}=L_{\text{Allbest}}$ 时，本轮搜寻出的最佳路径即为当前最优，新历史最佳路径节点信息素增量按照 $L_{\text{Secbest}}/L_{\text{best}}$ 比率大小进行分配，比率越大，表示历史最佳路径与次佳路径差值越大，路径质量越好，该路径上奖励信息素量也就越多。

改进的信息素局部更新策略基于最佳-次佳路径长分阶更新最佳路径节点上的信息素量，根据不同路径的长短较鲜明地分配信息素量，拉开差距，弥补了常规局部信息素更新方式单一导致的信息素分布过于均匀的缺陷，有助于信息素朝着最佳路径集中，引导蚂蚁较快地搜寻出最佳路径，加快算法运行速率。

传统蚁群算法中，信息素蒸发因子 ρ 为常量，表示蚂蚁每一轮搜寻结束后，路径节点上信息素以 ρ 为比例蒸发，ρ 用于调节并抑制路径节点上的信息素浓度，辅助信息素实现“正反馈”作用。在 N_C 轮搜寻的初始阶段，无论最佳、次佳、最劣还是普通路径，其节点上的信息素浓度都相差无几，而 ρ 的取值为常量，采用“一刀切”式的蒸发比例，各路径节点上的剩余信息素量相差极小，难以引导蚂蚁搜寻到终点，多数蚂蚁易陷入死锁、无解或者局部最优，搜寻出的路径质量很差，在 N_C 轮搜寻的中后阶段，各路径节点上的信息素有一定积累后，若仍以同样比例蒸发信息素，蚂蚁很难朝最佳路径集中，破坏算法的敛散性，导致算法难以输出最佳路径。针对上述缺陷，提出根据蚁群算法搜寻进程动态调整信息素蒸发因子 $\rho\,(\rho\in[\rho_{\min},\rho_{\max}])$，将路径节点上的信息素分阶段由少到多蒸发，信息素蒸发因子动态调整函数为

$$\rho=\begin{cases}\dfrac{\rho_{\text{med}}-\rho_{\min}}{O_rN_c}\cdot N+\rho_{\min}, & N\in[0,O_1\cdot N_c]\\ \dfrac{(\rho_{\max}-\rho_{\text{med}})\cdot N}{(O_2-O_1)\cdot N_c}+\dfrac{\rho_{\max}\cdot O_2-\rho_{\text{med}}\cdot O_1}{O_2-O_1}, & N\in[O_1\cdot N_c,O_2\cdot N_c]\\ \rho_{\max}, & N\in[O_2\cdot N_c,N_c]\end{cases}\tag{9.53}$$

式中，$\rho_{\min}$ 为蒸发因子最小值；ρ_{med} 为蒸发因子中间值；$\rho_{\max}$ 为蒸发因子最大值；$\rho_{\min},\rho_{\max}\in(0,\ 1)$，$\rho_{\min}<\rho_{\text{med}}<\rho_{\max}$；$O_1$ 、O_2 为迭代分阶系数，$O_1,O_2\in(0,\ 1)$，$O_1<O_2$。

图 9.30 为改进蚁群算法的流程。

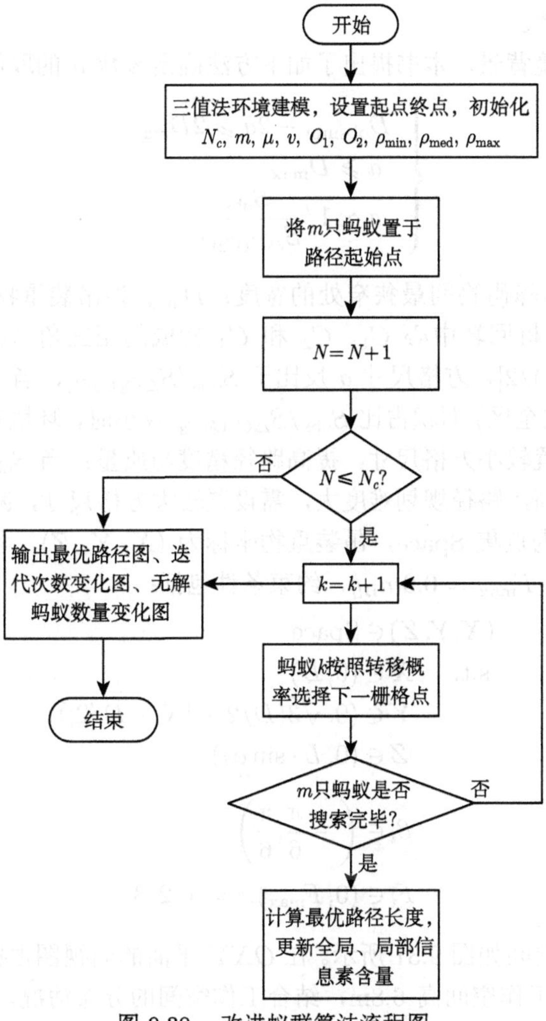

图 9.30　改进蚁群算法流程图

根据蚁群算法不同阶段信息素量的分布特点，按照蚁群算法迭代次序由小到大，信息素挥发量由少到多的规律动态调整信息素挥发因子，相比于常量型信息素挥发因子笼统、粗糙地挥发信息素，所提方法更精细，保证有解蚂蚁的数量处于较高水平，加快了算法收敛速率，提升了最优解的输出概率。

9.3.3 多机协作吊装机器人路径规划

1) 吊装环境建模

栅格法环境建模中对任务空间统一规则的细分方法非常适用于集装箱码头吊装环境，但需要注意的是，对起重机吊装作业环境采用栅格法建模时需要特别注意方格尺寸 a 的给定，方格尺寸 a 的大小事关工作环境表达准确性、路径质量优劣和算法运行速率。

结合具体环境背景，本书提出了如下方法确定参数 a 的取值参考范围：

$$\begin{cases} D_{\text{obsmin}} - 2a \geqslant 2D_{\max} \\ a \geqslant D_{\max} \\ a \propto 1/\dfrac{S_{\text{obs}}}{S_{\triangle C_1C_2C_3}} \end{cases} \tag{9.54}$$

式中，D_{obsmin} 为障碍物间最狭窄处的宽度；$D_{\max}$ 为吊装重物的最大中心尺寸；$S_{\triangle C_1C_2C_3}$ 为起重机回转中心 C_1、C_2 和 C_3 构成的正三角形面积。$a \in [D_{\max}, (D_{\text{obsmin}} - 2D_{\max})/2]$，方格尺寸 a 反比于 $S_{\text{obs}}/S_{\triangle C_1C_2C_3}$，当 $\triangle C_1C_2C_3$ 区域内的障碍物 (包括安全区) 面积占比 $S_{\text{obs}}/S_{\triangle C_1C_2C_3}$ 较小时，环境复杂度低，路径规划难度小，可设置较小方格尺寸，提高路径精度与质量；当 $S_{\text{obs}}/S_{\triangle C_1C_2C_3}$ 较大时，环境复杂度高，路径规划难度大，需设置较大方格尺寸，减少算法运算量。

设吊装空间为点集 Space，吊装重物坐标为 (X, Y, Z)，各起重机吊索拉力为 $F_i(i=1, 2, 3)$，$F_{\max} = 0.9m_{\text{B}}g$，约束条件包括：

$$\begin{aligned} &(X,Y,Z) \in \text{Space} \\ &\text{s.t.}\quad X \in (0,D) \\ &\qquad\; Y \in (0,\sqrt{3}(D/2-|X-D/2|)) \\ &\qquad\; Z \in (0,L\cdot\sin\alpha_i) \\ &\qquad\; \beta_i \in \left(-\frac{\pi}{6},\frac{\pi}{6}\right) \\ &\qquad\; F_i \in (0,F_{\max}), i=1,2,3 \end{aligned} \tag{9.55}$$

求解出工作空间如图 9.31 所示。在 OXY 平面的俯视图占据了 $\triangle C_1C_2C_3$ 面积的 90%，吊装工作空间高 6.8m，结合工作空间的分布情况，选取 $Z = 6\text{m}$ 的平面作为吊装作业平面，吊装目标在此平面内实现避障路径规划。

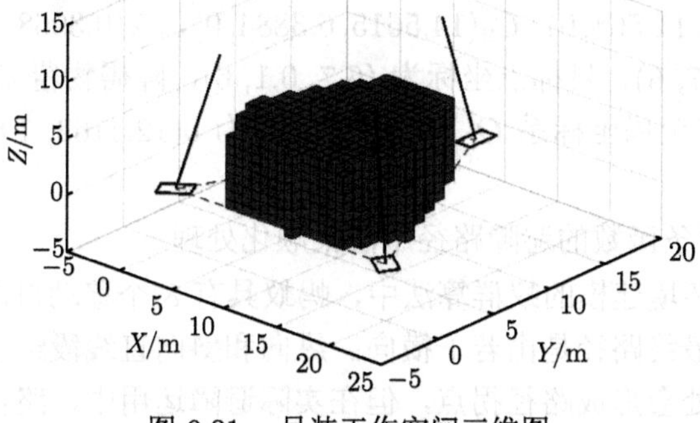

图 9.31 吊装工作空间三维图

吊装环境如图 9.32 所示，方格尺寸 a 设置为 0.2m，划分为 34 格 ×34 格，

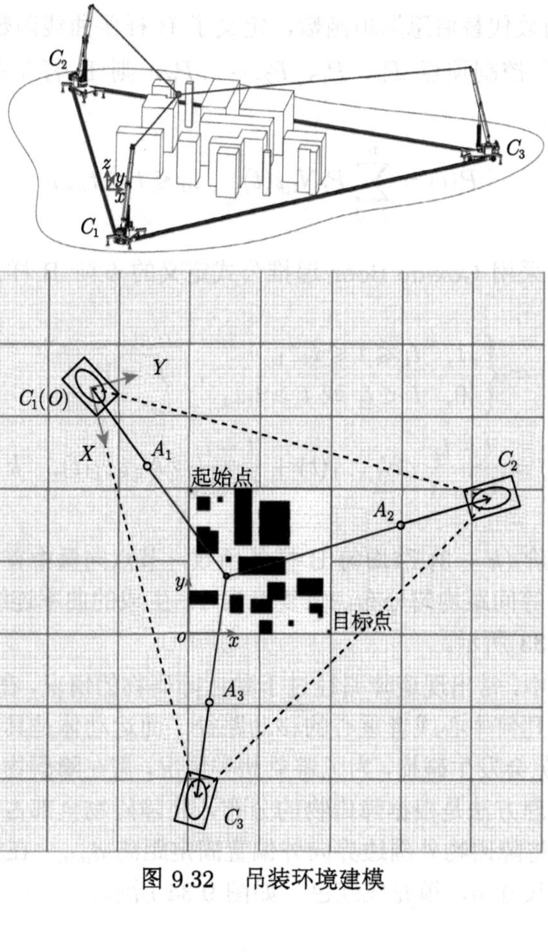

图 9.32 吊装环境建模

障碍物的安全区与障碍物统一标记成黑色，结合表 9.1 中多机协作吊装机器人机构仿真参数可知：在栅格环境坐标系 $o\text{-}xy$ 中，设定单体机器人回转中心的坐标分别为 $C_1(-4.7695, 11.568, 0)$，$C_2(14.5615, 6.3884, 0)$，$C_3(0.3968, -7.7536, 0)$，起始点坐标为 (0.1, 6.7, 6)，目标点坐标为 (6.7, 0.1, 6)，障碍物覆盖率为 26.82%。栅格坐标系 $o\text{-}xy$ 在全局坐标系 $O\text{-}XY$ 中的原点为 $o(12.4162, 1.6125, 6)$，X 和 x 轴的夹角为 75°。

2) 基于 B 样条函数的避障路径平滑柔顺化处理

在基于栅格环境建模的蚁群算法中，蚂蚁具有 8 个移动自由度，且以单个方格为步距，造成最终路径是由若干横向、纵向和斜向直线段组成的折线段，在不同向直线段交会处会形成路径拐点，但在实际避障运用中，路径拐点的出现导致路径不连续，会使机器人在路径拐点处发生运动方向突变，加速度和速度急剧变化，造成机器人本体振动，缩短了零部件的使用寿命，影响控制精度。本书利用 B 样条函数对局部路径拐点处形成的尖角进行平滑处理，优化路径质量。Riesenfeld 采用 B 样条基函数代替伯恩斯坦函数，定义了 B 样条曲线函数：

设有 $n+1$ 个控制顶点 P_0、P_1、$P_2, \cdots, P_n$，则 B 样条曲线的数学一般表达式为

$$P(t)=\sum_{i=0}^{n} P_i N_{i,k}(t), \quad t_0 \leqslant t \leqslant t_{n+k} \tag{9.56}$$

式中，$N_{i,k}(t)$ 为采用 Cox-de Boor 递推公式定义的 k 阶 B 样条曲线的基函数：

$$\begin{cases} N_{i,k}(t)=\begin{cases} 1, & t_i \leqslant t \leqslant t_{i+1} \\ 0, & t < t_i \text{ 或 } t \geqslant t_{i+1} \end{cases}, \quad k=1 \\ N_{i,k}(t)=\dfrac{t-t_i}{t_{i+k-1}} \cdot N_{t,k-1}(t)+\dfrac{t-t_i}{t_{i+k-1}} \cdot N_{i,k-1}(t), \quad k \geqslant 2 \end{cases} \tag{9.57}$$

本书采用三阶 ($k=3$) 准均匀 B 样条函数，节点向量中首、尾节点重复度为 $k+1$，中间节点等间距均匀分布，重复度为 1，生成的曲率连续、平滑的 B 样条函数曲线如图 9.33 所示。

在路径规划中，常出现避障路径过于贴近障碍物的情况，在现实情况中，避障路径是运动体的几何中心或者重心的移动路径，而运动体是具有一定尺寸的，如果忽略尺寸，难免会发生碰撞，为了避免此类情况，需在障碍物外围设立安全区域作为缓冲区，处理方法是根据障碍物的分布，将障碍物全部占据或局部占据的方格填充成黑色，将障碍物外围边界向外偏置固定距离 $d_{\min}$，在栅格环境中将 $d_{\min}$ 设置为一个方格尺寸 a，填充成红色，如图 9.34 所示。

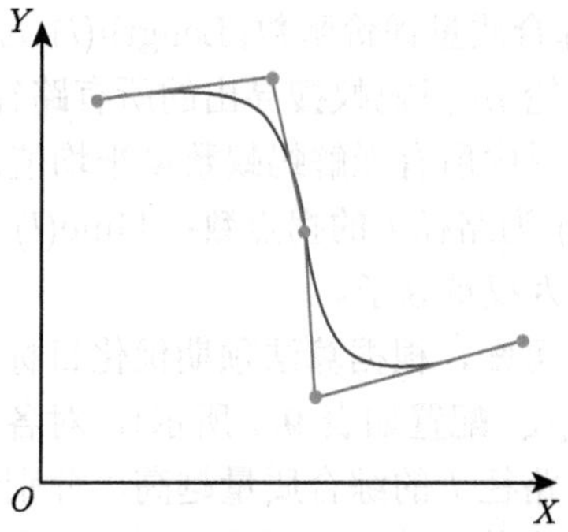

图 9.33 准均匀 B 样条函数曲线示意图

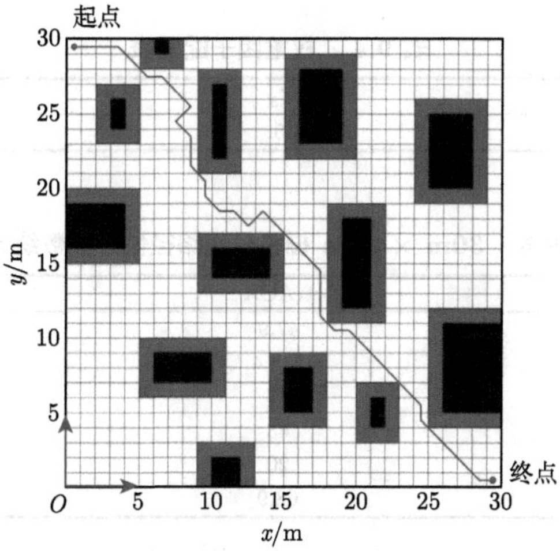

图 9.34 30m×30m 栅格环境下 trACA 路径规划图

9.3.4 数值仿真分析

1) 改进蚁群算法仿真分析

为验证改进蚁群算法，以改进蚁群算法 (imACA) 和传统蚁群算法 (trACA) 为寻路算法，分别在障碍物分布已知，起始点编号为 “1”，目标点编号为 “n^2” 的 30m×30m 栅格环境中进行了 10 次路径规划仿真实验，统计了 20 组最佳路径长度、收敛迭代次数、拐点个数等性能指标。

为了公平全面地衡量路径质量，综合考虑迭代次数、路径长度等性能指标，设计了如下路径质量评价函数：

$$\begin{aligned}\mathrm{Soc}(l) =& \zeta_1 \cdot \mathrm{Length}(l) + \zeta_2 \cdot \mathrm{Average}(l) + \zeta_3 \cdot \mathrm{Zeroant}(l) \\ &+ \zeta_4 \cdot N_{\mathrm{end}}(l) + \zeta_5 \cdot \mathrm{Peak}(l) + \zeta_6 \cdot \mathrm{Time}(l)\end{aligned} \tag{9.58}$$

式中，Soc(l) 为路径 l 的综合质量评价函数；Length(l) 为路径 l 的长度；Average(l) 为获得路径 l 的算法 N_C 轮 m 只蚂蚁搜寻出的所有路径平均值；Zeroant(l) 为获得路径 l 的算法 N_C 轮搜寻中所有无解蚂蚁数量平均值；$N_{\text{end}}(l)$ 为路径 l 首次出现时的迭代次数；Peak(l) 为路径 l 的拐点数；Time(l) 为获得路径 l 的算法运行时间；$\zeta_i(i=1,2,\cdots,6)$ 为权重因子。

从路径质量评价函数可知，根据算法预期优化目标、栅格环境复杂度、细分度配置合理的权重因子 ζ_i(ζ_i 配置如表 9.4 所示)，对各项路径性能评价指标做加权处理，Soc(l) 值越小，路径 l 的综合质量越高。分别计算 10 次仿真实验共 20 组数据的 Soc(l) 值，筛选出其中 Soc(l) 值最低的两条最佳路径，两种算法求得的 30m×30m 栅格最佳路径性能指标参数如表 9.5 所示。

表 9.4　权重因子配置表

ζ_i	ζ_1	ζ_2	ζ_3	ζ_4	ζ_5	ζ_6
数值/%	40	5	5	15	20	15

表 9.5　30m × 30m 栅格最佳路径性能参数统计表

参数	trACA	imACA
最佳路径长度/m	47.9	45.1
平均路径长度/m	103.4	54.9
无解蚂蚁数量	37	8
迭代次数	43	20
拐点个数	20	15
运行时间/s	68.9	58.5

30m×30m 栅格环境下 imACA 和 trACA 求得的蚂蚁爬行路径图、最佳路径收敛图和无解蚂蚁数量变化图分别如图 9.34~图 9.37 所示。

30m×30m 栅格环境中，障碍物 (含安全区) 覆盖率 33.11%，trACA 规划的最佳路径长 47.9m，平均路径长度 103.4m，路径拐点 20 个，无解蚂蚁个数 37 个，路径长在第 43 次迭代开始收敛，算法运行时间为 68.9s；imACA 规划的最佳路径长 45.1m，平均路径长度 54.9m，路径拐点 15 个，无解蚂蚁个数 8 个，路径长在第 20 次迭代开始收敛。

imACA 相较于 trACA，最佳路径长度缩短了 5.90%，平均路径长度缩短了 46.9%，无解蚂蚁数量减少 78.4%，拐点数量减少 25%，迭代次数减少 53.5%，运行时间减少 15%。

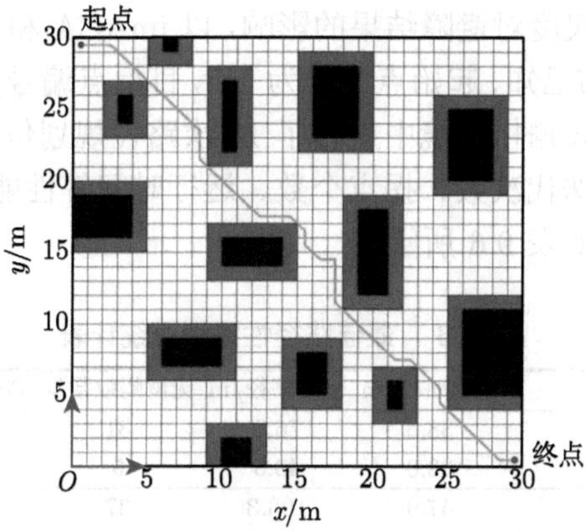

图 9.35 30m×30m 栅格环境下 imACA 路径规划图

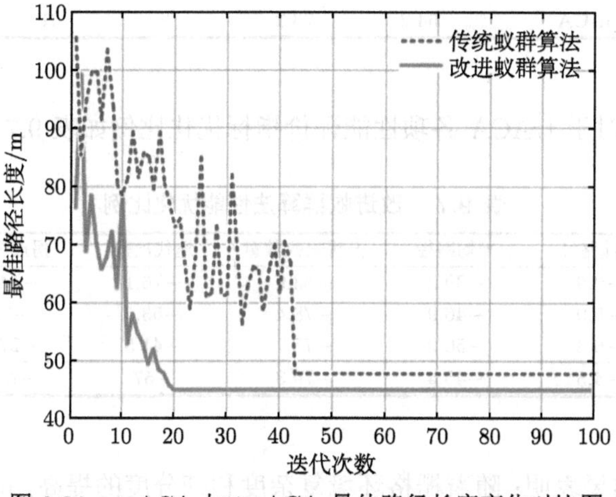

图 9.36 trACA 与 imACA 最佳路径长度变化对比图

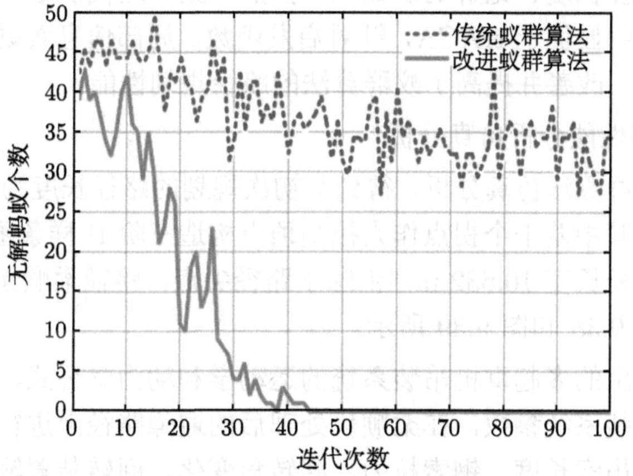

图 9.37 trACA 与 imACA 无解蚂蚁数量变化对比图

为排除不同栅格尺度对避障结果的影响，以 imACA 和 trACA 为路径规划算法，分别在障碍物分布已知、起始点编号为“1”，目标点编号为“n^2”的 25m×25m、30m×30m、35m×35m 栅格环境中进行了 10 次路径规划仿真实验，统计了 60 组最佳路径长度、收敛迭代次数、拐点个数、运行时间等性能指标。两种算法求得的最佳路径性能指标如表 9.6 所示。

表 9.6 最佳路径性能指标统计表

栅格环境	算法	最佳路径/m	平均路径/m	无解蚂蚁数量	迭代次数	拐点个数	运行时间/s
25m×25m	trACA	38.3	76.5	31	71	14	37.9
	imACA	38.0	43.5	5	17	12	31.6
30m×30m	trACA	47.9	103.3	37	43	20	68.9
	imACA	45.1	54.9	8	20	15	58.5
35m×35m	trACA	57.8	147.2	37	53	22	124.6
	imACA	54.2	73.2	9	31	16	105.1

imACA 相对于 trACA 各项性能评价指标优化比例如表 9.7 所示。

表 9.7 改进蚁群算法性能优化比例 (单位：%)

栅格环境	最佳路径	平均路径	无解蚂蚁数量	迭代次数	拐点个数	运行时间
25m×25m	−0.6	−39.2	−83.9	−76.1	−14.3	−16.6
30m×30m	−5.9	−46.9	−78.4	−53.5	−25	−15
35m×35m	−6.3	−50.2	−75.7	−41.5	−27.3	−15.6
平均	−4.3	−45.4	−79.3	−57	−22.2	−15.7

数值仿真结果表明：随着栅格环境复杂度和细分度的提高，imACA 的路径规划性能在最佳路径长度、无解蚂蚁数量、拐点个数、迭代次数、运行时间等性能评价指标方面均明显优于 trACA，针对启发函数、局部信息素更新方式和信息素挥发因子的改进，改善并提高了蚁群算法的路径规划性能。

2) 协作吊装性能分析仿真分析

通过改进蚁群算法仿真分析，得到其初次规划的路径长度为 11.071 m，具有 24 个拐点，选择其中若干个拐点作为控制顶点构造三阶 B 样条函数曲线，B 样条函数柔顺化后路径长度 10.632 m，消除了路径尖点，路径柔顺光滑，处理前、后的避障路径如图 9.38 和图 9.39 所示。

根据已推导出的多起重机吊装系统的运动学和动力学公式，结合吊装作业环境和多起重机吊装系统参数，在柔顺化处理后的避障路径上进行多机吊装数值仿真分析，获得了吊索长度、钢索拉力、回转角变化、回转装置输出扭矩四项关键性能指标变化趋势图，分别如图 9.40～ 图 9.43 所示。

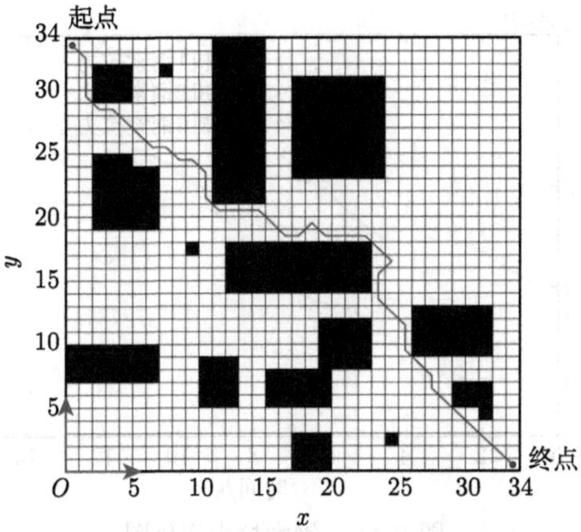

图 9.38 柔顺化处理前的 imACA 路径规划图

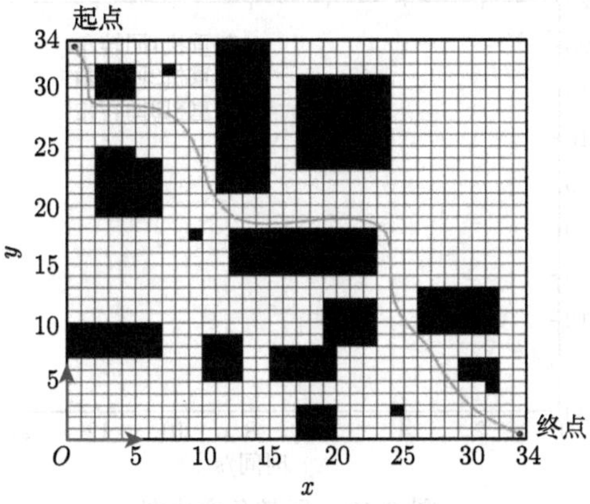

图 9.39 柔顺化处理后的 imACA 路径规划图

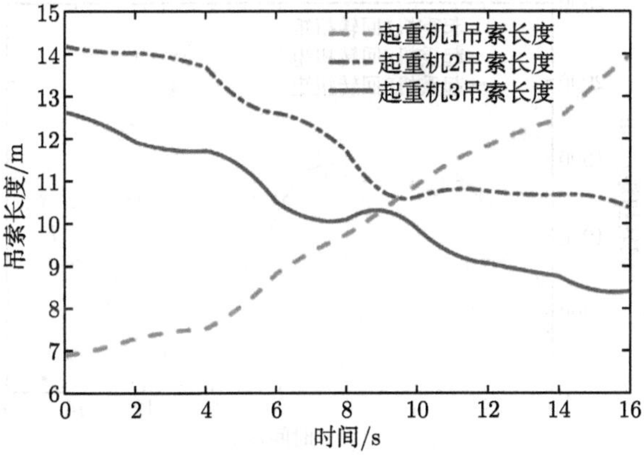

图 9.40 吊索长度变化图

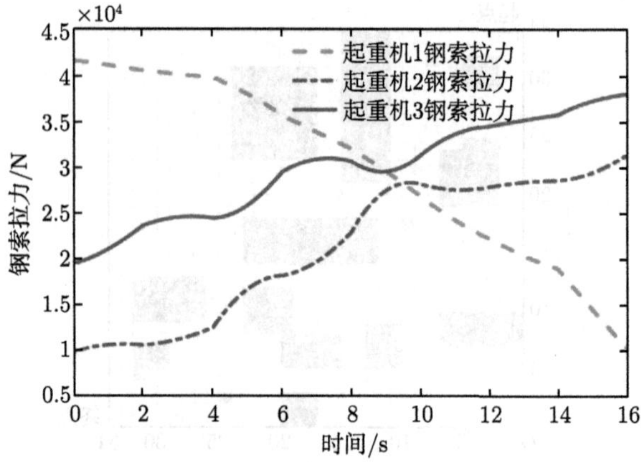

图 9.41 钢索拉力变化图

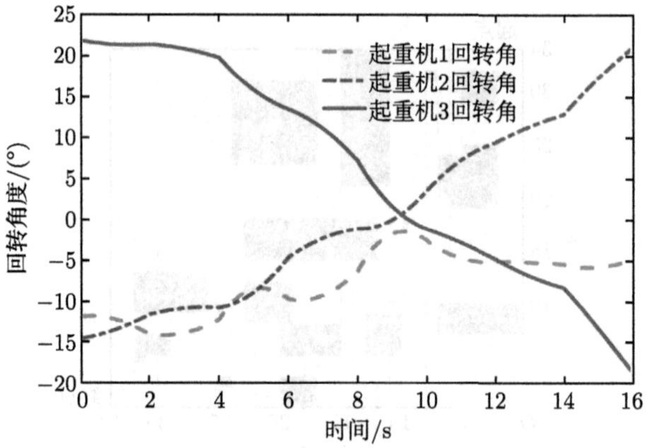

图 9.42 回转角变化图

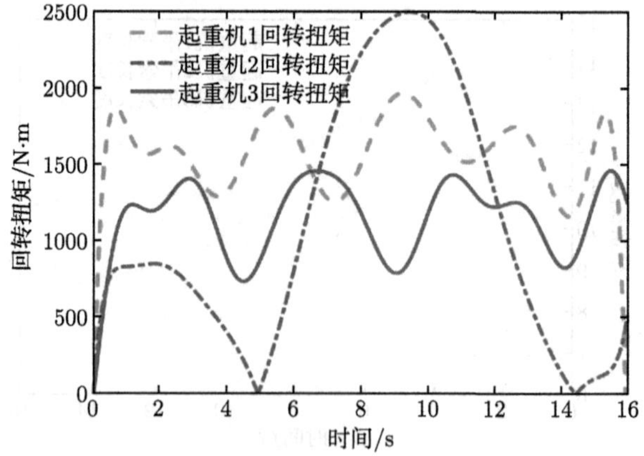

图 9.43 回转装置输出扭矩图

协作吊装过程中，吊装重物自起始点开始逐渐远离起重机 1，向终点运动，靠近起重机 2、3，因此，起重机 1 的吊索长度呈增长趋势，起重机 2、3 的吊索长度呈下降趋势，整个吊装过程中，起重机 1 的吊索长度伸长了 7.07m，起重机 2、3 的吊索长度分别缩短了 3.81m、4.221m；起重机 1 的回转运动均为负向摆动，最大最小摆幅差 (分别在 2.344s 和 9.336s 处) 仅为 12.721°，远小于起重机 2、3 产生的 35.56°、40.38° 的最大摆幅差，但起重机回转台正负向回转交错，回转方向变化频繁，起重机 2、3 回转运动方向变化单一，起重机 2 回转台始终朝着正向回转，起重机 3 回转台始终朝着负向回转；起重机 1 在初始位置 (0s) 处钢索拉力高达 4.17×10^4N，钢索拉力最小值为 1.033×10^4N(16s 处)，起重机 2 在初始位置 (0s) 处钢索拉力最小，为 9.952×10^3N，在 16s 处达到最大值，为 3.141×10^4N，起重机 3 在初始位置 (0s) 处钢索拉力最小，为 1.953×10^4N，在 16s 处达到最大值，为 3.808×10^4N，各起重机的钢索拉力均处于索力安全区间 $[0, F_{\max}]$ 内，验证了动力学模型与吊装工作空间求解模型的准确性。

综上所述，吊索长度、钢索拉力、回转角变化、回转装置输出扭矩变化稳定连续，无明显突变，仿真结果验证了改进蚁群算法和 B 样条函数路径柔顺方法的合理性。

本节以多机协作吊装机器人为研究对象，采用拉格朗日方法开展多机协作吊装机器人的动力学分析；采用蚁群算法规划吊装路径，针对蚁群算法难以避免局部最优以及无解蚂蚁数量多等问题，提出三值法平面栅格环境建模、基于最佳-次佳路径长的信息素分阶更新策略和信息素挥发因子动态调整函数，仿真结果表明，改进蚁群算法相对于传统蚁群算法，明显提高了最佳路径长度、运算效率等指标。30m×30m 栅格环境中，改进蚁群算法最佳路径长度缩短了 5.90%，平均路径长度缩短了 46.9%，拐点数量减少 25%，无解蚂蚁数量减少 78.4%，迭代次数减少 53.5%，运行时间减少 15%。采用三值法建立吊装环境模型，进行协作作业仿真，验证了动力学模型和改进蚁群算法的合理性，对于提高多起重机协作吊装作业效率和安全性具有一定的指导和参考价值。

9.4 本章小结

本章将结合相关案例的数值分析和实验，包括刚柔耦合 3D 打印机器人在建筑领域的应用、刚柔耦合腰部康复机器人应用，以及大空间多机协作吊装柔索并联构型装备的应用，设计和研制大空间柔索并联 3D 打印机，以开源控制器为底层硬件平台，开发以机器人操作系统为核心的开源控制程序，进行大空间柔索并联 3D 打印机的运动控制与轨迹规划实验。结合人体腰部运动基本特征，以柔索驱动康复机器人为研究对象，考虑到不同康复患者对康复方案的差异化需求，开展了刚柔耦合腰部康复机器人的性能分析与轨迹规划应用。以多机协作吊装机器人为研究对象，采用拉格朗日方法开展多机协作吊装机器人的动力学分析；采用蚁群算法规划吊装路径，提出三值法平面栅格环境建模、基于最佳-次佳路径长的信息素分阶更新策略和信息素挥发因子动态调整函数，并开展了仿真实验分析，通过上述案例帮助读者从理论和实践两方面掌握书中的主要观点。

参考文献

[1] 赵新刚, 谈晓伟, 张弼. 柔性下肢外骨骼机器人研究进展及关键技术分析 [J]. 机器人, 2020, 42(3): 365-384.

[2] 王森, 李艳文, 陈子明, 等. 变轴线生物融合式膝关节康复机构型综合 [J]. 机械工程学报, 2020, 56(11): 72-79.

[3] 李元, 訾斌, 孙智. 基于伪刚体模型的腰部训练装置的运动学分析 [J]. 机械工程学报, 2019, 55(23): 67-74.

[4] 陈盛, 郎春, 徐国政, 等. 基于分数阶阻抗控制的 7 自由度机器人辅助主动康复训练方法 [J]. 仪器仪表学报, 2020, 41(9): 196-205.

[5] Khor K X, Chin P J H, Yeong C F, et al. Portable and reconfigurable wrist robot improves hand function for post-stroke subjects[J]. IEEE Transactions on Neural Systems and Rehabilitation Engineering, 2017, 25(10): 1864-1873.

[6] 訾斌, 周斌, 钱森. 双台汽车起重机柔索并联装备变幅运动下的动力学建模与分析 [J]. 机械工程学报, 2017, 53(7): 55-61.

[7] Scalera L, Gallina P, Seriani S, et al. Cable-based robotic crane(CBRC): Design and implementation of overhead traveling cranes based on variable radius drums[J]. IEEE Transactions on Robotics, 2018, 34(2): 474-485.

[8] Leban F A, Díaz-Gonzalez J, Parker G G, et al. Inverse kinematic control of a dual crane system experiencing base motion[J]. IEEE Transactions on Control Systems Technology, 2015, 23(1):331-339.

[9] Zhang N, Shang W W, Cong S. Dynamic trajectory planning for a spatial 3-DoF cable-suspended parallel robot[J]. Mechanism and Machine Theory, 2018, 122: 177-196.

[10] Qian S, Zi B, Shang W W, et al. A review on cable-driven parallel robots[J]. Chinese Journal of Mechanical Engineering, 2018, 31(1): 66.

[11] 张文佳, 尚伟伟. 2 自由度绳索牵引并联机器人的高速点到点轨迹规划方法 [J]. 机械工程学报, 2016, 52(3): 1-8.

[12] Izard J B, Dubor A, Hervé P E, et al. Large-scale 3D printing with cable-driven parallel robots[J]. Construction Robotics, 2017, 1: 69-76.

[13] 孙海宁, 唐晓强, 王晓宇, 等. 基于索驱动的大型柔性结构振动抑制策略研究 [J]. 机械工程学报, 2019, 55(11): 53-60.